/中国首部全译插图本/

SOUVENIRS ENTOMOLOGIQUES

昆虫记

·典藏版·

·VI·

[法]法布尔 著

张广学 学术顾问

吴模信 梁守锵 译

SPM 南方传媒 | 花城出版社

中国·广州

图书在版编目（CIP）数据

昆虫记 ： 典藏版. Ⅵ / （法）法布尔著 ； 吴模信，梁守锵译. -- 4版. -- 广州 ： 花城出版社，2022.6
ISBN 978-7-5360-9276-1

Ⅰ. ①昆… Ⅱ. ①法… ②吴… ③梁… Ⅲ. ①昆虫学—普及读物 Ⅳ. ①Q96-49

中国版本图书馆CIP数据核字(2022)第045764号

出 版 人：张　懿
特约策划：邹峙华　秦　颖
责任编辑：黎　萍　夏显夫
技术编辑：凌春梅
封面插画：空　澈
封面设计：介　桑

书　　名　昆虫记：典藏版
KUNCHONGJI：DIANCANGBAN
出版发行　花城出版社
（广州市环市东路水荫路 11 号）
经　　销　全国新华书店
印　　刷　佛山市浩文彩色印刷有限公司
（广东省佛山市南海区狮山科技工业园 A 区）
开　　本　880 毫米×1230 毫米　32 开
印　　张　10　4 插页
字　　数　235,000 字
版　　次　2022 年 6 月第 1 版　2022 年 6 月第 1 次印刷
定　　价　388.00 元（全十卷）

如发现印装质量问题，请直接与印刷厂联系调换。
购书热线：020－37604658　37602954
花城出版社网站：http://www.fcph.com.cn

法布尔是掌握田野无数小虫子秘密的语言大师。

——［法］罗曼·罗兰

目录
Contents

第一章 赛西蜣螂父亲的本能

在高等动物中，父亲的义务并不强制履行。鸟类在履行义务方面是出类拔萃的，身上覆盖着毛皮的动物，表现也相当出色，令人满意。然而，在位居更下层的昆虫中，父亲对家庭则普遍冷若冰霜，漠不关心，例外的昆虫真是凤毛麟角。虽然所有的昆虫对生育都有一种狂热，但是，也几乎所有的昆虫在片刻的情欲得到满足后，都立刻断绝与家庭的关系，并且远离家小，毫不关心它那群将竭尽所能摆脱困境的孩子。

在弱小的幼虫需要长期抚养的昆虫中，父亲的冷淡令人憎恶；但它们却以新生幼虫强壮结实作为辩解的理由。新生幼虫只要生在条件有利的地方，就能够孤立无援地获得要吃的那几口食物。对粉蝶来说，只要把卵产在甘蓝的叶子上，就足以使它的种族繁衍兴旺。那么，父亲的关怀又有什么用呢？母亲在植物学方面的本能，使它不需要什么帮助。产卵期间，对母亲来说，那个当父亲的反而会是个讨厌鬼呢。让这个讨厌的家伙去别处拈花惹草吧，它在这里反而会把严肃的大事搞得乱七八糟。

大部分昆虫都这样粗放地养育幼虫。它们只需要选择幼虫孵出后能提供居室和膳食的场所，或者选择使幼虫能够自己找到食物的合适场地，而这些都不需要父亲插手。举行婚礼后，父亲这个游手好闲的家伙便成了废物，因而萎靡不振，熬着再活几天。最后，它对安置子女毫无帮助过就死去了。

但是，并非所有昆虫都这样无情无义。有些昆虫族类会给子女家业，为子女预先备妥吃住。在制作食物储藏室、坛、瓮以及皮囊等技艺方面，膜翅目昆虫是行家里手。它在修建堆放野味肉等幼虫食物的食品柜方面，技术精湛，无懈可击。

然而，这项兼具建筑和供应食品性质的艰巨任务，这项耗尽毕生精力的艰苦劳动，都由母亲单独承担。母亲干活干得精疲力竭，心力交瘁。而当父亲的，这时却在工地四周转悠，在阳光下陶醉，旁观这个坚强的女人劳动。它同邻里的异性调情，自以为什么劳役都可以免除。

它为什么不来帮帮忙呢？这可是个最好的机会呀！它为什么不学习燕子一家呢？燕子一家人，丈夫和妻子把麦秸和泥浆带回窝巢，把飞虫带给它们的雏燕。而上面那个丈夫却什么也不干，无所事事。也许它会以身体比较衰弱作为借口，真是个蹩脚的理由。切割一小圆片树叶，把一株绒毛植物的绒毛耙干净，在到处都是污泥的地方收集一小块泥浆，并不是什么它干不了的事呀。它至少可以作为普通的非技术工人，好好地同别人合作，它可以把内行能干的母亲将要置放的器物收集起来嘛。它四体不勤、游手好闲，真正的原因是愚蠢。

奇怪的是，膜翅目昆虫，灵巧的昆虫中最有天赋和才能的昆虫，却不了解父亲的职责。幼虫的需要似乎应该使卓越的才能在父亲身上发展，但它却像蛾蝶那样迟钝狭隘。然而，蛾蝶安置家庭是不须花多大的力气的。我们根本没有发现雄虫的本能的天赋。

也因为如此，我们才会惊讶地发现，在处理粪便的昆虫身上，竟然存在着采蜜的昆虫不具有的可贵特性。各种食粪虫知道怎样减轻家务负担，了解两只虫子合起来劳动的力量。我们回忆一下，齐心协力为幼虫准备家业的一对雌雄粪金龟吧，回忆一下，在制造压

缩香肠时，用强壮有力的挤压器官帮助雌性伴侣的父亲吧。这些是上等家庭的习俗。在普遍离群索居的环境中，这个现象十分令人吃惊。

循着这条道路进行持续不断的研究，今天我能够在这个迄今为止独一无二的例子之外，再添加另外三个，同样饶有兴趣。这三个例子全都是食粪虫行会提供的。我将阐述这些例子，但会加以节略，否则我将会重复埃及圣甲虫、西班牙粪蜣螂等昆虫的故事。

第一个例子是赛西蜣螂[①]。它在粪球推运工中，形体最小，最勤勉热心。它动作迅速敏捷，但跌跤时形态笨拙，会忽然从崎岖难行的路上滚下，但凭着一股顽强的耐力又会回到这条路上，凡此种种都无与伦比。拉特雷依为了纪念这种过分耗费体力的体操动作，给这种昆虫起名为“西绪福斯”。西绪福斯是希腊神话中的著名人物。这个不幸的人为了把一块巨石搬上山顶，拼死拼活，艰苦劳动。每当到达山顶时，这块石头就立刻滚回山坡下面。可怜的西绪福斯，你再开始搬吧，又再开始搬吧，永远再开始吧。除非这块石头搬到山顶，稳固地立在那里，你遭受的折磨才会结束。

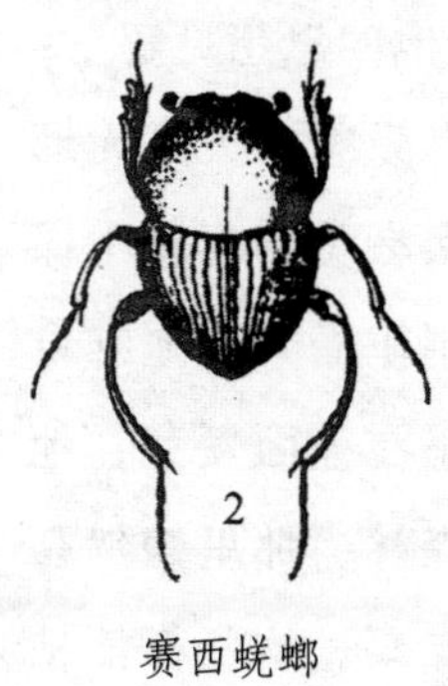

赛西蜣螂

我喜欢这个神话。从某种程度上说，这也是我们当中很多人的故事。这些人不是令人憎恶的坏蛋，不应当遭受没完没了的折磨。他们心地善良，辛勤劳动，对邻居和睦有用；他们唯一需要补赎的罪恶是贫穷。在半个多世纪中，为了把每天的面包这过于沉重的负担运到那上面，运到安全可靠的地方，我在险峻的斜坡上留下了自己血

① 赛西蜣螂的全称为舒氏西绪福斯蜣螂。——校注

淋淋的碎肉，我渗出全部的骨髓，汲干我的血管，不计后果地耗用我储备的精力。圆形大面包刚刚立稳，又滑下，跌落。可怜的西绪福斯，你再开始搬吧，直至那块巨石最后一次再滚落下来，砸烂你的头，你才会解脱。

博物学家叙述的西绪福斯不了解人类的辛酸痛苦，它活泼愉快，对陡峭险峻的斜坡无忧无虑。它走到哪里都拖带着那个宝贝，这个粪球有时是它自己吃的面包，有时是它子女的面包。它在我们地区十分罕见，如果没有助手，我永远也得不到这么多合意的实验对象。由于这个助手将不止一次出现在我的叙述中，我想把他介绍给读者。

他就是我的儿子小保尔，一个7岁的男孩。他作为我捕捉昆虫时的勤劳伴侣，比同龄的任何孩子都更加了解蝉、蝗虫、蟋蟀，特别是食粪虫的秘密。后者尤其让他高兴。他和我的年龄相差60岁。他那明亮的目光，能够从偶然成堆的东西中，辨识出大批真正的洞穴；他那灵敏的耳朵，能够听见对我来说寂静无声的蝈蝈儿的细微尖鸣。他帮助我看，帮助我听，作为交换，我给他思想见解。他抬起询问的蓝色大眼睛望着我，聚精会神地接受我给他的思想见解。

啊，智慧花朵的初放是多么令人羡慕，逗人喜爱啊！天真无邪的好奇心苏醒的年代，凡事追根究底的年代，是多么美好啊！小保尔有他自己的笼子，在这个笼子里，圣甲虫为他制作粪梨。他有自己的小园子，这个小园子大小像一张手绢，菜豆正在里面发芽，他常常掘出菜豆，看看胚根是否延伸。他有自己的森林，那里巍然矗立着四棵一拃高的橡树，橡树上结满了乳房似的橡栗。这些都使枯燥无味的语法学习变得不再愁闷，学习过程再也不糟糕了。

如果科学愿意对孩子们和蔼可亲，博物学就能够把多少美好的

事物装进孩子的脑子里啊！如果教育界能把活泼生动的田野学习，融入死板呆滞的书本里，如果官僚们所重视的既定教学课程不扼杀良好的积极精神，那该多么美好啊！小保尔，我的朋友，让我们尽可能在乡野里，在迷迭香丛中，在野草莓丛中学习吧！我们的身心将在这些地方朝气蓬勃地茁壮成长，而且比书本更能获得美和真。

孩子，今天是假日，学校里的黑板派不上用场了。我们早早起床，以便进行计划中的探险。起床早，你必须空着肚子出发，但你放心吧，胃口来了，我们就在阴凉处停下，你会在我的袋子里找到旅行干粮，苹果和面包。临近5月，赛西蜣螂想必已经出现。现在我们将在山脚下勘察羊群走过的瘦薄草坪，用手指一片一片弄碎绵羊那圆面包似的粪便。粪便已经被太阳烧烤，但硬壳下的面包心还保存完好。我们将在那里找到赛西蜣螂，它缩成一团，等待晚间的放牧向它提供更加新鲜的意外收获。

过去偶然的新发现，揭开了一些秘密。小保尔受过这方面的教育和灌输，很快就掌握了摘除粪核的技术，也成了行家里手。他积极肯干，努力嗅气味浓烈的粪块。他很少几次供给我赛西蜣螂，却已经超出了我的愿望。我现在有六对赛西蜣螂，这可是一笔我过去不敢指望、闻所未闻的财富呀。饲养赛西蜣螂不需要笼子，金属钟形网罩加上沙土层和合口味的食物，就足够了。它们身体很小，勉勉强强像樱桃核那样大，模样十分奇怪；身子粗短，后部减缩成子弹头；足很长，像蜘蛛的足那样展开。后足弯曲且大得异乎寻常，很适合搂抱和紧勒小球。

约5月初，它们在宴乐后满是糕饼残渣的地面上交配。安置家庭的时刻很快来临，两夫妻同样勤劳地揉面做饼，运输和烘烤孩子吃的面包。它们用前足的大切面刀，从大块粪球上切下厚度适中的一小块。父亲和母亲同心协力，一齐处理这块面包，一下下轻轻拍打，压紧，把它弄成一个豌豆大的小球。

正如圣甲虫作坊里那样，它们也没有使用滚压机，就揉出了浑圆的小球。在变换地方，甚至在支撑点受到摇动以前，切下的粪料就被塑造成球体。这又是一个精通食品长期保存最佳形状的几何学家。

小球很快准备妥当，现在必须通过剧烈的滚动，加厚皮层，保护球心不受过快蒸发的损害。母亲的身材稍微粗壮，容易辨认出来。它套在车子上座前面，长长的后足放在地上，前足搁在小球上。它一边后退，一边把小球拉向自己。父亲处在相反的位置，在后面推，头朝地面。这完全是圣甲虫的办法。为了别的目的，圣甲虫也两只一齐协作。赛西蜣螂的套车运送幼虫的嫁妆；圣甲虫的套车则运输两个偶然相遇的合伙者在地下吃的酒宴。

现在，这对赛西蜣螂配偶漫无目标地离开了，穿过在倒退中无法避开的高低不平的地面。再说，它们也并不刻意绕过这些障碍，它们企图攀爬钟形罩网纱的那股顽强劲，便是证明。这些障碍会被察觉吗？

这是一件艰苦且行不通的事。母亲用后足紧紧抓住金属网的网眼，把沉重的载运物拉向自己，拖着它。然后，它抱住小圆球，让它悬空。父亲没有支撑物，紧紧抱住这个粪球，可以说是把身子嵌了进去，把自身的重量添加到粪球的重量里，听凭摆布。可是，用力太过，不能持久，它和小圆球一起落下了。母亲从上面观察一会儿，十分惊奇，于是立刻掉下来，再度抓住圆球，重新开始不可能成功的攀登，一再跌落之后，才放弃攀登。

平原运输也不是轻车熟路，毫无阻碍。在遍地沙砾的小丘上，

载运物翻倒在地，车把式栽了跟斗，两腿抖动，肚子悬空。但不要紧，根本没有什么，它们重新站起身来，恢复原来的姿势，始终活泼愉快。赛西蜣螂滚下后常常仰天跌倒，但它并未感到忧虑，甚至好像在寻求滚下来呢。难道不应该让小圆球成熟、坚硬起来吗？碰撞、冲击、跌跤、颠簸，连续地发生，赛西蜣螂就这样狂热地在路上走了一个小时又一个小时。

最后，母亲认为粪球已经滚揉得够好，于是，离开片刻，去寻找一个合适的场地。父亲蹲在它们这个财宝上守卫。如果伴侣离开的时间延长，它就把圆球放在竖立在空中的后腿之间迅速转动，借此来散心解闷。它好像在用那个珍贵的小球玩抛物杂耍，它觉得在树枝般弯曲的双腿下，小球是多么完美。看见它这样快乐地动个不停，谁还会怀疑这个对孩子们的前途已经十分放心的父亲有什么好不满足呢？它似乎在说："这块浑圆的软面包是我捏揉出来的，是我为孩子们做的。"正是为了大家，勤劳者的出色劳绩变得崇高起来。

这时，母亲已经选好适合的场所，挖掘好一个坑。这个坑仅仅是巢穴的奠基工程。小圆球被带到了附近，父亲提高警惕，专心护卫，寸步不离。母亲则用足和额突挖掘，小洞窝很快就挖大，足够收藏这个小球。它可是个神圣的物体呀！然后，母亲用背触触小球，大概感觉到小球在背上向后摆动，没有受到什么损害，便下定决心继续向前挖掘。它担心在住所修建完毕以前，放置在洞口的小面包会遇到什么事。在此期间，不乏抢夺这个面包的蜉金龟和小飞虫，监视和提防，是谨慎小心之举。

小球放进了小洞窝，一半插入这个盆子似的粗坯里。母亲在下面拉拖，父亲在上面减缓震动，防止泥土崩塌，一切进行得十分顺利。然后，它们恢复挖掘，继续下降，始终小心翼翼。这两只赛西蜣螂，一个拖拉小球，另一个调节降落动作，清除可能阻碍行动的物体。又花了一些工夫后，小球随同两个矿工在地下消失了。在以后一段时间内发生的事，大概只是重复我刚才看到的过程。我们再等待半天左右吧！

如果我密切监视，毫不松懈，就会看到父亲又单独在地面出现，蜷缩在离洞穴不远的沙土里。母亲在地下有它需要关切照顾的事，对此，父亲一点也帮不了它。母亲被这些事缠身，无法离开，通常推迟到第二天，它才会走上地面。最后，母亲出现了，父亲从小睡的躲藏处出来，同母亲会合。这对夫妻于是重新团聚，来到粮堆，先吃东西，恢复元气，然后从粮堆上切割下第二块粪料。夫妻再度合作，既为了塑制圆球，也为了运输入仓。

配偶之间的忠贞不贰，我非常欣赏。忠贞是它们的行为准则吗？我不敢肯定。想必有一些朝三暮四、不专情的家伙。它们在一块大粪饼下面的混杂群伙中，把曾经为它充当小伙计的第一个面包坊女老板忘得干干净净，专心为另一个偶然遇到的女老板效劳。想必会有一些临时家庭，制作完一个粪球后就夫妻离异。这已无关紧要，我已经看到的那点情况，已使我对赛西蜣螂家庭的习性，萌生了高度的敬意。

在观察洞穴里的小粪球之前，我先总结一下赛西蜣螂的习性。父亲和母亲同样尽心尽力地挖掘洞穴和塑制小球，这只小球将是幼虫的嫁妆。父亲参加搬运，不错，它作为次要角色参加这项工作。当母亲不在，去寻找挖掘小地窖的地点时，父亲照看这块球状面包。父亲协助母亲进行挖掘，把地下室的余泥运到外面。除了这些品质之外，我还要添加一项：对配偶非常忠贞。

赛西蜣螂的粪球

这些特征圣甲虫也曾展示过一些。比如，它心甘情愿两只虫共同制作粪球，它懂得用反方向双重套驾的方式运输。但是，我再重复一遍：圣甲虫互助合作的动机，只是出于利己主义。两个合作者加工、搬运面包，只不过是为了它们自身，制作宴会圆面包，纯粹是为了它们自身，在家庭劳动中，圣甲虫母亲没有助手。它独自制作粪球，把粪料从粪堆里拔出，让它向后滚动，自己采取赛西蜣螂配偶中雄性的那种翻转姿势。它独自挖掘洞穴，独自存仓。配偶的另一方，把产卵多的母亲和家里的孩子忘得一干二净，根本不去协助令人精疲力竭的劳动。它同矮子食粪虫相差多么远啊！

现在，我们去观察洞穴。小窝不太深，比较狭窄，刚好够赛西蜣螂母亲围绕着小球转动。小洞太狭窄，父亲不能长久在这里逗留。作坊准备妥当后，它就必须退离，让女模型工的身体能够自由活动。我们的确看见它早早先于母亲回到地面。

地下室里只有一个粪球，是造型艺术的杰作。它小巧玲珑，仿佛微缩的圣甲虫的小梨。这个小梨由于小，表面的光泽和弧度的优雅分外突出，最大直径为12～18毫米。技艺精湛的各种食粪虫，都有漂亮的产品。

但是，完美的状态历时十分短暂，优雅的小梨很快就覆盖上多结扭弯的黑色瘿瘤，把小梨的外表弄得丑陋不堪。表面的一部分尽管没有受到损伤，却消失了，被一个丑陋的外壳遮住。这些粗俗不雅的结节从何而来，我被难住了。我怀疑这结节是某种隐花植物，譬如说球草，这种植物可以凭借有乳突的黑色硬皮辨认出来。然而，幼虫使我摆脱了谬误。

与其他食粪虫幼虫一样，这只幼虫也弯曲成钩状，背上载负着

赛西蜣螂
粪球上的瘤

一个巨大的包囊。这是排粪快捷类昆虫的特征。正如圣甲虫幼虫一样，这种幼虫也擅长用立即喷射含粪的胶来堵塞偶然出现的天窗，而黏胶则始终储备在背部的褡裢里。此外，这种幼虫具有食粪虫类所不知晓的粉丝加工技艺。不过，食粪虫中的阔背金龟不在此列，它很少实践这种技艺。

各种食粪虫的幼虫都利用消化的残渣，粗涂它们的小室。小室因为宽敞，容许这种清除残渣的方式，而不必打开排出污物的临时窗户。或许由于空间不够宽敞，或许我不知道的其他原因，赛西蜣螂的幼虫在提供粗涂内壁的水泥后，把过剩产品排到粪梨外。

当隐居的幼虫已经开始长大时，我观察了一个小梨。我有时会看见它表面的某个部位湿润起来，变软，变薄；然后一个暗绿色的新芽通过一块不坚固的屏板升起，接着，新芽倒下，扭曲，形成一个瘤，随后因干燥而变黑。

发生了什么事呢？幼虫在小梨内壁上打开一个临时缺口，它通过还剩下一张薄纱的通气窗，越过围墙拉屎，把无法在家里使用的过剩黏胶排到小梨外。故意开凿的天窗，丝毫不会扰乱幼虫的安全，因为窗子很快就会被新芽的底部堵塞起来，被抹刀一下压紧。有一个这样灵巧敏捷地安放的塞子，尽管小梨鼓凸的圆肚有洞孔，粮食仍然会保持新鲜，不会有积聚大量干燥空气的危险。

赛西蜣螂似乎也了解，它那个很小而且在土里埋得不深的小梨，以后在炎夏酷暑时节会遇到的危险。它非常早熟，在温和的4月和5月劳动。从7月上旬起，在可怕的酷暑开始以前，它们就把壳打碎，着手寻找将在烈日如焚的季节，提供它们吃住的住宅。继秋天短暂的喜悦欢腾之后，是因冬天的昏沉麻木而退隐地下，再之后是

春天的复苏觉醒，最后是阳光下的欢庆。这就是赛西蜣螂的一个生命周期。

我还有一项关于赛西蜣螂的观察报告。我养在金属钟形网罩下的六对赛西蜣螂，制造了57个住着幼虫的小梨。这项人口普查证明，平均每个家庭产卵六枚。这个数字是埃及圣甲虫远不能及的。人口兴旺归因于什么呢？我只看到一个原因：父亲和母亲平等劳动。单独一个人不能胜任的劳动，由两个人来负担就不会太重。

第二章 月形粪蜣螂 野牛双凹蜣螂

月形粪蜣螂的身材比西班牙粪蜣螂小，对气候的温和程度不像后者那样苛求。它将向我们证实，赛西蜣螂父亲为家庭的兴旺繁荣出了一份力。我们地区，雄性昆虫的服饰之稀奇古怪，无人能敌。月形粪蜣螂同西班牙粪蜣螂一样，前额有角，前胸中央有双重小圆齿状叶缘的凹槽，肩上有戈戟矛头和新月形深槽口。普罗旺斯的气候和百里香常绿矮灌木丛中食物极端稀缺，对它来说并不适合。它需要比较潮湿、有牧场的地区，那里有牛的硬粪饼提供丰盛的食料。

我不能依靠要相隔很久才能遇到的稀有实验对象，因此我让我的笼子住满了我的女儿阿格拉艾从图尔农送来的外乡昆虫。4月，我的女儿应我的要求，投身持续不懈的研究工作中。很少有姑娘会像她那样，用小阳伞顶端撬起那样多的牛粪，用纤细的手指把牧场的圆面包形牛粪弄碎。我以科学的名义，感谢这个勇敢的女孩子。

热情换来了成功的回报，现在我有六对雌雄月形粪蜣螂。我把它们安置在上一年西班牙粪蜣螂曾经劳动过的网罩里。我供应它们全国性的菜肴，隔壁女邻居的母牛则向虫子提供丰盛的牛粪烤饼。这些背井离乡者，丝毫没有思乡的迹象，它们在牛粪饼这个神秘的庇护所里，勇敢地干活。

月形粪蜣螂

6月，我进行首次探查。我用刀一点一点把泥土砍切成垂直的薄片，剖露出的东西令我欣喜若狂。每对月形粪蜣螂都在沙里为自己挖掘了一个华美的厅堂。圣甲虫也好，西班牙粪蜣螂也好，都从来没有向我展示过这样宽敞、拱顶跨度设想得这样大胆的厅堂。大轴有1.5分米长，也许还更长。但是，天花板弄得很扁，尖顶只有5～6厘米。

内部陈设与住宅夸张的外形很相称。这个堪称加马奇的婚礼[①]的新房，是个手掌大的圆面包，不太厚，轮廓变化不定。我发现一些像肾脏那样弯曲、像手指那样辐射、像猫舌头那样伸长的卵形物，这些小玩意儿都是面包店小伙计心血来潮的产物。然而，我最常看见的是：在网罩中的六家面包店里，雄雌两性始终守在一个面团堆旁。这个面团堆按要求拌和揉软后，现在正在发酵成熟。

它们的家庭生活历时这样长久，证明了什么呢？它证明父亲参加了挖掘地下室，一抱一抱地收集食物储存在洞穴入口处，把小粪饼揉捏成唯一的大面包。游手好闲的讨厌家伙或窝囊废是不会留在那里的，它会回到地面上。因此，月形粪蜣螂父亲是个勤劳肯干的合作者。它的协助看来甚至还会延长，这一点留待以后再说吧。

出色的虫子，我的好奇心刚才打扰了你们的家庭生活。不过，没关系，你们的新生活才刚开始呢。正如人们所说，你们正在办进宅酒呢。也许你们有办法重新修复被我破坏的家。我们来试试吧。现在该由你们来挖掘新洞穴，把我从你们那里偷走的糕饼放到洞穴里，然后把大面包细分成适合幼虫需要的口粮份额。你们会干这些活吗？我希望你们会。

我深信，经受过考验的夫妇坚定不移，我的信任没有被辜负。一个月后，即7月，我第二次探查。食物储藏室已经更新，和最初那

---

① 加马奇为西班牙小说家塞万提斯（1547—1616）的小说《堂吉诃德》中的富农，其婚礼喻豪侈粗俗、奇特怪异。——译注

间一样宽敞。此外，房间的天花板和内壁的一部分，还铺了一层牛粪做的莫列顿双面呢。雄雌两只虫子都还在那里，它们要在抚育工作结束后才会分离。父亲在家庭的慈爱和柔情方面，禀赋比较差，也许更加胆小；因此，随着光线透进围墙遭破坏的住宅，它企图通过走廊避开。母亲则一动不动，蹲在心爱的小球上。这些小球类似西班牙粪蜣螂的卵球形李子干，但稍微小一些。

我了解西班牙粪蜣螂微薄的产品，因此对眼前出现的东西感到十分惊讶。在同一个小间里，我数了一下，竟有七八个卵球形李子干。它们一个靠着一个排列，有乳突的顶端向上竖起。厅堂尽管宽大，仍然塞得满满的，勉勉强强留下一点空间供两个监护人用，好像一个装满蛋的鸟窝，一点空隙也没有。

我应该进行一下比较。粪蜣螂的这些小球到底是什么呢？是另一种卵。在这种卵中，卵白的和卵黄的营养物质换成了一种食品罐头。在这方面，食粪虫可以同鸟争雄，甚至胜过鸟。食粪虫不是通过生物构造的单一神秘作用，在营养物质中汲取供给幼虫晚期发育所必需的养分；而是展现技巧，巧妙地供给小虫食物。小虫在孤立援助中发育老熟。食粪虫无须经受孵化的长期疲劳，太阳会为它孵卵。它不会为一口食物，而无穷无尽地操心，它事先就准备好这口食物，并且一次分配完毕。它从不离开自己的窝，时时刻刻进行监督。父亲和母亲都是警惕性很高的守护者，只在孩子们适合外出时，才会放弃它们的住所。

在需要挖掘住宅和积聚财富期间，月形粪蜣螂父亲的用处显而易见。可是，当母亲把圆形大面包切成一份份口粮，对小球进行加工、磨光和看管时，父亲的用处就不那么明显了。向女人献殷勤的男人，也会参加这种似乎应留给温柔的女人干的细活吗？

月形粪蜣螂父亲知道用足的利刃，把烤饼切成小块，按幼虫需要的分量分成一小份，并捏成圆球吗？如果它这样做，就会减轻将由母亲重做、改进的那份负担。这个父亲有堵塞裂缝、修补缺口、黏结裂痕、耙净小球，并且根除有害赘生物的技艺吗？它对它的幼虫会有西班牙粪蜣螂洞穴里，那位孤独的母亲毫不吝惜地给予子女的关怀照顾吗？现在，雄雌两性在一起，它们都专心致志于养育孩子吗？

我把一对月形粪蜣螂放置在一个用纸盒罩住的短颈广口瓶里，试图获得问题的答案。这只瓶子使我能够随心所欲地选择光亮或者黑暗。雄虫受到突然惊扰，便同雌虫一样常常栖息在小球上。尽管如此，我仍然多次看见母亲谨慎细致地坚持工作，用扁平的足磨光小球，谛听小球内部的声响。父亲却胆小、不专注，一有光亮便掉下，跑去蹲在土堆的一个隐蔽角落里，因此，我没有办法看见它干活，它迅速避开讨厌的光线。

这个父亲虽然拒绝向我展示它的种种才能，但是，仅仅它在卵球尖顶上的出现，就足以让这些才能展现无遗。它并非无缘无故地保持令人不舒服的姿势，这种姿势并不利于一个游手好闲者昏昏欲睡。因此，它像它的伴侣那样在监护幼虫，修饰损坏部位，通过卵壳内壁谛听幼虫的生长情况。我看到的那一点情况使我肯定，父亲在照料家庭方面几乎可媲美母亲，直到家庭最后解体。

由于父亲的献身精神，这个种族在数量上有所增加。在只有母亲居留的西班牙粪蜣螂庄园里，最多有四只幼虫，常见的有两只或者三只，有时只有一只。在雄雌两性共居互助的月形粪蜣螂庄园里，幼虫多到八只，是西班牙粪蜣螂庄园里最大居民数字的两倍。勤劳的父亲对一家人的影响，在这里得到了最好的证明。

除了雄雌两性的共同劳动外，种族的繁荣兴旺还需要一个条件。没有这个条件，仅仅靠一对夫妻的勤劳是不够的。首先，要有人丁兴旺的家庭，就必须有养育这个家庭所必需的食物。在此，我谈谈一般粪蜣螂的食物供应方式。它们以粪金龟为榜样，并不到处收集原料揉成圆球滚到洞穴里去，而是直接在遇到的食物堆下面定居。它们足不出户，在那里把成抱的食物切成小片，储存起来，直到有足够的收获为止。

西班牙粪蜣螂至少在附近开发绵羊的粪便。这种产品质高量少，即使供给者的肠子处于最佳状态时也是如此。因此，西班牙粪蜣螂便将所有的粮食都塞进洞穴里。它被家务羁留在地下，此后不再外出，只需要监护唯一的幼虫。微薄的产品通常只能为两三只幼虫提供食料，由于缺乏可供使用的粮食，家庭规模便缩小了。

月形粪蜣螂在另外的环境中劳动，它居住的地区有大量的牛粪圆面包。这种面包是取之不尽、用之不竭的丰裕粮仓，能够满足子孙后代兴旺发达的需求。宽阔的住所也是繁荣的因素之一。住宅的拱顶设计大胆，能够遮护大量的小球。西班牙粪蜣螂的洞穴比较狭窄，能够遮护的小球的数量，与它不能同日而语。

由于房屋狭窄，粮仓不满，西班牙粪蜣螂便节制生育，有时甚至只生一个。这是由于卵巢的贫瘠吗？不是。我在前卷中指出，如果有空旷的场地和大量工作等着要做，母亲就会加倍生育子女，甚至更多。我曾讲过，我怎样用扁平刀柄，揉捏一块圆形大面包替代三四个小球。我用巧计从一只多产的雌虫那里得到了一个七口之家。我使用的方法就是，让短颈广口瓶狭窄的围墙变得比较宽敞，并且提供新的建筑材料[①]。这个成果不错，但是，它还比不上以下的

① 见卷五第七章。——校注

实验。

这一次，我逐渐偷偷地拿走月形粪蜣螂的小球，只留下一个，以便我的掠夺行为不致使母亲过分灰心丧气。它如果在足下找不到一个以前的产品，也许会对毫无成果的劳动感到厌倦。当圆形大面包被运走时，我用我制作的产品来代替。我坚持不懈地把月形粪蜣螂刚刚做成的小球取走，更换已经吃光的大块食物，直到它拒绝为止。

在五六周的时间内，实验对象以恒久不变的耐心，重制它的产品，企图让总是空荡荡的小间住满。最后，酷暑季节来临。这个严峻的时期因过热和过分干燥，月形粪蜣螂的劳动暂时停顿下来。我的那些圆面包不管制作得多么小心谨慎，还是受到了蔑视。母亲陷于麻木迟钝状态，拒不劳动。它在最后一个小球那里把自己埋在沙中，一动不动，等待9月来解救它的骤雨。坚忍不拔的母亲一共造了13个小球，小球都塑造得完美无缺，里面都有一枚卵。13，在蜣螂的大事年表中，是个闻所未闻的数字；13，比正常的产卵数多10个。

事实证明：有角的食粪虫在狭窄的范围内，限制家庭成员的数目，决不是由于卵巢的无能，而是由于惧怕饥饿。

统计数字显示，在我们这个受到人口减少威胁的地区，难道不就是这样吗？在我们地区，雇员、手工业者、公务员、工人、做小生意的店主不可胜数，而且与日俱增。他们全都只能勉强糊口，因此尽可能避免多邀一个客人到菜肴不丰的餐桌上。缺少圆形大面包时，粪蜣螂就几乎过独身生活。它这样做并没有错，我们又有什么权利谴责它的模仿者呢？彼此都在谨慎小心行事，离群索居总是胜过让自己亲近的人都饥肠辘辘。感觉自己的肩膀强壮得足以同个人的不幸搏斗的人，会在大家庭的不幸面前吓得后退。

古时候，土地的耕种者，国家民族的基础，我们的农民兄弟，发现家庭人丁兴旺，财富就会增加。于是人人劳动，把自己那块面包带到一餐粗茶淡饭中。当年长者驾驭耕地的牲口拉车时，最年幼者才第一次穿上他的第一条短裤，把一窝小鸭带到水塘。

这些淳朴的家族习俗日益罕见，是进步的必然结果。当然，这也没错。坐在火车上，双腿摇晃，一副绝望的蜘蛛姿态，是挺让人羡慕的。但是，进步也有负面效应，它带来豪华奢侈，产生耗费巨大的需求。

在我们村里，工厂里年纪最小的姑娘每天挣20苏。礼拜天姑娘们肩挎鼓胀的小包，头戴装饰羽毛的小帽，手拿象牙柄的女式小阳伞，发髻填塞着垫料，漆皮皮鞋饰有镂空蔷薇花饰和齿形花边。啊，饲养火鸡的姑娘，我不敢穿着这身粗布衣服，看见你从我家门前的大路上走过，这条路是你的隆香①散步地，你用娇艳的装扮使我羞愧。

年轻人经常出入咖啡馆，这些咖啡馆比过去的小酒店奢侈豪华得多，他们在那里大喝苦艾酒、荷兰开胃酒、苦味比工酒，最后还吸食收藏齐全的各种各样让人头昏脑涨的麻醉品。这些嗜好致使田地荒废，土质变得太坏，土块变得太硬。由于入不敷出，人们于是离开乡野，前往城市。在人们的想象中，城市更有利于积蓄。唉，城里并不比乡下更能节衣缩食，积攒钱财。工厂受到数不胜数的消费时机窥伺，比起犁头，更难使人发财致富。但是，现在已经为时太晚，习惯已经养成，积重难返。人们仍然是贫穷的城里人，惧怕家庭负担。

---

① 隆香：古女修道院，建于1261年，位于巴黎附近。1857年成为赛马场。——译注

我们地区气候宜人、土地肥沃、地理位置优越，但是涌入了大批的四海为家者、欺诈行骗者以及形形色色的开发者。从前这个地区引诱经常跑大洋大海的西顿人，爱好和平的希腊人为我们带来字母和葡萄，粗野的统治者罗马人传给我们难以根除的粗暴习性和言行，辛布里人、条顿人、汪达尔人、哥特人、匈奴人、勃艮第人、瑞埃夫人、阿兰人、法兰克人、萨拉逊人等来自四面八方的游牧部落，朝着这片富饶的受掠夺的土地蜂拥而来。这个杂七杂八、稀奇古怪的大杂烩融合起来，全被高卢民族[①]吸收了。

今天，外来者缓慢地渗透到我们中间，第二次野蛮人的入侵威胁着我们。不错，方式是和平的，但毕竟令人惊惶不安。我们的语言明白易懂、和谐悦耳，但以后是否会变成含糊不清、有异国情调、发音嘶哑的不规范语言呢？我们乐善好施的性格，会被唯利是图的猛禽玷污吗？父辈的乡土会变得不再是乡土，而成为各国旅客经常来往的地方吗？如果高卢的古老血液不再有能力再一次同化这次入侵，那么这是令人担忧的。

我希望高卢能够再度发挥融合的力量。我们来听听有角的食粪虫怎么说吧，它们告诉我们：人口多的家庭需要大量的粮食。然而，进步带来的却是耗费巨大的新需求，我们的收入远远跟不上这样的进展。由于既没有足够六个人需求的，也没有足够五个人或者四个人需求的粮食，于是人们就三个人或者两个人生活，甚至剩下孤单单一个人生活。于是，一个民族将一边不断进步，一边走向自杀。

让我们回归过去吧，摒除那些人为的需求，那些过热的文明的恶果，重新提倡我们祖祖辈辈那乡野式的淡泊朴实吧。我们留在乡

---

① 高卢民族：今法国、比利时、德国西部、意大利北部的克尔特人。——译注

野吧，如果我们的欲望适度、有所节制，将会在乡野的田地里，找到乳汁丰足的乳母。那时，而且也只有那时，家庭才会重新昌盛。那时，农民从城市、从他们的欲望中解脱出来，就会拯救我们。

野牛布蜣螂

第三种向我揭示父亲的本能的食粪虫，也是一种外地昆虫。它从蒙彼利埃[1]来到我这里。它叫野牛布蜣螂，或者根据另一些人的说法，叫野牛蜣螂。我不在这两个同属一类的名称中进行选择，专业词汇的精妙细致，对我来说无关紧要。我将永远记住“野牛”这个特定的词，因为它像林奈所希望的那样，念起来悦耳动听。

从前，我在阿雅克修的郊区结识了它。那是在春天，在藏红花和仙客来中间，在香桃木掩映下绚丽多姿的百花竞开的景象中。美丽的昆虫，到这里吧，让我再一次在你活着的时候赞赏你。你使我回想起青春年少时，在那贝壳俯拾即是的壮丽的海湾边上的兴奋和激情。那时我根本没有想到，有朝一日我必须歌颂你。自那以后，我再也没有见过你。欢迎你到我的网罩里来，教给我们一些东西吧。

你矮壮，腿短，像厚实的矩形，这是你壮实有力的标记。你头上戴着两支短短的触角，像阉割小牛的月牙形角。你把前胸伸长成变钝的船头，两个漂亮的浅窝一个在左，一个在右，伴随着船头。你的整体外貌、雄性打扮，使你接近粪蜣螂。事实上，昆虫学家分类时，正是让你紧跟在粪蜣螂后面。你的手艺同系统分类学给你的地位吻合一致吗？你会干些什么呢？

我同别人一样钦佩分类学者，它们研究死虫的口器、足、触

① 蒙彼利埃：法国南部埃罗省省会。——译注

角，有时作了很好的对照比较，并且善于把外形迥异、习俗却一模一样的圣甲虫、赛西蜣螂收集在同一个组群中。但是，这种方法忽略了生命的高等表现形式，而去探究尸体的细节，因此在昆虫的真正才能方面，经常把我们引入歧途。野牛布蜣螂警告我们有这种危险存在。它的身体结构与粪蜣螂相似，但在技能方面却与粪金龟更相似。它同粪金龟一样，在圆柱形的模型中压紧灌肠形大面包，它也同粪金龟一样具有父性本能。

约近6月中旬，我去拜访我唯一的一对野牛布蜣螂。在绵羊提供的一大堆粪便下面，一条直径约指头粗、钻入地下两拃深的垂直通道半敞开，全部自由畅通。这条水井似的通道底部扩散成五个小洞，每个小洞里有一个粪面包，类似粪金龟的粪香肠，但短小些。食物表面有结，略呈圆形，是从位于下端的孵卵室挖掘出来的。孵卵室是个圆形小间，涂着一层半流质的渗出液体。卵呈椭圆形，白色，大小相同。

总之，野牛布蜣螂那土里土气的产品，几乎就是粪金龟的粪香肠复制品。我感到失望，因为我原来指望会更好一些。昆虫的优美雅致，似乎是更加先进的技艺的证明。这种技艺专门制作梨、葫芦、弹丸、卵球等形状的物品。可是，我们不要以貌取虫，正如不要以貌取人一样，身体的结构不能告诉我们本领和才干。

我突然在一个交叉路口，找到这对野牛布蜣螂。那里敞开着五个有粪香肠的陷凹点，光线射入使它们无法活动。在我挖掘引起骚乱之前，这两个忠实的合作者在这里干什么呢？它们监视这五间小屋，压实最后一个粮食形成的圆柱体，用带来的新材料加高圆柱的长度。材料从上面搬到下面，是从盖住坑井的粮仓里取来的。它们也许准备挖掘第六个房间，并且像其他房间那样布置这个房间。

它们频繁地从井底上升到地面充裕的仓库里，我探查得很清楚。一只虫子井井有条地压紧粪料，另一只虫子用足抱着粪料从地面降下。

整个水井似的通道从上到下都畅通无阻。此外，为了防止频繁上下必然会引起的崩塌，通道的内壁都有一层粉光层，涂料也就是制作粪香肠的粪料。粉光层厚一毫米多，连成一片，相当光滑，耗费不大，成果却完美。粉光层将泥土牢牢地固在井壁上，我可以挖去通道的大片碎块，碎块也不会变形。阿尔卑斯山的小村落用牛粪涂抹住房的南面，牛粪被夏天的太阳晒干后，便成为冬天的燃料。野牛布蜣螂知道牧羊人的方法，但是它另有目的，它用牛粪遮蔽住宅，防止倒塌。

野牛布蜣螂父亲能够在母亲让它休息的时间，承担起这项工作。母亲这时正忙着一层一层地制作粪香肠。在加固覆盖层方面，粪金龟已经展示了相同的技艺。这是技艺上的一个新相似点，的确，这种覆盖层不那么整齐匀称，不那么完整。

我受好奇心驱使，剥夺了这对野牛布蜣螂的财产，它们于是再从头干起。7月中旬，它们又做了三个粪香肠，现在一共有了八个。可是，我发现我的这两个囚犯死了，一个死在地面，另一个死在地下。这是意外事故吗？或者更确切地说，野牛布蜣螂在长寿的粪金龟中是例外吗？粪金龟和月形粪蜣螂会在下一个春天看见自己的后代，甚至第二次结婚。

我倾向于认为，这是向昆虫的总规律的回归，拒不照管家庭者生命短暂。据我所知，网罩里并没有发生任何不快。我思忖，为什么接近老当益壮的野牛布蜣螂一旦建立家庭，就像芸芸众生那样立即死亡呢？这是又一个没有得到解答的谜。

冗长地叙述昆虫的大颚和触角，读起来令人生厌，人们更喜欢简要地描述昆虫的生活。因此我想，如果我提到幼虫那弯钩似的形态、背上的褡裢、拉屎的快速和堵塞缺口的能力，这些都是食粪虫的一般特点和才能，那么关于它的情况我就谈得够多了。8月，当粪香肠的中部已经被耗食成烂盒罩时，幼虫就向下端退缩，在那里用一道球形围墙，把自己同洞穴的其余部分隔离开来。修筑围墙的材料由装有砂浆的褡裢供给。

圆形围墙像一个优美的小球，体积相当于一粒大樱桃，是粪质建筑的杰作，类似从前母牛嗡蜣螂所展示的那件杰作。小球表面装饰一些细微的结节，结节排成同心状，并像屋顶瓦片那样层叠。每个结节想必是对抹刀抹涂一下的回应，抹刀抹涂一下就把褡裢里的砂浆放置一点在围墙上。

如果人们不知道小球的来源，会以为它是用果实雕刻的。小巧玲珑的小球外套着的粪香肠外壳，造成一种假象，仿佛它就是粗糙的果皮。正如青果皮脱离核一样，这个皮壳可以毫无困难地揭去。去壳后，人们会十分惊奇地在土里土气的外壳里面，找到这个很美的核。

这就是为身体变态修建的房间。幼虫待在那里，在麻木状态中度过冬天。我希望春天一到就得到成虫，可是，令我惊讶不已的是，幼虫状态一直持续到7月底，蛹的出现需要一年左右的时间。

野牛布蜣螂成熟得这样缓慢，令我惊异。这是在自由田野里的规律吗？我认为是的，因为囚禁在网罩里，据我所知，没有发生任何引起延迟的事。因此，我不担心会有错误，我把我用妙计取得的成果登记下来。野牛布蜣螂幼虫在漂亮而牢固的小匣子中死气沉沉，毫无生气，花了一年的时间使自己成熟化为蛹，而其他食粪虫的幼虫却在几个星期内就身体变态。至于讲述甚至猜测这样莫名晚熟的原因，是个说不清道不明，只能任它模糊不清的细节。

粪质外壳直到9月还坚如果核，但被9月的骤雨淋软后，就在隐居者的推撞下破碎了。成年野牛双凹蜣螂爬上地面走向光明，在温和的秋末欢欢乐乐地过日子。寒凉初来时，它就去到地里的冬季宿营地，然后在春天再度出现，并且重新开始生命的循环。

第三章 遗传论

对现象的陈述，可以得出这样的结论：父亲对家庭态度冷漠，是昆虫界的普遍规律；然而，在某些种类的食粪虫中却出现了例外。它们懂得家庭合作，父亲几乎和母亲同样勤劳，共同组建家庭。这些幸运的昆虫这种几乎涉及伦理道德的天赋来自何处呢？

人们可以用安置幼虫耗费巨大作为理由。既然要为幼虫准备住所，让它们拥有生存所需的物资，从种族的利益着想，父亲帮助母亲难道不是有好处的吗？两人共同劳动，会创造出一人单独劳动不能创造的福利，单独劳动力不从心。这个理由的确不错，但是它常常被事实所否定。

为什么赛西蜣螂是勤劳的父亲，圣甲虫却东游西逛，游手好闲呢？尽管如此，这两种食粪虫仍然有同样的技艺、同样的养育方法。为什么月形粪蜣螂知道它的近亲西班牙粪蜣螂不知道的事呢？前者协助伴侣，从不离弃。后者却很早离异，不等孩子们的粮食积存加工好，就离弃新婚的家庭。两者在制作粪球方面都花费巨大，而且这些小球在食物储藏室里安放成排，需要长期看管。产品相似使人认为习性也相似，其实是个错误。

我们来考察一下膜翅目昆虫。膜翅目昆虫是第一个留给后代遗产的积聚者，是无可争议的。为子孙积攒的财富，无论是一罐蜜，或者一筐猎物，父亲都从不参与。如果住宅的前厅需要打扫，当父亲的甚至连扫帚都不动一下，无所事事就是它的铁则。在某些情况下，维持一个家庭耗费巨大，却没有因此唤起父亲的本能。我们会在哪里找到问题的答案呢？

我们可以将问题推而广之，暂且放下虫子，来关心一下人吧。我们有我们的本能，当某些本能从平庸凡俗之中突显出来，并达到顶峰状态时，就被称为天才。奇特怪异的事物从凡俗中涌现出来，令我们惊叹不已。光辉的亮点令我们着迷，在黑暗中闪闪发光。我们赞赏，却不明白这些姹紫嫣红、鲜花盛开的景象，从何处降临在某人身上，于是对于这些人，我们就说："他们多才多艺。"

一个牧童数着一堆堆小石子，借此消遣解闷。后来他成了一个擅长计算的人。他不借助其他方法，仅仅进行短暂的沉思默想，他的心算快速而准确，令人惊讶。那一大堆理不清的数字，压得我们几乎喘不过气来；可是在他的脑中，却是那么井然有序。这个令人赞叹的人，用数字耍把戏，他有天赋，有天才，有数的才能。

第二个孩子，在弹子和陀螺正使我们乐不可支、欣喜若狂的年龄，他忘记玩耍嬉戏，离开嘈杂吵闹的人群，独居一隅。他听见他心中发出了如天籁竖琴回音般的谐音，他的脑袋是一座摆满管风琴的教堂。丰富的音色，只有他一个人听见的内心的合奏，让他心醉神迷，欣喜若狂。祝福这个有朝一日将用他的音乐，在我们心中引发高尚感情，生来命运就不平凡的人。他有音乐方面的本能、天才和才能。

第三个孩子，一个吃东西时还会被果酱弄脏的小孩，很喜欢把黏土捏成天真稚拙、憨态可掬的小塑像，令人称奇。他用刀尖将欧石楠根做成讨人喜欢的假面具，做鬼脸，扮怪相；他把黄杨木制作成绵羊和马；在软脆的石子上雕刻他的狗。任由他发展吧，如果上天助他一臂之力，有朝一日也许他会成为遐迩闻名的雕刻家。他有形态方面的才能和天分。

在人类活动的每个分支里，比如艺术、科学、工业和商业、文学和哲学，情况都是这样。打一降生，我们的身上就潜伏着把我们同一大堆凡夫俗子区别开来的东西。然而，这种特征是从哪里来的呢？有人肯定地说，它来自一系列遗传。一种有时直接、有时遥远的遗传，把这种特征传给我们，只不过时间对它进行了添加和修改。你如果查询族谱，将追溯到天才的根源。它开始只是刚刚渗出、微不足道的涓涓细流，然后逐渐成为滔滔江河。

遗传！这个词的寓意多么深奥神秘、不可思议啊！卓越的科学已经试着向它投射一点光辉。然而，科学只成功地为自己创造了一种不合常理的行话，让晦涩的事物更加难懂。我渴求清楚明晰，且把荒谬不经的理论，托付给那些对这种理论乐此不疲的人吧。我将致力于观察到的现象，而不去企图解释什么原生质的秘密。我们的方法当然不会揭示出本能的根源；但是，它至少会告诉我们，寻找它是有用的。

进行这种研究，不可或缺地需要一个其内在特点已为人了若指掌的实验对象。然而，这个对象到哪里去寻找呢？如果可能察知别种生命的深层秘密，就会有大量的、极好的研究对象。但是，除了这个对象自身以外，谁也无法探测他的生命。如果永不磨灭的记忆和沉思默想的才能，给予这个对象的探测活动应有的准确性，这已经太幸运了。进入别人的角色，是任何人都办不到的；但是在这个问题上，他又必须置身于别人的角色中。

我很清楚，自我是令人憎恶的。人们很宽容自我，以利于从事的研究。我将取代小木凳上的粪金龟，像对待虫子那样直截了当地询问我自己，询问自己在各种本能中，支配其他本能的本能来自何处。

自从达尔文给予我“无与伦比的观察家”这个称号以来，“无与伦比”这个形容词多次盘旋在我的脑海，我自己却不明白我在哪方面对此当之无愧。对在自己周围触目皆是、乱蹿乱动的一切都感兴趣，是极其自然、十分诱人的。好了，别谈这个吧，我就姑且认为这个恭维言之有据吧。

如果必须肯定我对昆虫的好奇心，我就不再犹豫不决。是的，我感到了自己的才能，感到了怂恿我经常接触这个奇特世界的本能。是的，我认为自己适合把宝贵的时间用于这样一些研究。如果可能，这些时间会更好地用于防止往日的苦难。是的，我承认，我是虫子的热情观察者。这种颇有特点的癖好，既是我生活中的痛苦，也是我生活中的乐趣。它是怎样发展起来的呢？首先，其中什么东西应当归功于遗传呢？

芸芸众生没有历史，他们受到现在的约束，无法记住过去。然而，告诉我们家族史吧，让我们知道亲人的过去，知道他们如何耐心地同严酷的命运斗争，知道他们为了一点一滴地造就今天的我们，所做出的顽强努力。这些真实诚信的家族史档案，不会毫无价值的，它富有教育意义，令人鼓舞。对于个人而言，没有任何历史具有这种史料的价值。但是，迫于形势和环境，家庭被抛弃，一窝新生儿突然失踪，这个家不再有人认得。

在勤劳者人数众多、工作繁忙的场所，我只是个普通的杂工，对家庭的回忆十分贫乏。在祖父那一辈，我收集到的资料突然变得模糊不清。我将在这方面花些时间，首先了解遗传的影响，然后留给我的亲朋与他们息息相关的一页纸。

我和外祖父没有来往过。有人告诉我，我这个可尊敬的祖先是鲁埃格最贫困那个市镇的执达员。他用大字在印花公文纸上抄写早期的拼写词，他把笔盒装满墨水和笔，他翻山越岭，从一个没有清偿能力的穷人家，到另一个清偿能力更差的穷人家，制作证书。这个低等文人在他所处的诉讼环境中，同艰难困苦的生活搏斗，自然对昆虫漠不关心。他至多有时遇到昆虫时，用脚后跟把它踩死。这只不为人所知的虫子，被人怀疑有害，不值得人们对它进行别的什么研究。

而外祖母呢，除了她那个家和她那串念珠以外，别的什么都与她毫不相干。对她来说，如果纸上没有公家盖的印记，字母哪有什么好处，只是会损害视力的天书罢了。在她那个时代，在小小老百姓中，谁还关心读书写字呢？读书写字是留给公证人的奢侈事物，再说，公证人也是不随随便便地滥写滥读的呀。

应该说，她最不把昆虫放在心上。如果她在泉水里洗菜，有时发现菜叶上有条幼虫，她会吓一大跳，把这条讨厌的害虫扔得远远的，割断与危险物的所有联系。总之，对外祖父、外祖母来说，昆虫是毫无意思的东西，差不多一直是人们不敢用手指尖去碰触的厌恶东西。我对虫子的兴趣爱好，肯定不是从外祖父、外祖母那里遗传来的。

关于我的祖父母，我有比较确切的资料。他们健康长寿，使我得以了解他俩。他们是种田的，一辈子从来没有翻过书本，他们同字母表之间的怨恨不和实在太深太深。他们在淡红色的高原上耕种一块贫瘠的土地，寒冷的山脊上满布花岗石。他们的房屋孤零零地坐落在金雀花树和欧石楠中间，与世隔绝，周围杳无人烟，没有邻居，只有狼不时来探望。对他们来说，这座房屋就是全世界。除了赶集的日子，有人把牛赶去的附近几个村子，其他地方他们都只是听说过，而且还只是模模糊糊地听说过。

在这孤寂的荒野中，有一片布满沼泽的石灰质低洼地，呈虹色的水从地里渗出来，向主要的家产牛，提供丰茂的牧草。夏天，在矮草遍地的斜坡上，散布着绵羊。一道树枝栅栏日日夜夜围圈着羊群，保护它们不受野兽的侵袭。随着牧草被剪平，牧场就迁往别处。牧场中央是牧人的移动茅屋，简陋的麦秆棚屋。如果窃贼或者狼夜间突然从邻近的树林来到，两只戴着铁钉项圈的高大牧羊犬，就负责保卫这里的宁静。

牛栏里铺着一层永远深及我膝盖的牛粪，粪堆中点缀着闪烁着咖啡色的粪尿坑。这里居民众多，快断奶的羊羔蹦蹦跳跳；鹅吹着喇叭；鸡抓刨泥土；母猪呼噜呼噜叫，一窝猪仔吊在母亲的乳房上。

严酷的气候使这里的农业无法飞跃发展。风调雨顺的季节，人们放火焚烧遍布金雀花树的荒野，然后用犁头翻耕草灰弄肥了的土地，就这样在几阿尔邦[①]的地上收获黑麦、燕麦、土豆。最好的角落用来种植大麻，这种作物提供纺纱棒和纺锤织造麻布的原料，是祖母青睐的作物。

祖父是个养牛养羊非常内行的牧人，对其他事则一无所知。他如果得知一个远在异地他乡的亲人，竟然对毫无价值的虫子产生强烈兴趣，乐此不疲，而这些虫子他一生中又从没多看过一眼时，他会怎样瞠目结舌，惊讶不已啊！他如果猜到这个疯疯癫癫的人就是我，就是那个吃饭时坐在他身边，小围兜挂在可怜的脖子上的小男孩，他的目光会多么令人惊恐啊！他会大发雷霆说："谁准许你把时间浪费在这些无聊透顶的事情上！"

这个一家之长不苟言笑，我总是看见他板着脸，非常严肃。他浓密的头发，常常被拇指推到耳后，披散在肩上，典型的古代高卢

---

① 阿尔邦：法国旧时的土地面积单位，相当于20～50公亩。——校注

的浓密长发。我看见他戴着小三角帽、穿着长度及膝的短裤，填塞着稻草的木鞋子走起来发出响声。啊，不，已经逝去的童年游戏，在他的周围养蝈蝈儿、挖食粪虫，不是件愉快的事。

祖母是个严守教规的女人，老是戴着罗德兹山区妇女独有的帽子。帽子像个黑毛毡圆盘，硬得像块木板，中央装饰着一指高、比面值六法郎的埃居[①]稍宽的帽顶，一条黑饰带扎在下巴下，让优雅但不稳固的圆帽保持平衡。

腌渍食品、大麻、小鸡、乳类、黄油、灰汁洗涤液、照管一群孩子、全家的食物等，概括了这个坚强的妇女的全部所思所想。在她的左侧竖着纺纱棒，杆上装配着麻丝碎屑；右边则是在灵巧的手指下转动的纺锤，纺锤不时被唾液弄湿。她总是把家务搞得井井有条，从不疲倦。

记忆特别让我再次看到她在冬天夜晚的形象，冬天非常适合家人团聚闲聊。吃饭的时刻，全家老少围着一张长桌子，坐在两条长凳上。凳子是一块钉着四颗跛脚木钉的冷杉板，桌子上摆着盆、碗和锡匙勺。

在桌子上，老是摆着一个车轮大小的黑麦圆形大面包，面包外包着一块散发出灰汁香气的麻布。祖父用刀子一下切开足够一餐食用的分量，然后再用只有他一人有权使用的刀子，把切下的部分再细分给我们。现在每个人把自己分得的那片面包分成小块，用手指掰碎，随心所欲把碗盛满。

接下来轮到祖母了。大肚皮锅里的汤在炉膛的旺火上沸腾翻滚，呼噜呼噜地欢唱，散发出萝卜和猪油的美味。祖母用一只镀锡

---

① 埃居：法国古代钱币名，种类很多，价值不一。——校注

的铁勺子，依次为我们从锅里先舀出足够浸湿面包的汤，然后舀出萝卜和半肥半瘦的火腿片，放在盛得满满的碗里。桌子的另一端放着水罐，口渴时可以尽情畅饮。多么好的胃口啊！多么愉快的一餐饭啊！当这顿美餐配上家里自制的白色乳酪时，气氛更加美妙。

我们身旁的大壁炉里冒着熊熊火焰，数九寒天，壁炉里燃烧着整根整根树干。在这个大炉灶一个沾满烟灰的角上，放着一块板岩薄片，那是晚上的照明器具。那里燃着松树碎片，都是从半透明、浸透松脂的松树碎块中选出来的。这盏灯在房间里放射出淡红的煤烟色的光，节省了带灯嘴的小油灯里的胡桃油。

碗里的食物吃光了，最后一小块乳酪收起来了，祖母便坐在炉火角落的木凳上，又摆弄起纺纱棒来。我们这些小家伙，男孩子和女孩子，蹲在炉火旁，把手伸向金雀花木发出的缤纷火焰。我们围着祖母，凝神屏息地听她讲故事。不错，这些故事讲来讲去没有多大变化，然而十分美妙动听，大家都很喜欢，因为狼常常在故事里出现。这只狼是好些故事的主人公，常常吓得我们起鸡皮疙瘩。我真想看看它，可是牧羊人总是拒绝让我晚上到牧场中央的茅屋里去。

当大家已经谈够了讨厌的野兽、龙和蝰蛇，当含松脂的小木块快燃尽，投射出最后的红光时，我们就去睡一个劳动之后甜蜜的觉。我在家里年纪最小，有权利享受床垫，就是那个燕麦壳填塞的口袋，而我的哥哥姐姐只尝过睡在麦秸上的滋味。

亲爱的祖母，我欠您多少恩情啊！是在您的膝盖上，我找到了对我最初的悲伤的安慰。您或许遗传给了我强壮结实的体质、对劳动的热爱，但是，祖母，您一点也不了解我对昆虫的浓厚兴趣。

我对昆虫的强烈兴趣，我的父母也同样毫不了解。我的母亲是个目不识丁的文盲，她受过的教育只不过是饱受折磨的生活，辛酸苦涩的人生。这同我的爱好所需要的一切，完全背道而驰。我可以起誓，应该到别处去寻找我的才能的根源。

这个根源我会在父亲那里找到吗？也找不到。他勤劳苦干，像祖父那样粗壮结实。这个呱呱叫的汉子，年轻时上过学。他会写，但不按规则随意胡乱拼写；他会读，只要读的文章难度不大于历书的小故事，他就能读懂。在我们家族里，他是第一个受到城市引诱的人，结果倒了大霉。

他财产微薄，技能有限，只有上帝才知道他是怎样勉强地维持生活的。他饱尝乡下人变成城里人的沮丧和失望。他尽管心地善良，却受到厄运的纠缠和生活的重压。他更不可能让我投身到昆虫学中去，他有其他更直接、更需要关切的事。当他看见我用大头钉把昆虫钉在软木瓶塞上时，就给了我几个结结实实的耳光。这就是我得到的全部鼓励，也许他是对的。

结论是明确的，在遗传中，没有什么能够解释我对观察事物的爱好。人们会说，我对过去回溯得不够久远，我掌握的资料在祖父母一代便终止了。我超越祖父母这一代，又能够找到什么呢？我只知道一点，我将会找到更加朴实的直系亲属。他们都是在地里干活的人：农夫、黑麦播种者、放牛人。由于环境，他们在敏锐细致地观察事物方面，全都毫无能力可言。

然而，从孩提时代起，喜欢观察事物、对事物好奇，在我身上，就已经开始显露出来。我为什么不叙述我那些初期的新发现呢？这些新发现极端天真幼稚，却适合用来让我们了解一些关于才能的诞生情况。

我那时五六岁，为了让贫困的家庭少一张吃饭的嘴，正如我刚才所说，我被委托给祖母照料。在祖母那里，在孤独寂寞中，在鹅、牛和羊中间，我最初的智力微光显现了。在这之前是无法穿透的沉沉黑暗，从内心曙光乍现的时刻起，我在真正的生活中诞生了。这种生活充分摆脱了混沌的乌云，让我有了持久的记忆。我又非常清楚地看见自己穿着棕色粗呢长袍，长袍沾满污泥，拖在脚后跟上。我还记得用一根细绳挂在皮带上的手绢，手绢常常丢失，代替它的是衣袖的袖口。

一天，我这个喜欢沉思默想的小男孩，背着手，身子转向太阳，令人头晕目眩的灿烂阳光使我心醉神迷。我是一只受到灯光诱惑的尺蠖蛾。我是用嘴、用眼来享受灿烂的光辉吗？这就是我初生的科学好奇心提出的问题。读者们，请不要笑吧。未来的观察家已经在锻炼自己，已经在做实验了。我把嘴张得大大的，把眼闭得紧紧的，灿烂的光辉消失了。我睁开眼，闭着嘴，灿烂的光辉重新出现了。我重新开始，结果仍然一样。我成功了，我知道得很清楚，我是用眼睛看。多么了不起的新发现啊！我向家人汇报这个发现，祖母温柔地笑话我的天真，家里其他人也嘲笑我，世间的事原本就是这样嘛。

此外，我还有一个新发现。夜幕降临时，在毗邻的荆棘丛中，一些清脆的撞击声引起了我的注意。在万籁俱寂的黑夜中，这声音非常轻微，非常柔和。是谁在这样悠悠鸣唱呢？是一只在窝里啁啾的小鸟吗？我得去瞧瞧，尽快去瞧瞧。我听说那里有狼，这时它会从树林里出来。但我还是要去看看，地方不远，就在那里，在金雀花树后面。

我长时间守候窥伺，但白费力气。荆棘一摇动，稍有声响，清脆的撞击声就戛然而止。第二天我重新开始，第三天再重新开始。这一次我凭着一股犟劲，潜伏成功了。啪！我伸出手去，一把抓住了歌手。它不是一只鸟儿，它是一只蝈蝈儿，我的伙伴教过我品尝它的大腿。我长时间的埋伏得到了微薄的补偿。事情的美妙并不在于它那双有虾子味的后腿，而是我刚才了解到的东西。从现在起，我通过观察知道蝈蝈儿会唱歌。我没有把这个发现透露出去，我担心会像上次关于太阳的故事那样受到嘲笑。

啊！那些长在田里，近在屋旁的美丽花儿，似乎在用它们大大的紫色眼睛对我微笑。稍后，我看见了一串串颗粒粗大的红樱桃。我尝尝这些樱桃，味道不好，而且没有核。这些樱桃会是什么呢？秋季快结束时，祖父来到这里，用铁锹把我的观察田掀得天翻地覆，从地下一筐筐、一袋袋地刨出一种圆根似的东西。这种东西我知道，家里满坑满谷，我多次把它放在烧草肥田的炉灶上煮。这是土豆。它紫色的花和红色的果，永远在我的记忆中占有一席之地。

这个未来的观察家，六岁的小男孩，眼睛始终警觉地盯着虫子和花草，就这样在无意之中锻炼自己。他走向花儿，走向虫子，正如粉蝶飞向甘蓝、蛱蝶寻找蓟草一样。他注视，他了解情况，他受到好奇心的诱惑。然而，在遗传中辨识不出这种好奇心的秘密，在他的身上有一种他的家族从未有过的才能的胚芽，他隐藏着并不是他直系亲属的火炉里固有的火星。这微不足道的东西，这幼稚的异想天开的东西，这毫无价值的东西，将来会变成什么呢？如果教育不参与进来，用例证给它喂食，用锻炼使它壮大，毫无疑问，它就会熄灭。那时，学校将会解释遗传带来的无法解释的事物。这正是我即将观察和研究的问题。

第四章 我的学校

我现在回到村子，回到了我父亲的家里。我满七岁，上学的年龄到了。再没有比这更好的事了，教师就是我的教父。我该怎样称呼我要在那里结识字母表的房间呢？准确的字眼找不到，因为这个房间什么用场都派得上。它既是学校，又是厨房，既是卧室，又是食堂，有时还是鸡棚、猪圈。说到学校，那时的人们不大会想到高大华丽的建筑，一个破破烂烂的避难所就足够啦。

在这个屋子里，有一架宽大的梯子通到楼上。梯子下面，在木板凹室里有一张大床。楼上有些什么呢？我从来不知道。我看见老师一会儿从那里搬下一抱喂母驴的干草，一会儿搬下一筐土豆。师母把土豆倒在煮猪饲料的小锅里。楼上这个房间大概是粮仓，是人畜食物的仓库。这两个房间构成了整个住宅。

下面的房间，就是我们的学校，南面有扇窗，是这幢房屋里唯一的窗户。窗户窄而低，窗框正好碰触人的脑袋和双肩。太阳照射的窗洞，是这个房间唯一令人愉快的地方。从这里可以俯瞰大半个村子，村子铺展在漏斗形山谷的斜坡上。老师的小桌子就摆放在窗洞边。

正对窗户的墙上有一个壁龛，一只盛满水的铜桶在那里闪闪发光，口渴时可以拿起旁边的水杯畅饮。在壁龛上部的几块搁板上，闪烁着几件锡器：盘子、碟子、平底大口杯。这些东西只在盛大的节庆日子才从龛顶上取下来。

微弱的光线透进来，照着满墙涂着彩色大斑点的肖像画。肖像

画中有承受七种苦难的圣母，这位悲痛的神明母亲微微敞开蓝色的外套，袒露被七把利剑刺穿的心。在瞪圆眼睛凝视的太阳和月亮之间是天主，他的袍子像被狂风吹着般鼓胀。

在窗子右边的墙上，画着永世流浪的犹大[1]，他头戴三角帽，身穿白色皮革长袍，脚穿钉着钉子的鞋子，手里拿着结实的棍子。框着这幅画的悲歌写道："人们从来没有见过这样满脸胡须的人。"画家没有忘掉这个细节，老人的胡子像雪崩似的披散在围裙上，一直垂到膝盖。

左边是布拉班特的热纳微埃芙[2]，她由一头母鹿陪伴。在荆棘丛中隐藏着凶狠的戈洛，他握着一把匕首。该画上边是克雷底先生之死，他在小酒店的门槛上被恶毒的付款者刺杀。房间的四壁，就这样画满了题材五花八门的图画。

我对这个博物馆赞不绝口。它以红、蓝、黄和绿等丰富的色彩，吸引着我们的目光，尽管老师摆出他的收藏品，并不是为了培育我们的思想和心智。他才不会把这种事放在心上呢，他是具有独特风格的艺术家，按照他的爱好趣味装饰自己的住处；而我们则利用这些装饰品。

如果说这个每幅藏画值一苏的博物馆，一年四季都使我感到幸福，那么这间房屋在冬天朔风凛冽、大雪连绵的时候，则更加吸引我。房间的南墙装有壁炉，相对这间房子的面积来说，它就像我祖

---

① 犹大：传说中此人因凌辱耶稣而被罚永世流浪直至世界末日，现用来比喻终日在外奔波无固定居所的人。——译注

② 中世纪传说。布拉班特公爵之女热纳微埃芙嫁给特雷夫伯爵为妻。婚后伯爵随国王出征，管家戈洛勾引热纳微埃芙未得逞，怀恨在心，于伯爵归来时诬陷她与人私通。伯爵下令处死其妻，幸家仆将她弃于林中。多年后伯爵在林中遇见妻子，才知真相。伯爵深感愧疚，迎妻归家并严惩戈洛。——译注

母家的壁炉一样，真是一座宏伟的建筑。它的拱形墙饰同房间一样宽，巨大的壁凹有多种用途。

中央是壁炉的炉床，在左右两边与栏杆齐高的地方，开着两个壁龛，一个是细木制作的，一个是砖石砌成的。每个壁龛就是一张床，铺着簸扬过的麦壳床垫。两块在滑槽里滑动的木板代替遮板，如果睡觉的人想把自己隔离起来，这两块木板就可关上这只匣子。这间寝室隐藏在壁炉台下，向这间房里的两个享有特权的寄宿生，提供铺位。夜里，当西北风在黑沉沉的运河口上怒号，雪花漫天飞舞时，遮板关上后，待在壁龛里十分舒适。

房间的其他地方都被壁炉炉床的附属装置占用：三脚板凳、干燥用的盐盒、双手操纵的铲子，还有风箱。这个风箱和我祖父家的一样，靠两个腮帮鼓胀吹气。它是将一根粗大的冷杉木用烧红的铁钎掏通做成的，通过这个箱孔，嘴呼出的气被引导到远处需要重新点燃的木柴上。在两块石头搭成的台子上，燃着教师提供的一捆树枝和我们每人每天早上必须带来的木柴，否则我们便无权享用壁炉里的美味佳肴。

炉火并不完全是为我们而烧，它首先是为了烧热摆成一排的三口小锅。锅里慢慢煮着小猪的美食麸皮和土豆。尽管我们进贡了木柴，可是烧煮猪食才是这堆烧得旺旺的炉火的真正用途。两个寄宿生享受特权，坐在凳子上；其他的人则围住大锅，蹲成半个圆圈。大锅里的东西沸腾着盛满锅边，冒出一小股一小股蒸汽，发出扑通扑通的声响。

当教师的目光转移开时，胆大的孩子就用刀尖去刺煮得熟透的土豆，把它添加到自己的那块面包上。我在此必须说明，我们虽然在学校里学习很少，却吃得很多，一边写字母或者写数字，一边磕胡桃、啃面包，是很平常的事。

对我们这些年纪小的来说，除了学习时嘴巴塞得满满的，有时还会加上另外两种比得上砸胡桃带来的安慰。房间有门和家禽饲养场相通。饲养场里，母鸡被小鸡簇拥着在搔扒粪堆，小猪快活地在石槽里玩水。这扇门经常敞开，我们有事无事都可以到外面去。门打开后，那些调皮鬼，尽量不去关上。

门打开后，小猪立刻奔来，一个接一个排成行，它们被煮熟的土豆味吸引而来。年纪小的学生，比如说我的板凳恰好就在铜桶下面，紧靠着墙。胡桃把我们弄口渴时，很方便就能饮到水。这时，我的凳子正好在小猪奔来的过道上。它们来时碎步小跑，低声抱怨，纤细的尾巴卷曲起来。它们轻轻摩擦我们的腿，用玫瑰色稚嫩的嘴搜索我们的手心，以便取走面包屑。它们还用机灵活泼的小眼睛，询问我们是否衣袋里有干栗子。它们在教室里巡游，一会儿在这里，一会儿在那里，老师和善地用手帕赶它们走，让它们回到饲养场。

母鸡也来参观，身旁跟着一群毛茸茸的小鸡。我们大家都急急忙忙弄碎面包给这些可爱的参观者。大家比热情比殷勤，把它们吸引到自己身边，还用手指抚摸小鸡背上柔软的绒毛。不，我们并不缺少消遣。

在这样的学校里，我们能够学到什么呢？我先谈谈年纪小的，我就是其中之一。我们每个人手里都有，或者被认为都有一本值两个苏的儿童识字课本。灰色的封面上是一只鸽子，或者类似鸽子的东西。第一页是个十字架；随后是字母系列；这一页翻过后就是可怕的ba、be、bi、bo、bu，这是大多数人的暗礁。越过这可怕的一页后，我们就被认为会读了，并且被准许同大孩子一道学习。

但是，要使用这本小书，教师至少必须照顾到我们每一个人，让我们知道用什么方法入门。这个老实巴交的人没有一点空闲，他花在大孩子身上的时间实在太多。那本画着鸽子了不起的儿童识字课本强加给我们，只是为了使我们有个小学生的举止。我们应当坐在板凳上思考它，如果邻座同学偶然认识几个字母，就在邻座同学的帮助下辨认它。可是，我们思考不出什么结果来，因为大家都只挂着光顾小锅里的土豆。同学间为了一粒弹子争吵，呼噜呼噜叫的小猪闯入，小鸡时不时地来访，都干扰了我们的思考。这些分心的事帮助我们，我们耐下性子，等待教师准许我们出校。这才是我们最关心的事啊！

大孩子们在写字，房间的那一点光线属于他们。他们坐在狭窄的窗子前，永世流浪的犹大和凶恶的戈洛在那里对望。房间里唯一那张周围有板凳的桌子属于他们。学校什么也不提供，甚至连一点墨水也不提供，每个学生来上学得带上整整一套用品。那时的墨水瓶是个分为两层的纸盒子，使人想起拉伯雷笔下那个古代的笔盒。盒子上面一格收放羽毛笔；这些笔取自火鸡或者鹅的翅膀，用刀子削剪而成。盒子下面一格收放装在一个小瓶子里的一点墨水，墨水是混合着煤烟的醋。

教师的首要工作是剪削羽毛；然后根据学生的能力，在练习簿白页的第一行画一条杠、写一行孤立的字母或者单词。剪削羽毛是件细致困难的工作，对笨拙的指头来说，并非没有危险。之后，我们就欣赏老师画美丽的杰作。

老师的手靠小指支撑用力，手腕像波浪般波动弯曲，准备做手的冲跃动作。突然，这只手启动、飞跃、旋转起来。瞧，就在他写的那行东西下面，展现出一只由环形、螺旋形和螺线形组成的花环，花环里框着一只展翅欲飞的鸟儿。请注意，这些都是用红墨水画成的，只有这美丽的作品才配得上这支羽毛笔。在这样的奇迹面前，我们所有的孩子全都惊呆了。晚上，一家人聊天时，大家把这个从学校里带回来的杰作传来传去，说："多了不起的人啊！他一笔就为你做了个圣灵。"

在我的学校里，大家都读些什么呢？至多读法文圣徒故事的几个片段；拉丁文倒经常学，主是为了教我们在晚祷时唱歌；学习最好的学生试着辨读手写本和买卖契约，那里面有公证人写的魔术书般晦涩难懂的语句。

历史呢？地理呢？从来没有人谈起过。地球是圆的还是方的，对我们有什么要紧！人们让它生产出东西时遇到的困难，并不会因此而不一样嘛！

语法呢？老师很少关心，我们就更不关心。名词、直述式、虚拟语气和其他语法术语，以新鲜但艰难且讨厌的结构，令我们惊讶不已。书面语言或者口头语言的正确使用，都必须通过实践才能学会。这个问题并没有束缚住我们，我们不会为此小心谨慎地说话呢。放学回家牧放羊群时，花大力气过分讲究这些又有什么好处呢？

算术呢？不错，大家稍微学一点，但不是在这个学术名称下学。我们把它叫作计算，写些不太长的数字，把它们加起来；或者把一个数从另一个数中扣掉，就是经常性的练习。星期六晚上，为了结束一周的学习，大家都忙乱起来。学习最好的学生站起来，用响亮的声音背诵小册子里的头一个十二。我说十二这个数字，是因为当时使用旧十二进位制，这种用法把乘法表一直扩充到十二。

那个学生背完第一个十二，整个班，包括年龄较小的学生，大家一齐重复一遍。那喧闹声，如果小鸡、小猪在场，都会被吵得逃走的。乘法表一直要背诵到十二乘十二，领诵给下一个十二起音，整个班又一齐背诵，而且唯恐嗓门提得不够高。在学校能教给我们的东西中，小册子是大家学得最好的，这种喧嚷的方法终于把数字牢牢地印在了我们的脑子里。

但这并不是说，我们都变成了灵巧能干的计算者，即使最熟练的学生，也很容易在乘法进位数中被弄得晕头转向。至于除法，能够上升到这一步的学生，真是凤毛麟角。总之，为了解决最小的问题，我们更多使用心算方法，较少使用巧妙的进位法。

总之，我们的老师是个出类拔萃的人。对他来说，要办好学校只缺一样东西，那就是时间。他的职务是如此繁多，占去他太多的时间，留给我们的那点时间十分有限。

他替一个非本村的地主管理财产，这个地主相隔很久才露一次面。他监护一座有四座塔楼的古堡，这些塔楼已经变成了鸽棚。他还主持干草的收储、胡桃的摘打、苹果的采摘、燕麦的收割。在晴美的季节，我们都会帮他一把。

我们冬天常去的学校，这时候差不多空无一人，只剩下孤零零的几个对农活还派不上用场的孩子，其中就有那个将来有一天，会把这些值得记忆的事写下来的孩子。这时上课更加愉快，课堂常常搬到了干草堆或麦秸堆上。上课的内容往往就是清扫鸽棚，或是压碎在雨天从堡垒里爬出来的蜗牛。蜗牛的堡垒就在城堡花园里的黄杨木林边缘。

我们的老师是个理发匠。他用灵巧的手，那只描绘螺旋状鸟儿来美化我们习字簿的手，为当地的头面人物村长、牧师、公证人剃头发。我们的老师是打钟人。村子里的一次婚礼、一次受洗，就会中断学校上课，因为他必须敲响钟声。雷雨的威胁会给我们假日，因为他必须摇动大钟，让人们预防雷电和冰雹。我们的老师是唱诗班的领唱人。当他在晚祷上唱圣母赞歌时，他那洪亮的声音响彻整个教堂。我们的老师为村子的大钟上发条、校准，这是他的荣誉职务。他看一眼太阳，就了解大概是什么时候，然后走上钟楼，打开木板，置身于一把大旋转铁叉的齿轮中间，这把铁叉的秘密只有他才知道。

有这样的学校、这样的老师、这样的榜样，我那开始产生、几乎还没有明确的兴趣爱好，会变成什么呢？在这样的环境中，这些兴趣爱好始终受到压抑，将会消失。然而，实际情况并不是这样，因为胚芽有很强的生命力。它搅动我的血管，不再离开我的血管。它到处寻找食物，甚至找上那值两个苏的儿童识字课本的封面。那里有我观察和思考的乡野鸽子的图像，我思考这个图像的劲头，远远超过了花在学习ABC上的心思。

这只鸽子被斑点状的圆环框着的圆眼睛，似乎在对我微笑。它的翅膀对我讲述，它在天空美丽的云彩之间飞翔。我一根一根数着这只翅膀上的羽毛，思绪随之飞到了山毛榉林里。山毛榉在一张苔藓地毯上竖起光滑的树干，白色的蘑菇从地毯上露出来，像一只漂泊的母鸡留下的蛋。这只翅膀还把我带到积雪的山峰，鸟儿用红色的爪子在那里留下星形的印记。我的鸽子朋友多么出色啊，它安慰我，让我忘掉隐藏在书本封面后面的辛酸。有了它，我坐在板凳上，很听话，很乖巧，耐着性子等待别人让我出去。

露天学校还有其他乐趣。当老师带领我们砸碎黄杨木林边缘的蜗牛时，我并不总是小心翼翼地履行消灭者的职责，我的脚后跟有时在我刚才收集到的一打蜗牛前面踌躇起来。它们多么美丽啊！请评判一下吧，这些蜗牛有黄色的和玫瑰红的，有白色的和褐色的，全都有呈螺旋形旋转的黑色带子。我用袋子盛满颜色艳丽的蜗牛，以便随意观赏。

在帮助老师收割草地里的草料的日子，我和青蛙打起交道来。我将剥去皮的青蛙，放在一根劈开的竹竿梢，充当饵料，搁在小溪旁边，诱使虾子从洞穴里出来。我在赤杨树上捕捉丽金龟，这种金龟子是如此美丽，连蔚蓝色的天空都会相形见绌。我采摘水仙花，学习用舌尖吸吮甜蜜的花汁，花汁必须在有裂口的花冠底部寻找。我还了解到，有一种头疼是享受这种美味时间过长的后果，但身体的不适丝毫没有消减我对这种美丽白花的赞慕。它在漏斗的入口处，戴着红色打裥颈圈。

打胡桃的时候，贫瘠的草地为我留下蝗虫。一些蝗虫把翅膀展开成蓝色扇形，一些则展开成红色扇形。乡村学校即使在数九寒天，也源源不断地向我的好奇心提供食粮。不需要什么指引和例证，我对虫子和植物的热情自动增长。

没有进步的，是我的文科知识。我为了鸽子，大大荒废了文科学习。当父亲兴之所至，偶然从城里带回将使我在阅读之路上产生冲动的东西时，那时的我，总是对苦涩的儿童识字课本不熟练。尽管这东西在我的智力觉醒方面起着重大的作用，但我花在其中的精力实在不太多。啊，真的不太多！书里有一幅价值六里亚的大图像，五颜六色，分割成格子状。每一格里都画着一种动物，并写着其名称的第一个字母，这是教人识字的字母表。

把这幅宝贵的图画放到哪里好呢？正好在家中孩子们的房间里，有一扇与学校的窗户一样的小窗子。它像学校的窗子那样，底部开着一个壁龛；也像学校的窗子那样，从那里可以俯瞰整个村子。这两扇窗子一扇在有鸽棚的古堡左边，另一扇在右边。这两扇窗子在山谷漏斗形洼地里平分秋色。要相隔很久，当老师离开他那张小桌子时，我才能去享受学校的窗户带来的乐趣。但是，我拥有家里的第二扇窗户，可以随心所欲地使用。我在那里流连忘返，坐在一张插在窗洞里的小木板上。

我在那里饱餐秀色。我看见了世界的边界，除了一个薄雾弥漫的缺口外，我看见了挡住地平线的丘陵。在这个缺口里，在赤杨和柳树下面，流淌着虾子漫游其间的小溪。在那上面，几棵被北风吹撼的橡树耸立山脊，直插云霄。再远些就再也没有什么了，那里是充满了神秘的未知世界。

在山谷的谷底，有座教堂，教堂里有三座时钟。在稍高的地方，是广场。在宽大的拱顶遮护下，喷泉的水淙淙地从一个水池流向另一个水池。我坐在窗边，听得见浣衣妇女絮絮不休的饶舌、捶衣杵一下一下的敲打声、用砂土和醋擦洗小锅子的尖锐刺耳声。斜坡上稀稀疏疏散布着小屋，屋前的小园子呈阶梯状，圈护着摇摇晃晃的围墙；墙在泥土的推动下突起，行将坍塌。到处都是很陡的斜坡小街巷，路面铺着天然的石子，凹凸不平。在这些危险的通道里，骡子尽管有坚固的蹄，也不敢载负着砍下的树枝行走。

在村子外，丘陵的半山腰有一株高大挺拔的百年椴树，人们叫它“这样树”。做游戏的时候，它那历经漫长岁月而被掏空了的树干，是我们最喜爱的躲藏处。在赶集的日子，它宽阔庞大的簇叶向牛羊群洒下树荫。

在全年唯一庄严的日子里，我的脑子里突然迸出几个想法。我了解到世界并非和我的大贝壳丘陵一同终结。我看见小酒店老板把酒盛在山羊皮囊里，载负在骡子背上运来。在宽大的广场上，我看见煮好的梨盛满了坛子，我还看见一筐一筐葡萄排成行。人们才刚刚认识这种水果，却已经对它垂涎欲滴了。我羡慕旋转罗盘，付一个苏，这玩意儿就开始转圈，然后指针突然停在圆盘的一点上。它有时让你得到一只玫瑰色麦牙糖大鬈毛狗，有时让你得到一个用撒满杏仁屑的茴香做成的小圆瓶，有时让你什么也得不到，最常见的当然是最后这种情况。

在地上，在一块灰色麻布上，陈列着印有红色小花的印度花布卷，这对姑娘们来说，是一种诱惑。在不远的地方，摆着山毛榉木鞋、陀螺和黄杨木笛。牧羊人在那里选择他们的乐器，试吹几支稚拙的曲调。对我来说，这里有多少新颖的东西啊！在这个世界上，有多少东西可以观看啊！但是，观赏奇迹的时间十分短暂。晚上，有人在小酒店里推推搡搡、斗斗口舌后，一切都结束了，村子又回归宁静。

我们别滞留在对生命的黎明的回忆上了。这幅从城里带来的名画，我把它放到哪里更适于观赏呢？当然，应该把它贴在我的窗棂上。房间的凹进处连同小木板座位，就构成了一间小小的学习室。在那里我能够交替地注视粗大的椴树和儿童识字课本上的那些动物。

我宝贵的图画，现在我要同你打交道了。我们从驴（ane）这个神圣的牲畜开始，它的名称以粗大的字母开头，教给我字母A。牛（boeuf）教给我字母B，鸭子（canard）教给我字母C，火鸡（dindon）清楚地读出字母D的音，剩下的依此类推。不错，有几个格子缺少亮光。我同河马（hippopotame）、瘤牛（zebu）关系冷淡，它们想要我读出H和Z。这些奇怪的动物都不是我们所熟知的，要由此而联想到相应的字母实在太抽象，它们那固执倔强的辅音，让我犹豫不决了好一些时间。

当困难重重的时候，父亲及时出现了。我进步很快，在短短几天内，就能够卓有成效地翻阅那本有鸽子的小册子。要知道直到那时为止，这本小册子对我来说还是天书呢。我入了门，会拼写了，我的父母很惊奇。这个没有预料到的进步，今天我可以解释。这些图画富于启发性，让我同动物交往，很符合我的天性。虽然动物没有履行它们的诺言，但我仍然要感谢它们教我识字。通过别的途径，我肯定也会达到这个目的，但不会这样迅速，这样愉快。动物万岁！

好运第二次降临到我身上。有人给了我一本拉·封登的《寓言诗》，作为对我进步的奖励。这本书值20苏，图画很多。不错，这些图画很小，画得很不准确，然而很美妙。上面有乌鸦、狐狸、狼、喜鹊、青蛙、兔子、驴、狗、猫，都是些我知道的动物。啊，多么美妙的书啊！书里有一些动物对话的插图，非常适合我的爱好兴趣。至于了解书里都说些什么，则另当别论。好好干吧，我的孩子，把那些你对它们还一点兴趣都没有的音节积累起来，以后它们会对你讲话的，拉·封登将永远是你的朋友。

我十岁那年，上罗德兹小学。我在大学的小教堂里担任的侍童职务，使我获得了免费走读的待遇。我们四个侍童穿宽袖白色长袍，戴红色无边圆帽，有时还穿红色长袍。我在四个人中年纪最小，只是个哑角，是凑数的。什么时候应该摇铃，什么时候应该移开祈祷书，我从来都不很清楚。我们四个侍童，两个从这边走来，两个从那边走来，屈膝跪在唱诗班的中央。每当日课结束前，人们唱起《主啊，您做救世的王吧》这首颂歌时，我都感到浑身哆嗦。这是胆怯的忏悔，还是让别人去干吧。

我在班上备受青睐，因为我的法译外和外译法的练习很出色。

在这个拉丁化和希腊化的环境中，我们学的是阿尔班的国王普罗卡斯和他两个儿子努米托尔和阿穆利乌斯的故事。人们谈到西内吉尔，这个领力很强的人在作战时失去双手，仍然用牙齿咬住并扣下了一艘波斯风帆战船。人们讲述腓尼基人卡德穆斯，他把龙齿当作蚕豆播下，并且从他的种子田中征集到一支雇佣军。这些士兵一边从地里出来，一边自相残杀。杀戮唯一的幸存者是个狠心肠的人，他显然就是粗大的臼齿的儿子[①]。

过去如果有人对我谈关于月亮的事，我是不会惊奇的。我用虫子来补偿自己，虫子在这个英雄和半神化的梦幻环境中，是永远不会被忘记的。我在效法卡德穆斯和西内吉尔的业绩的同时，少不了在星期天和星期四去了解报春花、黄水仙是否在草原上出现，朱顶雀是否在刺柏上孵卵，花金龟是否从摇曳的白杨树上大批大批掉落。我对大自然的激情始终是那么旺盛。

我逐步读到了维吉尔的作品，我非常喜爱梅丽贝、科里冬、墨纳尔克、达墨塔斯。过去我那牧羊人的调皮捣蛋行为，幸好没有被人注意到。书中除了讲述人物的故事，还有一些关于蜜蜂、蝉、斑鸠、小嘴乌鸦、山羊、金花雀的有趣的细节。用响亮的诗句叙述田野里的事物，那才是真正的快乐享受。拉丁诗人在我的记忆里，留下了不可磨灭的印象。

然后，我不得不突然同学习告别，同蒂迪尔和墨纳尔克告别。厄运无情地向我们扑来，家里已经没有面包了。孩子，听凭上帝的安排，能逃到哪里就逃吧。尽可能挣两个买烤土豆的苏吧，生活将变成可憎的地狱。好啦，我们别谈这个吧。

---

① 三个故事均出自希腊神话。——校注

在惶惶不可终日的日子中，我对昆虫的兴趣应该减退了吧。然而，实际情况不是这样，这种爱好在“墨杜萨号”的木筏①上依然炽热。对那只我第一次遇见的松树鳃金龟的回忆，仍然留在我的脑海里。它的触角羽饰、漂亮的栗色底上布满白斑的装饰，在深重的苦难中是一线阳光。

长话短说吧，好运从不抛弃英勇的人，它把我带到沃克吕兹初级师范学校。我在那里保证有粗食糊粥喝，粥里有干栗子和鹰嘴豆。校长是个目光远大、慷慨大度的人，他很快就对我这个新来的学生有了信心。他几乎让我随意行动，只要我能达到学校教学大纲的要求。

我学过一点拉丁文和拼字法，比起我的同学，我稍稍领先。于是我便利用这个条件，来整理那些关于植物和虫子的模糊知识。当我周围的同学们打开词典，仔细检查听写练习的时候，我却在书桌上秘密地研究欧洲夹竹桃的果实、金鱼草的壳、胡蜂的螯针以及步甲的鞘翅。

我在想象中已经尝到自然科学的滋味，而且是不惜一切代价偷偷尝到的。因此，当我离开学校时，比任何时候都更加醉心于昆虫和花儿。然而，我却必须抛弃它们。未来的谋生手段和有待大大充实的教育，需要我非这样做不可。为了升到初级师范学校的水平之上，我该干什么呢？在那个时候，这所学校要养活学校的教师都很困难。博物学不能引导我得到什么，那时的教学排斥这门科学，认为它配不上拉丁文和希腊文。那么对我来说，就只剩下数学，它需

① 1816年6月17日，法国轮船“墨杜萨号”自埃克斯驶往塞内加尔，途中因遇海难放下长20米、宽7米的木筏。此筏收容旅客149名，在海上漂泊12日后，生还者仅15人，其余的或中途被抛入海中，或被其他旅客吞食。此处喻危难处境。——译注

要的工具很简单：一块黑板、一支粉笔、几本书。

因此，我废寝忘食，积极投身圆锥曲线、微分和积分的学习中。没有导师，没有别人的帮助，我单枪匹马，日复一日地与难于克服的困难进行艰苦的抗争。我锲而不舍地努力，终于消除了数学的深奥和神秘。接下来的是自然科学，我也是如此刻苦地学习。

请想想吧，在这场激烈的斗争中，我喜爱的科学将会变成什么。我稍微有一点从学习里解脱的愿望，就责备自己，担心自己受到某种新的禾本科植物、某种不了解的鞘翅目昆虫的诱惑。我强迫自己学习数学，我将博物学书抛到脑后，藏到箱子底。

后来，我被派到阿雅克修[①]中学教授物理和化学。这一次，诱惑太强烈了。充满奇迹的大海和波浪，将美丽的贝壳送到沙滩上，迷人的香桃木丛林里，密布野草莓树和乳香黄连木，整个华美的自然天堂以极大的优势同数学的余弦搏斗。我屈服了，我将余暇分为两部分，其中大部分归于数学。根据我的计划，数学是我日后在大学里学习的基础。另一部分怯生生地用于采集植物标本，用于研究海洋动物。我如果没有受到X、Y的纠缠，毫无保留地专注于我的爱好，这将会是个什么样的地方，这又将是什么样了不起的学习啊！

我们是听凭风吹雨打的麦秸，我们想迈向自愿选择的目标，命运却把我们推向相反的方向。我青年时代过分专注的数学，几乎对我毫无用处；我曾经尽可能为之节衣缩食的虫子，却抚慰了我的老年岁月。然而，我并不因此而对我始终非常尊重的余弦怀恨在心，虽然它从前使我脸色苍白、形容枯槁，然而，当我晚上迟迟不能入睡时，它过去常常让我得到，现在仍然让我得到一些枕上的消遣。

---

① 阿雅克修：法国科西嘉省省会。——译注

就在这个时候，大名鼎鼎的阿维尼翁植物爱好者雷基安来到了阿雅克修。他总是夹着一个装满灰色纸张的纸板盒，横穿科西嘉岛采集植物标本，并把它们抚平，弄干，分送给朋友。我们很快就结识了。我空闲时常陪他到处奔跑，研究植物。这位大师从来没有过比我更加专心致志的弟子。

说实话，雷基安并不是个学者，但是一个十分热心积极的收集者。如果要说出某种植物的名称和地理分布情况，很少有人觉得能够同他一比高低。一小段草、一小层苔藓、一小层地衣、藻类的一条细线，他无所不知。当科学的命名工作刚刚开始时，这是多么可靠的记忆啊！他对许多的植物作了系统的分类。我在植物学方面欠雷基安很多情，如果死神多留给他一些时间，我肯定会欠他更多的情。他有一颗慷慨大度的心，向新手的困难大大敞开的心。

随后的一年，我认识了莫干-唐东。在雷基安的引荐下，我同他交换过几封关于植物学的信。这位图卢兹[①]的杰出教授来到我们地区，打算参考植物志写一本植物图集。他到来时，旅馆的房间全被预订，省议会的议员要召开会议。我于是向他提供食宿：一张临时搭起朝向大海的床以及海鳝、大菱鲆和海胆等菜肴。这块乐土福地的普通菜式，对这位博物学家来说，十分新颖，很有意思。我热情提供的东西吸引了他，他深受感动。吃饭时，我们对知道的东西无所不谈。半个月后，我们的植物采集活动结束了。

与莫干-唐东在一起，我的身上显露出了新的远景。他不再是个记忆力万无一失的专业词汇分类者，而是一个思路开阔的博物学家，一个从微小细节上升到宏大概括的哲学家，一个善于把形象化

① 图卢兹：法国上加龙省省会。——译注

话语魔力般的外套，扔投到赤裸裸真理上的人文学者和诗人。在精神上，我以后再也没有像当时那样欢快过。他对我说："放弃数学吧！没有人会对那些公式感兴趣的。来研究虫子、研究植物吧！如果你确实像你表现的那样，血管里有股热忱，你以后会找到倾听你讲话的人的。"

我们对岛的中心的雷诺索山进行了一次远征。这座山我已经非常熟悉。我让这位学者收集到了白霜不凋花，这种令人羡慕的花卉像银色的罩布，科西嘉人叫它盘羊草或者毛茸茸的玛格丽特皇后。这种植物穿上棉絮，在雪的身旁微微发抖。这位学者还收集到很多其他的稀有植物品种。这些都是植物学家的极大乐趣。可是，对我来说，他的话、他的激情比白霜不凋花更吸引我，感染我。我从寒冷的山峰下来时，就打定了主意：放弃数学。

他离开的前夕对我说："你专心研究贝壳，这已经了不起了。但是还不够，你得特别了解虫子。我这就让你看看怎么个做法。"他于是拿着一把从缝衣篋里取来的剪刀，和两根匆匆忙忙用葡萄嫩枝装上柄的缝衣针，让我观看他在一盆深水中解剖一只蜗牛。他逐步解释、描述展示出的器官，我一生中唯一听过的而且是最值得记忆的博物学课，就是这样进行的。

是作结论的时候了，我就本能这个问题问自己，因为我不能问沉默寡言的金龟子。我尽量审视自身，我回答道："从孩提时代起，从最初智力的觉醒时刻起，我就有观察研究自然事物的癖好。用一个切题的词来说，我有观察事物的才能。"

在谈完直系亲属的详细情况以后，引用遗传来解释这些就会让人发笑。谁也不会冒昧地引用大师们的话和例子。在这些情况中，绝对没有什么科学教育，这是学校的收获。我除了为接受考试的检测外，从来没有进过大学的教室。我没有教师，没有指导者，经常没有书本。我不顾苦难这个可怕的闷熄炭火器，我前进，我坚持，我顶住考验，我难以抑制的才能终于倾注出微薄的内容。啊，是的，很微薄，但是，如果环境来帮助它，它或许具有某些价值。我生来是个动物画家，为什么是？怎样是？没有答案。

我们所有的人因此在不同的方向，程度不等地用特别的印记，标出我们自身的特征，一种根源难以探知的特征。这些特征因为是这样的，所以就是这样的，没有人会知道得更多。天赋不能代代相传，能人的儿子可能会是白痴。天赋也不能获得，但可以通过练习加以完善。尽管在温室里精心培育，但如果在血管里没有潜在的天赋，他就永远不会得到它。

当人们谈到动物的时候，拥有本能的意思就类似我们的天赋。本能和天赋彼此都是位居平凡之上的高峰。本能代代相传，对某个物种来说，经久不变，尺寸一致。它是永恒的、普遍的。在这一点上，本能和天才迥然不同。天才不能代代相传，从一个人到另一个人，变化无常。本能是家族不可侵犯的遗产，它降落到大家身上，毫无区别。对本能而言，不存在什么差异，它也不依存于同类的结构，它像天赋那样在某处显露出来，无需任何重要理由。它无法预见，也无法用身体来解释。当食粪虫和其他昆虫被问到这一点时，它们都本着自己的那种才能，回答我们：“本能就是虫子的天赋。”

第五章 潘帕斯草原的食粪虫

周游世界，跑遍五洲四海，从地球的一边到另一边，察看各种环境中千变万化的生活，对善于观察的人来说是极好的运道。这就是鲁滨孙的漂流事迹，使我感到乐趣无穷的青春岁月时的美梦。紧接着充满玫瑰色的幻想旅行之后而来的，是郁郁寡欢和足不出户的现实。印度的热带丛林、巴西的原始森林、南美洲大兀鹰喜爱的安第斯山脉的高峰，减缩成一块像探险场地那样四面围着墙的卵石地。

上帝让我不要抱怨，不要牢骚满腹，思想的收获并非必须去千里之外探险旅行不可。让-雅克[①]在他的金丝雀栖息的海绿树丛中采集植物；圣保罗的贝纳丹[②]从偶然来到他窗户角落上的一株草莓发现了一个世界；梅斯特尔[③]把一张扶手椅当作轿式马车，在房间四周作了一次著名的旅行。

除了穿越荆棘丛时轿式马车难以驾驭外，这种旅行方式是我力所能及的。我在圈围起来的小块土地上，一小站路一小站路地旅行，而且上百次地旅行。我在一户又一户家门前驻足；我耐心地询问，但要相隔很久才能得到片言只语的答复。

我熟悉那里最小的村镇；我熟悉修女螳螂居住的每根细枝；我熟悉苍白的意大利蟋蟀，在夏夜的宁静里轻轻唧唧叫的荆棘

① 让-雅克：即卢梭（1712—1778），法国思想家、文学家。——译注

② 贝纳丹（1737—1814）：法国作家。——译注

③ 梅斯特尔（1763—1852）：法国作家，著有《围绕我的房间旅行》等书。——译注

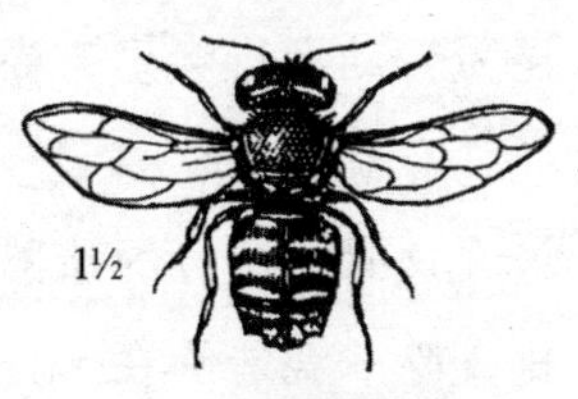

皇冠黄斑蜂

丛；我熟悉黄斑蜂这个棉花小袋工厂主，耙平的披着棉絮的每根小草；我熟悉被切叶蜂这个树叶的裁剪者，开发的每个丁香矮树丛。

如果在荒石园的每个角落旅行不够，我就长途旅行去征收丰足的贡物。我绕过邻近的篱笆，在约一百米远的地方，同圣甲虫、天牛、粪金龟、粪蜣螂、螽斯、蟋蟀、绿色蝈蝈儿等很多昆虫部落有了交往。研究这些部落的生活史，将耗尽一个人的生命。当然，我对近邻感到厌倦，甚至过分厌倦，但是，我还是没有去千里之外作长途跋涉旅行。

其实，周游世界，把注意力分散在大批实验对象上，并不是观察。昆虫学家去各地旅行，能够把成百上千种昆虫钉在软木盒里，这是专业词汇分类者和收集者的乐趣。但是，收集详尽的文献资料却完全是另一回事。旅行的昆虫学家是科学领域内永世流浪的犹大，没有闲暇停下来。当他为了研究某些现象需要长期停留的时候，下一个行程又在催促他。然而，我们不要要求他做办不到的事；让他在软木板上钉吧；让他在盛着塔菲亚酒[①]的短颈广口瓶里浸泡吧；让他把需要细致耐心而且要花费大量时间进行的观察，留给那些深居简出的人吧。

我由此明白了，为什么除了昆虫分类者列出枯燥无味的昆虫体貌特征之外，昆虫的历史内容极端贫乏。异国他乡的昆虫种类繁多，弄得我们疲累不堪，可是这些昆虫始终对它们的习性保密。因此，我们应该将眼前出现的同别处的情况加以比较，观察在同一个

① 塔菲亚酒：西印度群岛产的甘蔗酒。——译注

昆虫劳动者行会里，当气候条件变化时，本能是怎样变化的。这是一件有益的事。

这时，旅行的遗憾又涌上我心头。我现在比任何时候都更加空虚，除非我能够在《一千零一夜》里那张只须坐在上面，就可以周游世界的魔毯上找到座位。啊，神奇的飞行器啊，它比梅斯特尔的轿式马车更讨人喜爱。但愿我能拥有一张双程票，在这飞行器上找到一个很小很小的角落。

我真的找到了这个角落。有这个出乎意料飞来的好运，我应该感谢基督教会学校的修士、布宜诺斯艾利斯萨尔中学的朱迪里安。他虚怀若谷，受他恩惠的人颂扬他，会令他怫然不悦。这里我只谈一点，根据我的要求，他的眼睛代替了我的眼睛。他寻找，发现，观察，他把他的笔记和发现的材料送给我。我用通信方式同他一起观察，一起寻找，一起发现。

成功了！多亏有这位卓越的合作者，我在魔毯上有了座位，我现在在阿根廷共和国的潘帕斯草原上，渴望把塞里昂食粪虫的技艺，同它们远在另一个半球上的竞争者的技艺进行比较。

多么好的开端啊！相遇时的巧合使我首先得到了亮丽亮蜣螂。这种昆虫闪着铜的红光和绿宝石鲜亮的翠绿。人们看见这样贵重的饰物负载着粪便，真是大吃一惊。它多像粪堆里的一颗宝石。雄虫的前胸有个凹下的半月形，肩上有锋利的翼端，额上插着一只堪与西班牙粪蜣螂媲美的角。它的伴侣同样浑身闪烁着金属光泽，但没有稀奇古怪的珠宝首饰。这种饰物在拉普拉塔[①]和我国

亮丽亮蜣螂

① 拉普拉塔：南美洲大西洋岸，乌拉圭与阿根廷之间的河口湾。——译注

的食粪虫中，为雄虫所特有，专门用来献媚卖俏。

然而，这种亮丽的外地昆虫会做什么呢？月形粪蜣螂会做什么，它们就会什么。它们跟月形粪蜣螂一样，定居在牛粪饼下面，在地下揉捏卵球形面包。它们干这个活时非常周全，体积最大和表面积最小的圆形大肚子、预防过快干燥的硬壳、孵化室末端的葫芦柄、使胚胎所需的空气能够进入的毛毡围墙，月形粪蜣螂的粪球该有的，它无一遗漏。

这些我在家乡都见过。在那边，几乎在世界的另一端，我又再次见到了。生命在不可移易的逻辑支配下，在劳动中重复。在某个纬度、某个地区的真实事物，不可能在另一个纬度、另一个地区虚妄不实。我们为了深入思考探索，便去远隔千里之地寻找新景象。

亮丽亮蜣螂居住在牛粪圆面包下面，想必会从这块面包那里得到极大的好处。它想必还会效法月形粪蜣螂，把好些卵球安置在它的窝穴里。但是，这些事它都没有做，它宁愿从一个新发现的粪堆流浪到另一个新发现的粪堆，从每一个粪堆中抽取制作一个小球所必需的粪料，然后将小球埋在地里，让它自己孵化。亮丽亮蜣螂是如此奢侈，即使是在远离布宜诺斯艾利斯的牧场上对羊粪进行加工时，它也不需要节约。

亮丽亮蜣螂的粪梨

潘帕斯草原上这种首饰般的虫子，它不知道与父亲合作吗？我不敢坚持认为是，因为西班牙粪蜣螂否认这一点；它让我看到母亲怎样独自建立家庭，并且让唯一的地窖装满小球。每种虫子都有自己的生活习性，这种习性的秘密我们还不知道。

双色大地蜣螂和居间大地蜣螂这两种昆虫，在外貌上与圣甲虫

双色大地蜣螂

有某些共同点。大地蜣螂用蓝黑色代替圣甲虫的乌木色；双色大地蜣螂让前胸发出绚丽的铜色光泽。这两种昆虫都有长长的足、装饰着发光齿饰的风帽和扁平的鞘翅，是著名的圣甲虫的缩小版，只不过简缩得不充分。

居间大地蜣螂的粪梨

它们也具有圣甲虫的才能，产品也是一种粪梨，但技艺更加质朴。小梨的颈部几乎呈锥形，没有优雅的弧度。就优美雅致而论，它比不上圣甲虫的产品。然而，从运转轻快和适合紧抱这个角度考虑，我更对月形粪蜣螂和亮丽亮蜣螂这两个模型工充满希望。没有关系，大地蜣螂的产品是符合食粪虫的基本技艺的。

第四个是牛粪球蜣螂。它的劳动扩大了问题的领域，但并没有透露任何前所未闻的新资料。牛粪球蜣螂十分美丽，穿着金属般的外衣，根据光线入射角度的不同，有时呈绿色，有时呈铜红色。四方形的外形、锯齿状的前足，使它看上去更接近双凹蜣螂。

有了这种昆虫，食粪虫行会显现出一种极为出人意料的面貌。

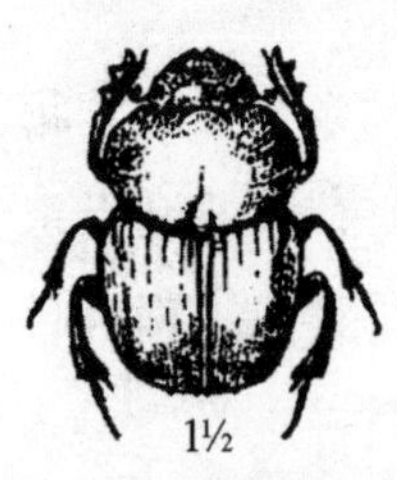

牛粪球蜣螂

我认识一些揉软面包的虫子，现在这里就有。它们为了更好地让储藏在地下的圆形大面包保持新鲜，发明了陶瓷制品，自己则成了陶瓷工，负责加工用来包裹幼虫食物的黏土。它们先于我们的家庭主妇，先于我们所有的人，知道用圆凸的坛子使食物在夏日炎炎暑热难熬时不会干燥。

牛粪球蜣螂的产品呈卵球形，形状同圣甲虫的区别不大，却显露出美洲虫子的灵巧。在内部的核，这个通常由母牛或者绵羊提供的粪便糕饼上，均匀地涂着一层黏土。

这层黏土成了既牢固又可预防蒸发的陶瓷。土坛子恰好盛满，接合线上没有一丝缝隙。这个细节显示了牛粪球蜣螂的制造方法，坛子是根据食物的储量制作的。根据面包行业通行的习惯，富于营养价值的卵球已经做好，卵存放在孵化室后，牛粪球蜣螂就成抱成抱地收集邻近的黏土，把它涂贴、压缩在这些食物上，然后再永不厌倦地、耐心无比地把黏土抹光。这只细小的坛子就像是用切割器制作出来的一样，整齐匀称，可以和我们的坛子媲美。它可是一片一片地敷贴起来的啊！

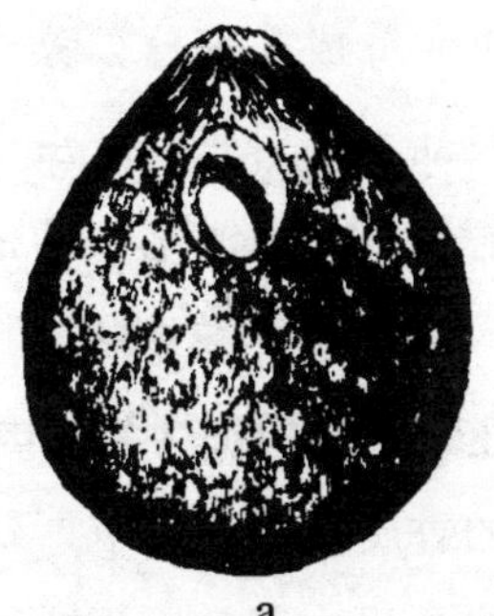

a

牛粪球蜣螂的粪球，a为剖面图

卵球末端的乳突是孵化室，卵就放在那里。胚胎和羸弱的幼虫在阻绝空气进入的黏土覆盖层下，怎样呼吸呢？

别担心，陶瓷工对此了如指掌，胸有成竹。它避免用内壁的黏土把顶端关闭起来。在离乳突顶端一段距离的地方，它不再使用黏土，而是塞上木质碎块和细小的未经消化的食物残渣。这些残渣碎片按次序排列起来，好像在卵上搭了个热带地区的茅屋顶，空气通过这个粗糙的天花板流通。

这个新鲜粮食的黏土保护涂层，这个用一捆麦秸堵塞住的通气窗，这个在阻禁外物入内的同时又让空气自由进入的通气窗，不得不引起我思索。如果人们不超越平凡庸俗的境界，这将是个永恒的问题：牛粪球蜣螂怎样获得这种明智的技艺呢？幼虫的安全和方便容易的通风，谁也不会违背这两条规律，甚至拉科代的猪蜣螂也不会，它的才能为我们打开了视野。

猪蜣螂，即老母猪之意，这个令人厌恶的名字，并没有误导我们对这种昆虫的概念。相反，它像前面叙述的那些昆虫一样，是种漂亮的食粪虫，暗铜色，粗短，像野牛双凹蜣螂那样，身体呈四方形，大小也差不多。它也有自己的技艺，至少在劳动方面是如此。

它的巢穴分成几部分，分成为数不多的圆柱形的小间，每一小间居住一只幼虫。对每只幼虫来说，粮食就是牛粪砖，约一根拇指高，被细心紧压，填满陷凹的地方，就像压入模子的软面团一样。直到那时，猪蜣螂的粪香肠同野牛双凹蜣螂的一样。但是类似的程度到此为止，其他的特性与我国各个地区的食粪虫截然不同。

我们的香肠模塑工人双凹蜣螂和粪金龟，把卵放在圆柱体的下端，放在粮食垛内部的圆形小间中。它们在潘帕斯草原的竞争者则采用截然相反的方法，把卵置放在粮食上面，在香肠的上端。为了进食，幼虫不需要再上升。相反，它应该下降。

更妙的是，卵不直接产在粮食上，而是放在一个内壁厚两毫米的黏土房间里。这个内壁充作密封的盖子，凹陷成小碗状，盖住有营养的粪香肠，然后再隆起成天花板的拱顶。

卵就放置在这样一个矿物质箱子里。这只箱子同粮仓毫不连通，仓库关得严严实实，新生的幼虫最初用大颚咬时，必须咬碎封

条，弄破黏土地板，并且在地板上开凿一个活动门，它才能去到下面的糕饼仓库。

虽然有待钻开的物质是层细薄的黏土，但对幼虫那软弱的大颚来说，钻凿仍然十分艰苦。其他幼虫一出生就可直接啃咬到处包围着它们的软面包，可是这种幼虫脱离卵后，在进食以前却必须在墙上打开缺口。

猪蜣螂的“香肠”

这些障碍物有什么用呢？毫无疑问，它们自有存在的理由。之所以幼虫出生在被盖住的锅底，之所以它必须咀嚼砖地板才能到达食品储藏室，想必是种族的兴旺发达的需要。那么，都是些什么样的条件呢？认识这些条件需要在当地进行研究，可是我只有几个虫窝作为资料。这些都是死东西，很难弄明白隐含其中的秘密。然而，这些东西却让我隐约地看到了希望。

猪蜣螂的洞穴不深，它的糕饼是细小的圆柱体，在那里冒着干燥的危险。潘帕斯草原与我们地区一样，粮食干燥是致命的危险。要消除这种危险，明智之举就是把粮食妥善地储藏在密封的容器里。

这个容器挖在防水的土里。土很细，均匀，没有一粒砾石，没有一颗砂粒。洞穴里有个由放着卵的圆形小间的底部形成的盒盖，把洞穴变成了一个长期存放东西都不会干燥的坛子，即使在烈日如焚的夏日也不会有干燥的危险。不管孵化时间多迟，新生的幼虫找到盒盖，就会吃到好似当天收获的新鲜食物。

我们的乡村里还没有找到更好的饲料储存办法，那么，黏土的储藏窖室有严密的盒盖，的确是个不错的办法。但是，这办法有个缺陷，要去到食品柜，小虫首先必须打开一条穿过房间地板的通道。它最初找到的食物，不是它那虚弱的胃所需的粥糊，而是需要咀嚼的硬砖头。

如果卵直接放在粮食上，就放在坛子里面，将会省去多少艰苦的劳动啊。然而，我们的逻辑推理犯了一个大错误，忘记了一个根本点，而这一点正是昆虫竭力要避免的：卵需要呼吸，它的发育需要空气；而空气不可能进入封闭严密的黏土坛子里，幼虫必须在坛子外面诞生。

我同意这种看法。但是，卵在粮食垛上面，在像坛子那样无法渗透的黏土小匣子里，关门闭户隐藏起来，于呼吸也是没有帮助呀。如果我们更加仔细地进行观察，一定会得到令人满意的答案的。

孵化室的内壁很光滑，母亲小心细致地用灰泥把它弄得溜光，只有拱顶比较粗糙，因为建筑工具无法从外面到达那里，使它平整光滑。此外，在这个弯曲有凸纹的天花板中央，有一个狭窄的闸口。这是通风孔，它使匣子里的空气和外面的空气能够对流。

这个洞口毫无阻碍，十分危险，搞破坏的家伙会趁机钻进小匣子。母亲预见到了这个危险，它用一块牛粪再生毛塞子把呼吸闸口堵塞起来。这个塞子非常好，是一种可渗透的堵塞物。这塞子与各类食粪虫模型工制作的葫芦塞、梨塞一模一样，简直就是它们的复制品。为了让在不渗透的围墙里的卵呼吸，这些模型工都知道再生毛塞子微妙的秘密。

潘帕斯草原的可爱食粪虫，你的名字不美，但你的技艺很出色。然而，在你的同胞中，我知道有一些比你更灵巧、更有创造

性。它就是米隆亮蜣螂，一种全身呈蓝黑色的出色的昆虫。

米隆亮蜣螂

米隆亮蜣螂雄虫前胸像海角那样突出，头上的扁角宽而短，角的末端呈三叉形。雌虫则用简单的皱褶代替这种饰物。雄雌两性的头部都有一个双尖头，这肯定是用来挖掘、搜索的工具，也是用来切碎东西的解剖刀。由于外形粗短、壮实、四方形，米隆亮蜣螂使人想起贝利双凹蜣螂。后者是蒙彼利埃地区罕见的昆虫之一。

如果因为形状相似，技艺也会相似，人们就应该毫不犹豫地把类似野牛双凹蜣螂制作的香肠，或者像贝利双凹蜣螂制作的粗而短的粪香肠，归于米隆亮蜣螂。啊，当问题涉及动物本能时，结构就会把人引入误区。方背短足的食粪虫擅长制作粪香肠的技艺，圣甲虫却制作更加端正、体积更大的粪蛋。

身材粗短的米隆亮蜣螂以产品的优美雅致令我们称奇，它的产品具有几何学般的严格准确，简直无懈可击。粪球颈部并不细长，却把优美和力量结合起来。因为细颈半开，凸肚刻印着漂亮的格状饰纹，它似乎是取样于印第安人的葫芦。其实格状饰纹是米隆亮蜣螂的跗节的标记。小葫芦因为有格纹，颇似套着藤柳套的马口铁壶，铁壶的大小近似鸡蛋甚至超过鸡蛋。

这真是既奇特又完美得极其罕见的粪葫芦，再想到制作它的工人那呆板粗笨的外貌，更是让人叫绝。这又一次说明，不能凭工具看艺人，食粪虫也同人类一样。引导塑模艺人的，还有比工具更好的东西，有时我将它称为虫子的才能和天才。

米隆亮蜣螂无视困难，表现得多么好啊。是食粪虫，就应该是牛粪的热烈爱好者。然而，它无视我们所做的分类，既不为自己也不为亲人而重视牛粪，它需要尸体的脓血。人们看见它常常待在家畜比如狗或猫的骨骼下面，旁边围着一般的葬尸工。我描绘的那只葫芦躺在地上，在一只猫头鹰的尸体下面。

谁愿意谁就解释一下负葬甲的胃口和金龟子的才能的结合吧。至于我，我不再打算干这件事，因为昆虫的癖好使我感到困惑，这种癖好没有人能够仅仅根据昆虫的外貌猜测出来。

我知道在我家附近有一种食粪虫，也是残尸的利用者，它就是嗡蜣螂，死鼹鼠和死兔子的常客。但是，这个葬尸的矮家伙并不因此而鄙弃粪便，它像其他金龟子一样，在粪堆里大吃大嚼。也许它们有两种饮食习惯：奶油球形粪便蛋糕是供给成虫的，略微发臭的腐肉上味道浓重的香料是供给幼虫的。

类似现象在别处也存在。捕食性膜翅目昆虫汲饮花冠中的蜜，可是它喂养幼虫却用野味肉。同一种昆虫的胃，先是吸纳野味，然后是糖。这个用来消化食物的囊袋，是在发展过程中产生了变化吗？总之，这个胃也同我们的胃一样，到了晚年变得厌恶乃至鄙弃青年时代令它大快朵颐的东西。

现在我们更深入、更仔细地观察一下米隆亮蜣螂的葫芦。邮寄给我的粪葫芦已经干透，硬得简直像石头，变成了淡咖啡色。我用放大镜在内部和表面都没有发现一星半点木质碎片，这些碎片是牧草残渣的证明。因此，奇怪的食粪虫并没有利用牛粪糕饼，也没有利用任何类似的东西。它是用别的东西制作它的产品。这东西是什么，最初很难弄清楚。

我把葫芦靠近耳朵摇动，发出了些微声响，就像干果壳里无拘无束的果仁发出的声响一样。这里面有因为干燥而变瘪的幼虫吗？

有死去的昆虫吗？我猜想是这样的，但是我弄错了。然而，对增加我们的见识来说，更棒的还在后面呢。

我谨慎小心地用刀尖刮开这个葫芦，在一片同质而均匀的内壁下面嵌进一个圆核，圆核正好填满孔洞，但没有一处紧贴围墙。我摇动葫芦时听见的碰撞声，就是这个圆核自由转动时发出的声音。我的三个样品中，最大的那一个的内壁厚达两厘米。

从色彩和外观看，核和壳并没有什么区别。我把核砸烂，仔细检查它的残余，在这些烂片中，我辨认出了碎骨头、绒毛絮片、外皮长条、肉块。所有这些全都淹没在一种类似巧克力的土块中。

我用放大镜筛选土块清除尸体碎片后，把它放在熊熊烈火上，它马上变黑，表面盖上一层发光的浮泡，并且喷出一股股呛人的烟，在烟里可以清楚地辨别出被焚烧的动物质。这个核整个浸透了脓血。

壳经过同样处理，也变黑，但黑的程度较轻。它几乎没有冒什么烟，也没有蒙上像煤玉般乌黑发亮的浮泡。壳里没有核里的那种尸体碎片。壳和核煅烧后的残余，是很细的红色黏土。

通过粗略分析，我知道了米隆亮蜣螂是如何烹制菜肴的。供幼虫食用的是馅酥饼，肉馅是用头上的两把解剖刀和前足的齿状大刀，从尸体上割下的毛丝碎屑和绒毛、捣碎的小骨、肉和皮的细条。这种红烩野味，使菜肴汁水变稠的佐料，原先是一种浸透腐烂肉汁的细黏土冻，现在像砖一样硬。最后，馅酥饼的糊状外表变成了黏土壳。

昆虫糕点师为了糕点有个漂亮的外观，便用圆花饰、流苏、甜瓜筋等来美化糕点。米隆亮蜣螂对这种烹饪美学并不外行，它把馅酥饼的外壳做成漂亮的葫芦，并饰上有指纹的格状饰纹。

葫芦的外壳是一种不讨米隆亮蜣螂喜欢的皮壳。它在有滋味的肉汁里浸泡的时间太短，可以猜得出它并不是用来食用的。可能，当胃变得强壮结实，不嫌弃粗糙的食物时，幼虫会略微刮净糕店铺的内壁。但是，一般来说，直到幼虫长大能出走时，葫芦始终没有受到触动损伤。这个葫芦不只是让热馅酥饼保持新鲜，而且始终是保护隐士的保险箱。

在葫芦的颈部，有一个有黏土内壁的圆形小间。这是内壁的延续，一块用同质材料制作的厚地板，把这个小间和粮仓隔开。这个小间是孵化室，卵就产在那里。我在孵化室里找到了卵，但已经干枯。幼虫就在那里孵化。幼虫为了去到提供食物营养的小馅饼那里，必须事前打开一扇连通幼儿室和粮仓的活动门。

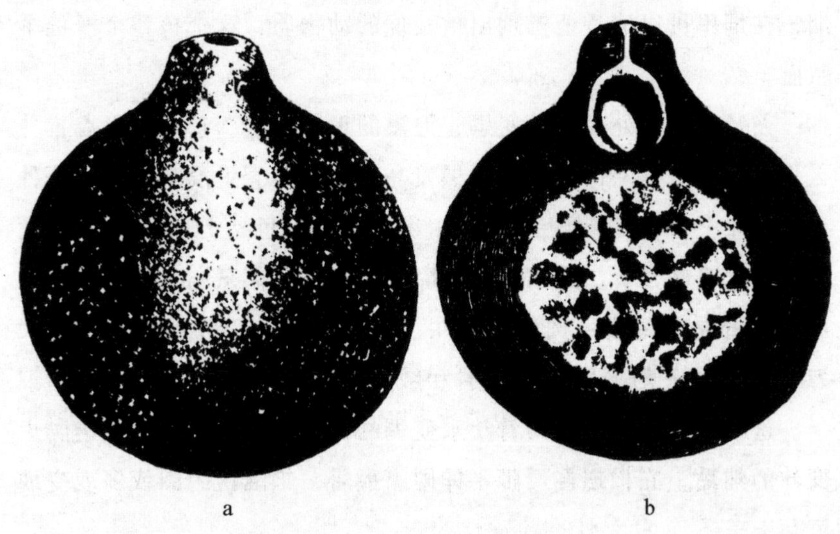

a为米隆亮蜣螂的粪葫芦，b为剖面图

总之，这是以另一种建筑风格修建的猪蜣螂大厦。幼虫诞生在一个高出食物营养柜，而且与它不相通的小匣子里，新生的幼虫自

己必须及时打开盛着食品的罐头盒。以后，当幼虫待在馅酥饼上面时，人们的确发现地板上被钻了一个正好够它通过的孔洞。

嵌猪油的小牛肉片裹着一层厚厚的陶瓷覆盖层，陶瓷层能够根据幼虫缓慢孵化的需要，长久保持食物的新鲜。这是一个我不了解的细节。卵安全地待在同样是黏土质的巢室里，完美无缺。直到那时，一切都再好不过。米隆亮蜣螂对修筑防御工程的诀窍和粮食过早蒸发会带来的危险，都了若指掌。现在，只剩下胚胎的呼吸问题。

为了解决这个问题，米隆亮蜣螂独具匠心，主意非常巧妙。在葫芦颈部，循着轴线打通一条至多能插进一根细麦秸的小管道。这个管道口，一头开在孵化室顶的最高处，另一头开在葫芦柄的末端，像喇叭口那样半开。这就是通风烟囱。它极其狭窄，塞有阻碍它但并不堵塞它的灰尘微粒。狭窄的孔道和微尘，保护着卵不受闯入者的侵害。这朴素纯真的杰作，令人赞叹。我错了吗？如果说这样一座建筑是偶然的成果，那么我们必须承认，这盲目的偶然具有远见卓识。

迟钝的昆虫要建好这样棘手且复杂的建筑，该怎样办呢？我用旁观者的眼睛扫视南美洲潘帕斯草原时，只有产品的结构指引我。从结构可以推测出工人的办法，而不会有重大谬误，因此，我大胆地设想工作的进展情况。

米隆亮蜣螂遇到了一具小尸体，尸体渗出的汁液使下面的黏土变软。然后，它根据好运带来的财富大小，把这些黏土或多或少地收集起来，并没有什么明确的限定。如果塑性材料车载斗量，收集者使用起来就大手大脚，毫不吝惜，粮食储柜就因此会更加牢固，制成的葫芦就硕大无朋，体积比鸡蛋还大，外壳有两厘米厚。但是，这样一大堆东西非陶瓷工的力量所能胜任，它加工制作得不

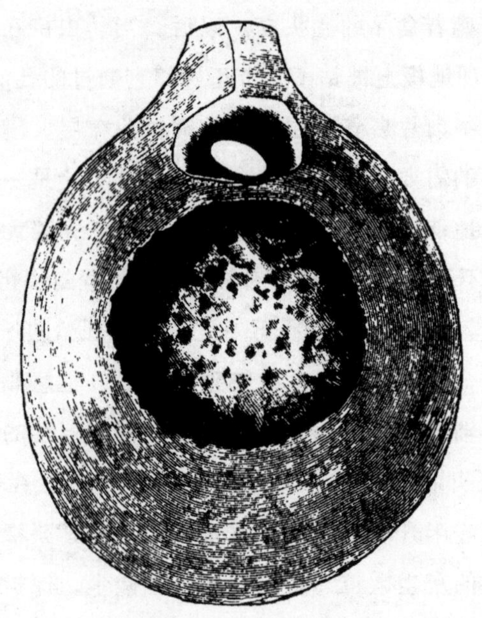

米隆亮蜣螂的粪葫芦

好，在外形上留下了艰难劳动的笨拙印记。如果塑性材料十分稀有，它就将收集物只用于当务之急，它不拘形式，不受约束，做出一个整齐均匀的漂亮葫芦。

通过前足的按压和头部的艰苦劳动，它先把黏土揉捏成球，然后挖掏一个很厚的大盆。粪蜣螂和圣甲虫也是这样在圆球顶上造一个小盆，在对卵球或小梨进行最终模制以前，将卵产在小盆中。

在开始塑圆球外壳时，米隆亮蜣螂只是个陶瓷工，不论尸体流出的汁液渗浸黏土的程度多么不充分，任何黏土只要具有塑性就行。

然后，它变成了肉类加工者，用有锯齿的大刀从腐烂的牲畜身上割下几小块肉，剪切它认为最适合备办幼虫的丰盛饭菜的原料。它把所有的残屑碎片统统收集起来，把它们同掺着大量脓血的黏土揉成一团。混合搅拌需要高超的技巧，像其他食粪虫制作小球一样，它也不经转动就塑出了一个圆球。我再补充一点，不管最终葫芦的大小如何，圆球的分量几乎始终不变，这份定量口粮是根据幼虫的需要计算出来的。

现在馅酥饼已经准备好，就放在黏土盆里，盆口大大敞开。这道菜安放时没有紧压，以后不会有固定形状，也不会同外壳黏附在一起。然后，米隆亮蜣螂又开始制陶。

它用力挤压黏土盆的厚边，制作包裹肉馅的外壳。肉馅的顶端只覆盖一层薄薄的内壁，而其他各处则包裹着厚厚的外壳。在顶端的内壁上，留下一个环形软垫，厚度与开饭时刻在其间打洞的小虫的弱小程度成正比。然后，米隆亮蜣螂将软垫塑成一个半圆形的窟窿，卵就产在这里。

最后，米隆亮蜣螂挤压黏土盆火山口似的小口边缘，将卵室慢慢封闭，葫芦才算最后造好了。盆口关闭，变成孵化室。这道工序尤其需要技巧，在制造葫芦柄时，必须一边压紧材料，一边沿轴线留下通道作为通风的烟囱。

一次计算不当的按压，就会立刻堵塞这个狭窄的闸口。在我看来，建造这个闸口极其困难。我们最好的陶瓷工即使依靠计算，也无法完成这项工作。昆虫是一种用关节连接的自动木偶，它连想都没想，就挖通了一条穿过粗大的葫芦柄的管道。如果它想到这一点，它就不会成功。

葫芦已经制作完毕，剩下的事是美化外壳，这可是需要耐心的活。它在外壳东抹抹西涂涂，使弯曲部分臻于完美，并且在柔软的黏土上留下印记，就好像史前时期的陶瓷工，用拇指尖在大肚子双耳坛上戳印一样。造好一只葫芦后，米隆亮蜣螂又到另一具尸体下面重新开始工作，因为一个洞穴只安放一个葫芦，就像圣甲虫一样，不会多一个。潘帕斯草原上还有一位昆虫艺术家，它就是刺毗蜣螂。它全身漆黑，身材同最粗胖的嗡蜣螂一样。从外形上看，刺毗蜣螂很像嗡蜣螂，它也是尸体的开发者。它开发粪堆并非始终是为了它自己，至少是为了它的家庭。

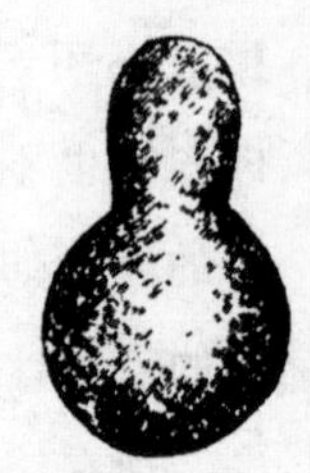
刺毗蜣螂的粪葫芦

它革新了制作小球的技艺。它的产品是朝圣者的葫芦，是一种双肚葫芦，也一样布满指纹。一个细细的颈把葫芦的上下两个圆球连接起来，上层较小，是卵的孵化室，下层较大，是堆放粮食的大仓库。

我们回想一下赛西蜣螂的小梨，它的孵化室是一个比梨肚稍小的小球。如果在两个球体中间有一个裂口大张的滑轮凹槽，那么，在形状和体积大小方面，我们就差不多会得到刺毗蜣螂的产品。

把这个双肚葫芦放在烈火上烧，它变成了黑色，表面盖满像乌黑的珠子般发光的浮泡，散发出一种动物质被焚烧后的气味，并且留下一种红色黏土。因此，我可以肯定，这种材料混合着黏土和脓血。此外，在黏土里稀疏散布着尸体的残屑碎片。卵在小球里，在一个天花板上有很多细孔的房间里，这些细孔是通风口。

这个小葬尸工有比它的小香肠更好的东西呢。它同野牛双凹蜣螂、赛西蜣螂、月形粪蜣螂一样，有父亲的合作。在每个洞穴里有好几个摇篮，父母亲总在那里。这对形影不离的昆虫，它们在干什么？它们在监护一窝幼虫，它们在勤勉地修饰加工，让受到裂缝和干燥威胁的小香肠保持良好状态。

使我能够在潘帕斯草原上徒步旅行的魔毯，没有向我提供其他值得记下的事物。此外，新世界的食粪虫十分贫乏，比不上塞内加

尔和上尼罗河地区。这两处是蜣螂和金龟子的天堂。但是，我应该感激它向我们提供了一份宝贵的资料：被通俗语言用食粪虫这个名称表示的昆虫，分为两个行会，一个开发牛粪，一个开发尸体。

除了极为罕见的例外，后者在我们地区没有代表性昆虫。我已经把嗡蜣螂作为尸体的腐臭的爱好者加以引证，我想不起其他任何类似的例子，要找到相同的爱好，还必须去另一个世界。

在最初的昆虫净化者中，曾经发生过分裂吗？这些最初专心从事相同行业的净化者，后来分工承担不同的卫生任务，一些掩埋肠子排出的污物，另一些则掩埋死者留下的污物吗？这两种粮食的获得会导致两种行业团体的形成吗？

这种看法是不能成立的。死亡不能同生命分开，任何有尸体的地方，也会有动物消化的残渣。食粪虫对这些残渣的来源地并不苛求，因此，如果真正的食粪虫的确变成了葬尸者，或者葬尸者变成了真正的食粪虫，那么，在分裂这个问题上，粮食短缺就不起任何作用。对两者来说，待开发的材料什么时候都不短缺。

粮食的稀缺也好，气候变化也好，反常的季节也好，都不能解释这种奇怪的分裂现象。那么，对它们原始的特长、非习得的天生的爱好等等，我必须进行观察研究。把某种爱好强加给某种昆虫的，决不是身体结构。

在通过实验了解到相关情况以前，我用激将法要最能干的人只根据昆虫的形态说出，例如米隆亮蜣螂这样的昆虫，从事哪一种职业。他回想彼此形态近似、都是开发粪便的各种双凹蜣螂，以为这种外地虫子是另一种牛粪开发者。但是，对馅酥饼的分析刚才告诉我们，他错了。

真正的食粪虫不能由外貌来决定。我的盒子里装着一种来自卡宴[1]，被专业术语称为斑斓尖腹蜣螂的昆虫。它穿着节日服装，特别引人注目。它看起来可爱，优雅，漂亮，对这个名称是当之无愧的。它呈金属红色，闪着红宝石光泽，前胸装饰着深黑色大点，与灿烂的红宝石形成对照。

光彩夺目的深红色宝石，在炎炎烈日之下，什么是你的职业呢？你有首饰方面的对手亮丽亮蜣螂那种牧歌式的爱好吗？你像米隆亮蜣螂那样是腐臭肉食品业的工人吗？我注视你，佩服你。你的工具什么也没有告诉我，没有见过你干活的人，无法说出你的职业。我相信真诚的大师，相信会说“我不知道”的学者。在我们这个时代，这样的大师、学者真是凤毛麟角，但毕竟还是有的。他们在造就暴发户的肆无忌惮的斗争中，不像他人那样心浮气躁。

在潘帕斯草原的旅行，可以得出一个有意义的结论：在地球的另一个半球，季节颠倒，气候有别，生物学环境不同；然而，那里的食粪虫却重复着我们这里食粪虫的习性和技艺。持久的、不像我们那样通过第三者间接进行的学习，将大大扩充类似的食粪虫劳动者的名单。

不仅仅是在拉普拉塔牧草茂密的草原，昆虫牛粪制陶工根据这样的原则行事，而且人们可以肯定而不必担心会有错误：埃塞俄比亚漂亮的蜣螂、塞内加尔的金龟子，也和我们这里的同类昆虫干一样的活。

其他昆虫，不管它们居住的地区多么遥远，也有同样的技艺。我从刊物上得知，一种苏门答腊长腹蜂，也像我们地区的同类昆虫一样，是热心的蜘蛛猎捕者，是污泥小室的修建者。它也对窗户帷

① 卡宴：法属圭亚那首府。——译注

幕飘动的饰物很有兴趣，这些饰物是它筑窝的活动支撑物。

刊物上还讲到，一种马达加斯加土蜂给它的每只幼虫，提供一只蛀犀金龟幼虫的小肥肉丁。我们地区的土蜂也用这种生理构造相近、神经系统很集中的猎物，比如花金龟和蛀犀金龟的幼虫，喂养它们的家庭成员。

这些刊物告诉我们，美国得克萨斯州有一种蛛蜂，是强悍的猎手。它捕猎一种可怕的狼蛛，并且同我们的环带蛛蜂比胆量，用匕首刺杀黑腹狼蛛。还有撒哈拉的飞蝗泥蜂，白边飞蝗泥蜂的竞争者，对蟋蟀动手术。引证就到此为止吧，例证实在太多。

环境影响的说法，是最方便让动物随着我们的理论而变化的托词，它给无法解释的事物一种似有似无的说明。它含糊不清，有伸缩性，可以变通，而且不会使人名誉受损。但是，环境的影响真的那样强大吗？

环境可以稍微改变一下身材、体毛、颜色、外部附属物。这种看法可以接受，但如果再走远一步，就是违反常理了。如果环境变得过分苛求，动物就会对抗它忍受的暴力，宁肯被压倒也不会改变自己。如果环境缓慢而柔和地起作用，经受考验者就会勉强地迁就，但会不屈不挠地拒绝放弃它现在的形态。如果不是按照自己的本性生活，昆虫就会死亡，别无选择。

本能是动物的高等特征，对环境的抗拒不亚于器官。数不胜数的行业团体，分工承担昆虫世界的工程，这些行会中的每个成员，都服从气候、地区、大气以及最严重的混乱都不能使之屈服的规律。

瞧瞧潘帕斯草原上的食粪虫吧，在世界的另一边，在水草丰茂的辽阔草原上，在与我们贫瘠的草地迥然不同的牧场上，它们像远在普罗旺斯的同行一样生存，没有什么明显的变异，环境的巨大变化丝毫不能改变昆虫的基本技艺。

可以取用的粮食，同样不能改变昆虫的基本技艺。它们现在的粮食主要是牛粪，但是，牛在潘帕斯草原是新来者，是西班牙征服该地区后引进的。在这些粮食供应者到达之前，大地蜣螂、牛粪球蜣螂、亮丽亮蜣螂吃些什么呢？揉捏什么呢？驼羊，这个高原的主人无法给这些闭居在平原上的食粪虫提供粮食。在古代，它们的饲养者或许是硕大无朋的大地懒[①]，这个工厂生产无比丰富的粪便。

食粪虫制陶工像我们的金龟子一样，从这个只剩下罕见骨骼的巨兽的产品，转到牛、羊的产品，而不改变卵球和葫芦的形状，并且仍然同我们的金龟子一样保留着它们的粪梨。当它们最喜爱的食物，绵羊的羊粪奶油圆面包短缺时，它们就接受母牛的牛粪圆面包。

在南方同在北方一样，在遥远的地区同在这里一样，所有的蜣螂都加工小圆球里有卵的卵球，所有的金龟子都揉捏颈部有孵化室的小梨或者葫芦。但是，由人和大地懒、牛、马、羊或者其他动物供给的粪便材料，可以根据时间和地点大大改变。

然而，我们不要从这种多样性中得出本能改变的结论，否则就是看见麦秸，忽略梁柱。例如切叶蜂的技艺是用树叶制作袋囊，黄斑蜂的技艺是用植物的绒毛制成棉絮袋子，无论材料是从哪株灌木的树叶上摘来，或者必要时从一朵花的花瓣上剪下，或者棉絮是根据偶遇的情况在各处收获的，基本的技艺却是不会改变的。

因此，食粪虫无论在哪个来源地储备材料，它的技艺都是不会改变的。的确，这就是永远不变的本能，是我们的理论无法动摇的根本。

---

① 大地懒：古生物，大地懒属动物，一种贫齿类化石动物，体积庞大，接近现代的大象。——校注

这种本能在它的劳动中这样合理，为什么要改变呢？即使有意外情况的帮助，它又能够在哪里找到更好的办法呢？尽管工具从一种变为另外一种，本能仍然启发所有的食粪虫制陶工采用球状的外形。这种建筑物的外形，在安置卵时几乎没有任何改变。

从一开始起，所有昆虫都在没有圆规，没有机械轴承，没有在基座上移动工件的情况下，得到了圆球体，制作了一个加工起来棘手，可对幼虫极其有利的固体物。比起无定形的、没有经过精心加工的一大块原料来，所有昆虫都更喜爱经过精心加工、耗费巨大的圆球。对太阳也好，对食粪虫的摇篮也好，球状是最好的、最适于保存能量的形状。

当麦克勒维为金龟子取名为荷利奥坎达尔，即太阳的鞘翅昆虫时，他看到的是什么呢？是头部的轮辐状齿形装饰，还是昆虫在强烈的阳光下嬉戏玩耍？更恰当地说，他是回想起埃及的象征圣甲虫了吗？圣甲虫在寺庙的三角楣上把一个朱红色的球，那太阳的形象竖立在天空。

用辽阔的宇宙和昆虫微不足道的弹丸小球进行对比，没有使尼罗河畔的思想家厌恶。对他们来说，最高的荣耀在极端的卑下中找到了类比对象。他们的看法对吗？

不对，因为食粪虫的产品向善于思考的人，提出了一个重大的问题，这个问题把我们置于这样的抉择中：要么给食粪虫的扁脑袋一个很高的荣誉，是它自已解决了储藏物的几何学问题；要么求助于智慧之神支配的事物的总体和谐。智慧之神通晓一切，已经预见到了一切。

第六章 昆虫的着色

正如正式的专业术语所表明的，潘帕斯草原上最漂亮的食粪虫亮丽亮蜣螂，意思是光亮、灿烂、辉煌。这个名称没有丝毫夸张。亮丽亮蜣螂把宝石的光辉和金属的光泽结合起来，根据光线的入射情况，放射出绿宝石的绿色光芒和红铜的光辉。这种搜寻挖掘污物的昆虫，为昆虫珠宝工的珠宝带来了荣誉。

我们的食粪虫虽然衣着朴实，却喜欢十分豪华的装饰品。例如某只嗡蜣螂用佛罗伦萨青铜色装饰前胸，另一只则在鞘翅上涂抹酱红色。黑粪金龟身体背面是黑色，腹面则是黄铜矿石的颜色。粪堆粪金龟的身体暴露在阳光下的部分是黑色，腹部则呈紫晶的华丽紫色。

还有很多其他种类的昆虫，也表现出形形色色的习性。步甲、花金龟、吉丁、叶甲等，在佩戴的珠宝首饰方面，都能够与漂亮的食粪虫媲美，甚至超过它们。有时珠光宝气的昆虫汇聚一起争辉斗艳，连宝石工人也会眼花缭乱。天蓝色的丽金龟，山间小溪畔的赤杨和柳树的主人，呈绝妙的蓝色。这种蓝比天空的蔚蓝更加甜美、更加柔和，只能在某些蜂鸟的颈上、在赤道地区的某些蝴蝶的翅膀上，找到相同的装饰品。

昆虫在什么戈尔孔达[①]找到它的宝石，来这样打扮自己呢？昆虫在什么砂金矿里拾取它的金砖呢？

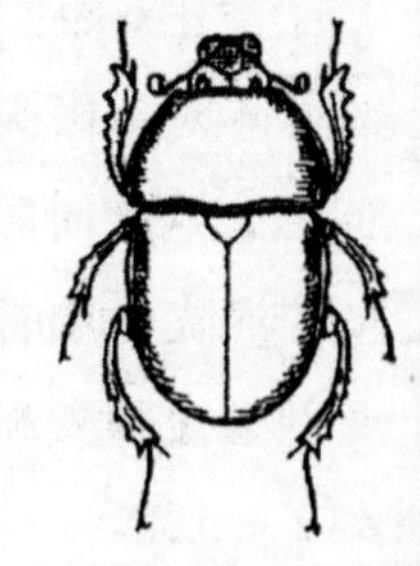

黑粪金龟

① 戈尔孔达：印度著名矿脉，曾出产过许多知名宝石。

吉丁的鞘翅是个多么好的课题啊！颜料化学会在这里得到令人喜悦的收获。但是，困难似乎很大，科学还无法了解最朴素的服装的制作原因。这个问题的答案，在遥远的将来一定会有，尽管答案永远不会完整，因为生命的实验室能够妥善地保留秘密，不让我们的曲颈瓶知道。目前，通过叙述我看到的一些现象，也许能为未来的大厦添加一粒沙子。

这事要追溯到很久以前，当时我正忙于研究捕食性膜翅目昆虫，追踪观察它们从卵到茧的变态情况。下面是从我的笔记中选取的一个例子，笔记里包括我们地区的几乎所有昆虫猎手，我选出黄足飞蝗泥蜂的幼虫。这种昆虫因为身材适中，比较容易观察。

幼虫刚孵出不久，在吃第一只蟋蟀若虫时，透明的皮下露出一些细小的白色斑点。这些斑点数量迅速增加，面积迅速增大，最后蔓延到全身，只有前两个或前三个体节除外。剖开幼虫，我辨认出，这些斑点是脂肪层的附属物。它们远不是仅仅散布在表面，还渗透到脂肪层底部；而且数量很多，如果用镊子去夹其中一小片，很难不采集到另外几片。

这些谜一般的斑点，不用放大镜也清晰可见，但如果我们要深入细致地进行研究，却需要显微镜。在显微镜下，我辨识出，脂肪组织由两种椭圆小囊组成。一种呈淡黄色，透明，充满含油的小滴；另一种不透明，呈淀粉的白色，被一种颗粒很细的粉尘鼓胀起来，粉尘展开成模糊的长条痕迹。在显微镜的载玻片上，包含粉尘的椭圆小囊意外地破裂。两种小囊的形状和体积都相同，乱七八糟地组合起来，没有任何明显的次序。黄色小囊属于营养性储备物质，属于严格意义上的肥肉；白色小囊形成白色斑点。研究这些斑点将占用我们一些时间。

用显微镜仔细观察，我了解到，白色椭圆小囊由一种不透明、不溶于水、比水更稠的细小微粒组成。在显微镜的载玻片上进行试剂检验，用硝酸溶解这些微粒时，微粒沸腾起泡，不留下一星半点残余。即使这些细粒封闭在椭圆小囊中，情况也是如此。相反，真正的脂肪椭圆小囊不受硝酸侵蚀，只是稍微变黄而已。

我据此进行了规模更大的实验。我从许多只幼虫身上抽取出脂肪组织，用硝酸处理，沸腾起泡的强烈程度，就同一片白垩的化学反应一样。当沸腾平息后，漂浮起一些很容易分离的黄色凝块，这些凝块来源于脂肪物质和细胞膜，而那些白色微粒溶解后，变成了透明液体。

这些白色微粒的谜第一次呈现出来。生理学和解剖学先驱没有留下任何论据和资料指引我，我在几次犹豫不决之后，终于了解到了这一特征，我真是心花怒放啊！

溶液在一只置放在热灰上的小瓷圆皿里蒸发后，我在圆皿底上滴几滴氨水或者几滴水，立刻出现一种漂亮的胭脂红色。问题解决了，刚刚得到的染料是红紫酸铵。因此，使白色椭圆小囊鼓凸的物质不是别的，而是尿酸，或者说得更确切些，是尿酸盐。

一个如此重要的生理学现象，不会是孤立的个案。的确，自从进行了这个具有根本性质的实验以来，我在我们地区所有捕食性膜翅目昆虫幼虫的脂肪组织里和处于蛹态的食蜜蜂体内，都找到了尿酸微粒。我也在很多其他幼虫，或者成虫身上，观察到了这些细粒。但是，没有任何一种幼虫比得上膜翅目昆虫猎手的幼虫，后者全身有白色虎斑。我认为我窥见到了装饰物的秘密。

我又仔细察看了以猎物维生的两种幼虫：飞蝗泥蜂的幼虫和龙虱的幼虫。尿酸，生命变态的必然产物，或者类似的一种酸，想必会在这两种幼虫的体内形成。然而，在龙虱幼虫的脂肪层中，没有露出这种酸的堆积，但在飞蝗泥蜂幼虫的体内则壅塞着这种酸。

飞蝗泥蜂幼虫由于固体排泄物的管道还没有运转起来，消化器官在尾部被梗阻，没有排出任何一点东西。尿酸产物由于没有出路，于是积存在一个大脂肪堆里。这个脂肪堆就这样变成了一个仓库，堆放器官的加工剩余物和有待加工的塑性物质。这与高等动物在切除肾脏后的情况十分类似：原先不明显地包含在血液里的微量尿素，当它的清除通道被切除后，便积存在血液里，并且变得明显。

相反，在龙虱幼虫的体内，排泄物的出路一开始就畅通无阻，尿的产物形成后就随即离去，体内脂肪组织不再像仓库那样把它们收藏起来。但是，在变态期间，由于任何排泄都不可能进行，尿酸必然堆积起来，而且的确也堆积在各种幼虫的脂肪里面。

进一步深入研究尿酸剩余物尽管重要，但现在这样做却不合时宜。我们研讨的题目是着色，那么我们就利用一下飞蝗泥蜂提供的资料吧。飞蝗泥蜂的幼虫几乎像玻璃那样透明，颜色像非凝固蛋白质一样不鲜艳。在半透明的皮下，除了一个长长的消化袋囊之外，没有任何有色的东西。这个袋囊被幼虫吃下的蟋蟀粥弄得鼓凸、颜色暗淡，带红葡萄酒色。在这透明而模糊的底层上，清晰地显现出成千上万模糊的白色尿酸椭圆形小囊，而且从这种细点子团里，可以隐约看见一种漂亮服装的半成品。这资料很贫乏，但已经不错了。

幼虫有了这种肠子无法摆脱的尿酸糊，就找到了美化自己的办法。黄斑蜂曾告诉我们，它们怎样在棉絮小袋子里，用它们的垃圾制作首饰。布满洁白细粒的皮层，是同样精巧的发明。

利用自身的残余物，花很小的代价把自己打扮得漂漂亮亮，甚至在正常地排泄残余物的昆虫那里，也是一种极为常用的方法。虽然捕食性膜翅目昆虫的幼虫没有别的办法，只能用尿酸在自己身上装饰虎纹，但也不乏心灵手巧，善于用保存身体残渣的办法，来为自己制作漂亮服装的昆虫，尽管它们的排泄管道是畅通的。为了打扮自己，它们收集、积存别的昆虫急急忙忙排出的废物，它们化卑俗为美饰。

白额螽斯也属于这类昆虫。它是普罗旺斯动物中最粗壮的刀剑携带者。它有象牙色的宽脸、奶白色的大肚皮和褐色花斑的长翅膀，真是漂亮极了。7月是它身着结婚礼服的时期，我在水下剖开了它。

它的脂肪组织丰满，暗黄白色，布满不规则的网眼花边，被粉尘鼓凸起来。粉尘结成呈白垩色的点状污迹，清晰地显现在透明的底层上。我将一小片脂肪网在一滴水中散碎，它立即像云一样散开，用显微镜可以看到大量不透明的微粒，但没有发现丝毫含油的星体，这种星体是食用油脂的标志。

摆在我眼前的还有尿酸盐。用硝酸处理这些脂肪组织时，产生了类似处理白垩一样的沸腾现象，以及足够的红紫酸铵，把满满一杯水都染成了胭脂红。这一堆浸透尿酸而无食用油脂残余的花边，是多么奇怪的脂肪物啊！结婚时期已经来到，临近末日的昆虫，会用营养储备来干些什么呢？它摆脱了为未来进行的积蓄工作后，只需要愉快地度过所剩不多的日子，只需要为最后的节日把自己打扮得漂漂亮亮。

因此，它把最初的营养储蓄仓库变成颜料工厂，用类似白垩的尿酸糊充分涂抹自己的肚子，肚子变成了奶白色。它还涂抹额和面颊，额、面部便有了旧象牙的外观。的确，它身体的这些部分立刻在半透明的皮下，覆盖上一层颜料。这种颜料可以变为红紫酸铵，在本质上和脂肪花边的白色粉尘相同。

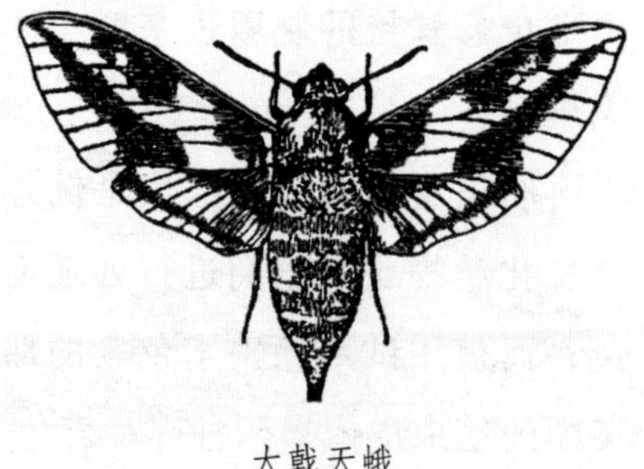

大戟天蛾

对螽斯的服饰的分析，生物化学并未进行同样简单、同样给人以强烈印象的实验。我将向手边没有奇怪的螽斯类昆虫的人，也就是热带地区的朋友们，推荐葡萄树距螽。这种昆虫十分常见，它的腹面也呈乳白色，这颜色同样来自尿酸石灰浆。在蝈蝈儿系列中，还有很多身材较小、鉴定起来更加棘手的品种，都会以不同的程度向我们显示同样的结果。

白中染黄，这就是螽斯类昆虫的尿液色彩告诉我们的。大戟天蛾的幼虫，将把我们引向更远的领域。它的身体呈红、黑、白、黄，五颜六色。就外貌而言，在我们地区，它是最引人注目的。因此，雷沃米尔给它起名为“美人儿”。它对这个美誉当之无愧。在这种虫子的黑底色上，朱砂红、铬黄黄、白垩白并列成星、成点、成斑、成带，界线划得如同百衲衣那刺眼的碎块一样清晰。

我剖开幼虫，用放大镜观察它身上的镶嵌画。在皮下除了染着黑色的部位外，我还看到一个色素层，是一种这里呈红色、那里呈黄色或者白色的黏性分泌物。我从这个五颜六色的膜层上剥下一个皮片，用硝酸处理它。色素在硝酸中溶解时沸腾起泡，接着产生红紫酸铵。因此，幼

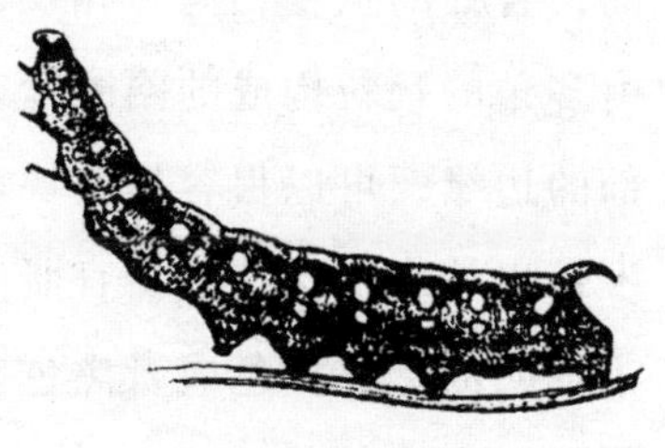

大戟天蛾的幼虫

虫那色彩鲜艳的制服也来源于尿酸。尿酸以微小的量存在于脂肪组织里。

幼虫身体的黑色部位是例外。这些部位硝镪水难以侵蚀，在用这种化学物质对它们进行处理前和处理后，它们都保持着暗淡的颜色；而被用试剂除去了色素的那些部位，却变得近似透明的玻璃。美丽的幼虫皮依靠两种碎片着色。

那些深黑色碎片可以看作是染料的产物。染料把这些碎片彻底浸透，同它们的分子合为一体，无法用硝酸分离。其他碎片，红的、白的或者黄的，是真正的油漆涂层。它们半透明的薄片上有尿浆，是产生于从脂肪层的细管向它们流注的液体。当硝酸的作用结束后，在深黑色碎片那没有光泽的黑色底层上，出现了一些红色、白色或黄色碎片的透明星点。

下面是一个从不同的动物中取来的例子。就服装的漂亮而言，在蛛形纲中，彩带圆网蛛真是得天独厚。它粗大的腹部表面，深黑、蛋黄般的鲜黄、似雪般耀眼的纯白，交替排成横条。腹部末端只有黑、黄两色，排列方式也不同，黄色从纵向排成两条带子，一直延伸到纺丝器旁边，颜色逐渐变成了橘黄。在胸侧，一个像鸡冠花般、浅浅的图案向周围扩散，很难辨明这是什么。

用放大镜从外面观察黑色部分，没有任何特别之处。它是同质的，各处的强度相同。相反，在染了其他颜色的部位，看得见一些由多角的颗粒构成的网眼紧密的小网，堆成了小堆。用剪刀剪开腹部的边缘，可以很容易整块地把蜘蛛背部的角质外皮摘取下来，而不带出外皮所保护的器官肌肉。在白色条带的部位，薄薄的皮层是半透明的。在黄色或者黑色条带部位，皮层则是黄色或者黑色。这些红、白或黄色的碎片，颜色的确来源于一种色素涂料，很容易用画笔尖移离、扫开。

在白色条带部位，揭去皮层，露出一层多角形的白点。白点排成一条带子，时密时疏。通过观察可以看到，这些细粒由于透明，为活跃的蜘蛛形成雪白的饰带。没有任何东西破坏腹部优美的镶嵌画，白色腰带与彩色腰带十分协调。

这些细粒放在显微镜的载玻片上用硝酸处理，不溶解，不沸腾起泡，因此，尿酸与此并不相干。这种物质大概是乌嘌呤，一种被认为是蛛形纲动物尿的生物碱。由此，我推测，它就是在皮下形成黄、黑、苋红或者橘色黏性分泌物的色素。总之，这种漂亮的蜘蛛在另外一种化合物的形式下，利用动物氧化的残渣。它的技艺，大有与漂亮的大戟天蛾幼虫平分秋色之势。正如大戟天蛾幼虫用尿酸装饰自己一样，它用乌嘌呤装点自己。

我将节略这个枯燥无味的题目，只谈几点，必要时会用其他的材料来证实。我们刚才了解到的一点情况，告诉了我们什么呢？它向我们肯定，有机体的残余物乌嘌呤、尿酸和其他由生命精炼所产生的糟粕，在昆虫的着色方面起着重要的作用。

根据材料是染料或者仅仅是涂料，昆虫的着色分为两种情况。一种是用画笔一扫就可以扫掉的涂色。这是用涂料给皮层着上颜色，皮层本身是无色的、半透明的。这种上色的涂层就是涂料，是尿的产物。它像玻璃艺术家将颜料涂在彩绘大玻璃窗上那样，置放在皮层表面。

另一种是染色，即对皮层上色时，染进了皮层深处。皮层与着色的材料化合起来，用画笔无法将它清除。这种用来着色的材料就是染料。在彩绘大玻璃窗上，染料与金属氧化物被坩埚熔炼成为彩色玻璃。

如果说在两种情况下，着色材料在分配上区别很大，那么在化学性质方面，区别也同样大吗？这种看法比较难以接受。玻璃工人用同样的氧化物染或涂，而生命这个无与伦比的艺术家，则用单一的方法获取种类无限的产物。

生命让我们在大戟天蛾幼虫背上，看见和白、黄或者红色斑点混杂在一起的黑色斑点，涂料和染料在那里并存。在分界线的这边有绘画物质，在分界线的那边有性质迥异的染色物质吗？虽然化学还不能用试剂揭示出这两种物质的共同根源，但是，两者最接近的相似处却肯定了这个共同根源。

在昆虫染料这个微妙棘手的问题上，迄今为止只有一点属于能观察到的现象领域，这就是染色质的发展演变。潘帕斯草原的食粪虫那光彩夺目的深红色宝石，衍生了一个问题，我们去问问它的同行吧，也许它们会使我再向前迈进一步。

圣甲虫新近蜕去了蛹的旧衣，露出一套奇怪的服装，与成虫的乌黑色毫无关系。它的头、足和胸呈鲜艳的铁红色，鞘翅和腹部是白色。红色，差不多就是大戟天蛾幼虫的色调；但是，它源于一种对硝酸作尿酸盐显影液而不起作用的染料。同样的染色质，其成分在另外一种分子结构下，在腹部皮层和即将用红色代替白色的鞘翅皮层里，肯定处于转化状态。

在两三天内，无色的变成有色的，是由于一种新分子结构的作用。砾石本身并没有改变，但排列方式不同，建筑物却改变了外观。

圣甲虫现在遍体通红，最初的褐色雾状物，出现在头部和前足的细齿上。这是劳动工具早熟的标志，这些工具获得了超凡的硬度。像烟雾般笼罩的色彩到处蔓延，代替红色，然后变成褐色，最后变为惯常的黑色。不到一个星期，无色变成铁红色，然后变成发亮的黑色。现在一切都结束了，圣甲虫涂上了成年的色彩。

粪蜣螂、双凹蜣螂等许多昆虫都是如此。潘帕斯草原的首饰亮丽亮蜣螂，大概也是这样让自己变得美丽的。我也同样肯定，假如能观察到亮丽亮蜣螂脱去蛹的襁褓，我会看见它的身体除腹部和鞘翅之外，呈无光泽的红色、铁红色或者醋栗红色。它的腹部和鞘翅最初无色，但很快就有了与身体其他部分同样的颜色。圣甲虫用黑色代替最初的红色，亮蜣螂则用铜的火红色和绿玉的反射光代替最初的红色。乌木、金属和宝石，有相同的根源吗？显然有。

金属光泽不需要本质的改变，微不足道之物就足以产生这种光泽。银被化学方法分割到极限，是一种外观与烟灰相同的尘土。这种肮脏的粉末在两个坚硬的物体间压紧后，类似污泥，随后立刻获得金属光泽，成为我们所熟悉的银。一种简单的分子重新组合，就产生了奇迹。

尿酸的衍生物红紫酸铵，在水中溶解后呈美丽的胭脂红色。它通过结晶变成固体，同西班牙芫菁的金绿色比赛华丽。品红[①]有广泛的用途，是相同属性的通俗范例。

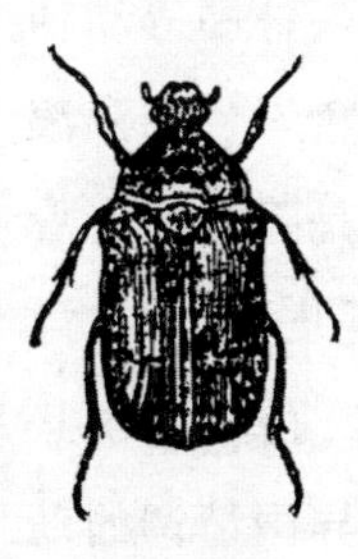

金绿花金龟

一切都似乎肯定：同一种物质，即尿的排泄物的衍生物，根据粒子最后的组合方式，产生亮蜣螂的金属红色以及圣甲虫的无色、暗红色和黑色。这种物质在粪堆粪金龟和黑粪金龟的背面变为黑色，通过突然的彻底转变，在粪堆粪金龟的腹面变为紫晶色，在黑粪金龟的腹面变为黄铜矿色。它把金铜色染在花丛中的花金龟的背面，把金属的紫红色染

① 品红：一种深红色三苯甲烷染料。——校注

在花金龟的腹面。它根据昆虫以及身体部位的不同，保持深色的化合物或者发出反光来。金属没有这样强烈多变的反光。

光线似乎与这些华美饰物的发展变化毫无关系，它既不加速也不延缓这种变化。直接的日光照射由于过热，对娇嫩纤弱的蛹是致命的，我便在薄玻璃片之间置放水屏，使阳光变柔和。在整个颜色变化期间，我每天让圣甲虫、粪金龟、花金龟接受减弱的光线照射。我将几种昆虫证人作为对比项，有些放在漫射光中，有些放在黑暗中。可是，实验没有任何结果，颜色在阳光下和在黑暗中的变化情况相同，既没有在这种条件下变化快些，也没有在那种条件下变化慢些。

其实，我应该预见到这种否定性的结果。吉丁从它度过幼虫期的树干深处走出来，粪金龟和亮蜣螂等昆虫离开故土的洞穴，它们从出现在露天之日起，就拥有了最终的装饰色，日后阳光并没有使这些装饰色更加绚丽多彩。昆虫在着色化学方面，不要求光线协助，连蝉也不要求。蝉弄碎若虫期的外套，无论是在实验仪器的黑暗里，还是在充分的阳光照耀下，都一样从嫩绿色变为褐色。

昆虫以尿的残渣为染色质，这种染色质也能够在多种高等动物体内找到。我至少知道一个例子，一种美洲小蜥蜴的色素，在沸滚的盐酸长时间的作用下，变成了尿酸。这个案例不会是孤立的。看来，爬行动物纲也用类似的产物来粉光、涂抹它们的毛皮。

从爬行动物到鸟类的差距也不大。野鸽的虹彩、孔雀的眼状斑、翠鸟的海蓝宝石、红鹳的胭脂红，还有一些具有异国情调的鸟儿，其羽毛的绚丽多彩，都或近或远与尿的排泄物有关系吗？为什么没有呢？大自然，最崇高、最卓越的管家，热衷于改变我们关于事物价值观的强烈对比。它让一小片平平常常的煤变成金刚石；

它把陶瓷工人用来制作猫狗食盆的黏土制成红宝石；它把有机体卑俗无用的残余物，制成昆虫和鸟类漂亮华美的饰物，比如吉丁和螃蟹那金属般的奇妙物品、叶甲和食粪虫的豪华奢侈品、蜂鸟的紫晶、红宝石、蓝宝石、绿宝石、黄宝石等。光彩夺目的饰物，你们耗尽了琢磨宝石的珠宝匠的语言词汇，你们到底是什么呢？不过是一点尿。

第七章 负葬甲 埋葬

4月，在羊肠小道边，躺着一只被农民用铁锹剖开肚子的鼹鼠；在篱笆脚下，铁石心肠的孩子用石块砸死刚刚穿上绿色珍珠外衣的蜥蜴；过路人认为，用脚后跟踩死他遇见的无毒蛇，此举应该受到赞扬；一阵风吹来，把还没有长出羽毛的小鸟吹落到地上。这些小尸体和那么多生命的残屑，会变得怎样呢？人的视觉和嗅觉并不会因此而长时间受到损害，田野里从事卫生工作的昆虫工人是一支大军。

卖力盗窃行骗的蚂蚁干什么都在行，第一个急急忙忙地奔向尸体，动手把尸体剖成碎片。这具尸体发出的野味香，很快吸引了双翅目昆虫。这种昆虫繁殖令人憎恶并被当作钓饵的蛆虫。与此同时，葬尸甲、碎步奔跑且鞘翅发光的腐阎虫、腹部抹得雪白的皮蠹、纤细的隐翅虫等等，成群结队，不知道从哪里迫不及待地赶来。它们全都用一股永不松懈的热情探测、搜索，饱吸恶臭的气味。

春天，在一只死鼹鼠的身体下面，这是幅什么样的景象啊！这个实验室里可怕的东西，对擅长观察和思考的人，却是那么美好。我克服了厌恶和反感，把肮脏的残片从脚下拿起来，那下面是怎么样乱攒乱挤的景象啊！那下面忙忙碌碌的劳动者，在怎样嘈杂喧闹啊！长着宽大的深暗色鞘翅的葬尸甲发狂地逃跑，然后在土地裂缝里蜷缩成一团。腐阎虫像一块光滑发亮的乌木，急急忙忙用碎步小跑，离开工地。身上有黑色花斑的皮

曲缘葬尸甲

蠹，试着飞走，其中一只穿着浅黄褐色的短披肩；但是，它们被脓血迷醉，栽了跟头，露出洁白无斑点的腹部，和它们的服装恰好形成强烈的对比。

这些狂热地干活的虫子在那里干什么呢？它们开发死亡以利于生命。它们是出类拔萃的炼金术士，用可怕的腐烂物制作鲜活的无害产品。它们吸尽危险尸体的液汁，把尸体弄干直到酥脆作响，干得像垃圾场里被冬天的霜冻和夏天的炎热蹂躏的棕褐色破拖鞋。它们急迫地对无害的尸体进行加工。

另外一些昆虫也毫不拖延，马上到来。它们更小、更耐心。它们重新拿起死者的遗骨，将韧带、骨头、毛等逐一加以利用，直到一切都返回生命的宝库。我们要尊敬这些环境的净化者。我们还是别谈这只死鼹鼠吧。

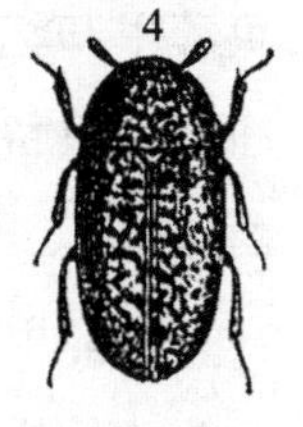

皮蠹

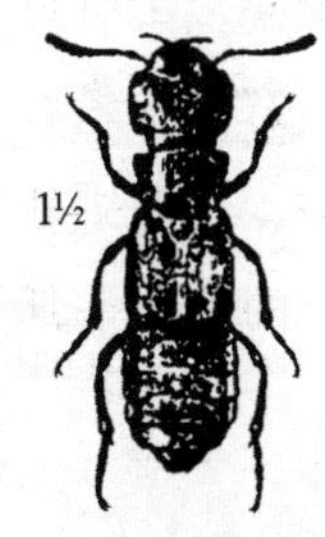

颚骨隐翅虫

春耕的另几个受害者，田鼠、鼩鼱、鼹鼠、癞蛤蟆、无毒蛇、蜥蜴，将让我们看到最刚健有力、最著名的土地维护者。它就是负葬甲。它的身材、服装、习性都和死气沉沉的普通虫子迥然不同。它尊重自己担任的崇高职务，散发出麝香味。它的触角上装饰着红色绒球，身穿米黄色法兰绒衣，齿形边饰的朱红色腰带横系在鞘翅上。多么漂亮绚丽的衣服啊！就像筹办盛大葬礼的殡仪工穿戴整齐那样，这衣服始终令人感到悲伤。

腐阎虫

它不是解剖实验室里的助手，实验室助手会剖开实验对象，用大颚的解剖刀把实验对象的肉剪切下来。严格地讲，它是掘墓者、葬尸者。其他一些昆虫，如曲缘葬尸甲、皮蠹、腐阎虫等，大吃特吃美味的尸体，当然它们并没有忘记自己的家小。可是，负葬甲却吃得很少，为了它自己，它几乎没有去触动新发现的野味。它就地把尸体埋葬在一个小地窖里，野味在地窖里熟透后，将是它的幼虫的食物。它埋葬尸体是为了在那里安顿后代。

这个死尸积攒者行动刻板拘泥，甚至笨拙迟钝，但是在把残骸存入仓库时，却手脚麻利，动作迅速敏捷。在几个小时内，相当大的一具尸体，譬如鼹鼠的尸体，就消失一空，被掩埋在地下。其他昆虫是让被掏空了的尸骨暴露在外，整月整月地任凭风吹雨打。而负葬甲却把整个尸体处理掉，它一来就马上把地方腾空，弄得干干净净，只留下一个很小的鼹鼠丘。这是墓碑，是为自己的劳动留下的印迹。

负葬甲的方法迅速简便，在较小的田野净化者中鹤立鸡群。在心智才能方面，它是最负盛名的昆虫之一。据说，这个葬尸工有近乎理性的智力，而膜翅目昆虫，蜜或者猎物的收集者，它们中最有天赋者，也没有这种才能。下面两则趣闻对它赞颂有加，这两则趣闻出自拉科代尔的《昆虫学导论》，这是我能自由支配的唯一一部概述性论著。作者写道：

> 克莱维尔报告说，他看见一只夜葬甲想埋葬一只死老鼠，但发现鼠尸所躺的地方泥土太硬，于是就去离该地有一段距离、土质比较疏松的地方挖洞。然后，它就试着把老鼠埋在洞穴里，但是没有成功。于是它很快离开，不久后又返回，身边跟着四个同伴。这几个同伴帮助它运输和埋葬死鼠。

拉科代尔补充说，人们不得不承认，在这样的行动中，有思维在起作用。他还说：

> 格勒迪希报道的下述行为，也具有理性起作用的所有迹象。他的一个朋友想风干一只死癞蛤蟆，就把它挂在一根插在地里的棍子上，以防负葬甲来把它搬走。但是，这项预防措施不管用。负葬甲无法爬上棍子，够不着死癞蛤蟆，于是就在插棍子的地上挖掘。棍子倒下后，它们就把棍子连同癞蛤蟆尸体一起埋葬了。

承认昆虫有智力，能够认识因与果、目的与方法的关系，是一个具有重大意义的断言。我只知道，这是最符合我们这个时代的哲学粗暴的武断言论。这两则小故事确有其事吗？其中包含了人们从它们身上推导出来的结论吗？那些将其当着铁证来接受的人，难道不是太天真了吗？

当然，在昆虫学领域内，需要某种天真，需要讲求实际者眼中的奇思怪想，否则，谁还会去关心小小的虫子呢？是啊，我们可以天真无邪，但不要幼稚轻信。在认为动物会思考、推理之前，我们必须思考、推理，尤其要对实验的结果加以验证，一个偶然收集到未经核实的现象不能成为定律。

啊，勇敢的掘墓者，我无意贬低你的优点和长处，绝对没有这种想法。相反，我在笔记里保留着比癞蛤蟆的绞架更能盛赞你的材料，我汇集了有关你的英勇行为，它们将给你的声誉带来光环。

不，我绝对没有想贬低你的声誉。此外，公正的历史不必坚持某个确定的论点，事实把这个论点引导到哪里它就到那里。我只想问你，关于有人说你具有逻辑头脑这个问题，在迷漫的云雾中，你是否有一片理性的青天，是否有人类理性的萌芽？这就是我想问的问题。

为了解决这个问题，我可不指望好运可能给我带来机遇。我必须拥有一个笼子，使我能够进行经常的观察和持续的调查，能够想出各种各样的巧计良策。在橄榄树生长的地区，负葬甲的品种不多，据我所知，只有一种残葬甲。这种北方掘墓者的竞争者相当罕见，在春天找到三四只，是我从前捕猎时最好的收获。今天，我必须拥有一打残葬甲；如果不采用设陷阱的办法，我就不可能获得那么多。田野里残葬甲非常稀少，因此，寻捕它们差不多总是白费力气，空手而归。当我的笼子住满鸟儿以前，4月，实验最有利的月份即将过去，捕猎残葬甲结果如何，太难说了。于是，我就在荒石园里散布收集来的大批死鼹鼠，把残葬甲引来。残葬甲在寻找它们的“块菰”时，嗅觉非常灵敏，它必然会从地平线上的各个角落，奔向这个被太阳晒熟的尸堆。

1½
残葬甲

我同邻村的一个园丁约定，他每星期两三次弥补我那块石子地的短缺，向我提供来自肥沃土地的蔬菜。我告诉他我迫切需要鼹鼠，数量无法确定。他每天都用陷阱和铁锹同这个讨厌的挖掘者，这个把他的作物弄得一塌糊涂的挖掘者进行战争；因此，他比谁都能够尽力地为我弄到此时我认为比芦荀或者牛心甘蓝更宝贵的东西。

这个老实巴交的人先是嘲笑我的要求，对我这样重视他极为厌恶的牲畜“达尔蓬[1]”惊讶不已。他虽然有他自己的想法，还是接受了我的要求。他认为我大概要用光滑柔软的鼹鼠皮，为自己缝制一

① 达尔蓬：普罗旺斯土语这样称呼鼹鼠。——译注

件美妙的法兰绒背心，想必对风湿痛有好处吧。随他去猜测吧，我一心只想将事情谈妥，让达尔蓬来到我这里。

达尔蓬准时来到了，有时两只，有时三只，有时四只，用几张甘蓝叶包着，放在菜篮子里。这个乐于顺从我那古怪意愿的老好人，永远也不会猜到比较心理学多么受惠于它。短短几天内，我有了三十来只鼹鼠。鼹鼠一到来，我就将它们分散到荒石园里，在迷迭香、野草莓树和薰衣草丛中。

每天等待和好几次查看那些小动物腐尸下面的情况，不再是问题。对那些血管里没有激情的人来说，这可是件恶心得要逃之夭夭的苦差使。在家里我有小保尔助我一臂之力，他用敏捷的小手帮我捕捉逃犯。我说得对，要从事昆虫学研究就需要天真。在严肃地处理负葬甲这件事上，只有一个孩子和一个文盲充当我的合作者。

小保尔和我轮流查看，等待的时间并不太长。风把葬尸地的肉味吹向四面八方，埋葬尸体的虫子于是向荒石园里奔来，实验对象很快就由起初的4只增加到了14只。这可是我前所未有的收获数量。我以前捕猎没有预先策划，也没有用饵引诱。我这次布设陷阱的计谋取得了圆满成功。

在陈述笼子里取得的成果之前，请稍停片刻，我先谈谈负葬甲正常的劳动环境条件。负葬甲对野味的选择并不挑剔，它处理尸体时，正如捕食性膜翅目昆虫那样，量力而行，碰巧得到什么，就接受什么。在它发现的东西中，有小的，如鼩鼱；有中等的，如田鼠；有大的，如鼹鼠、沟鼠、无毒蛇。埋葬这些动物尸体，都超过了单独一个埋葬者的挖掘力量。在大多数情况下，重负同发动机的马力非常不成比例，因此运输是不可能的。背部用力，身子稍微移动一下，就是负葬甲能够做到的一切。

飞蝗泥蜂和蛛蜂在自认为适宜的地方挖掘洞穴，它们飞行，把猎物运到洞里；如果猎物太重，就步行拖到那里。负葬甲没有这样的便利，它没有能力运输在任何地方遇到的大块头尸体，因此，不得不在尸体躺着的地方就地挖洞。

这个别无选择的埋葬地点，可能土质较疏松，也可能铺满卵石，可能位于某个寸草不生的地方，也可能位于另外一块细草，特别是狗牙根根须盘根错节的草地。短荆棘竖起的情况也屡见不鲜，荆棘把动物尸体架托在离地几法寸高的地方。鼹鼠被刚刚送了性命的种地人用铁锹扔开，随便掉在什么地方。负葬甲就在尸体坠落的地点，利用它。只要障碍物并非不可逾越，就无关紧要。

埋葬带来的困难变化无常，我似乎隐隐约约地看到，负葬甲在劳动过程中没有一成不变的方法。它受偶然的机遇所支配，必须在它微小的辨别能力范围内改变策略。锯开、砸烂、扫清、升起、震动、移动，对处于困境的埋葬者来说，都是不可或缺的办法。负葬甲如果被剥夺了这些才能和本领，如果沦落到只有一成不变的方法，就不能从事上帝赐予它的职业。

从这时起，人们就会看到，仅仅根据一个孤立现象就做出结论，是多么轻率冒失。在这个现象中，理性的办法和事先考虑过的意图，似乎都在起作用。毫无疑问，本能的行动有其存在的理由。但是，昆虫会首先判断、评估行动的适当性吗？如果我们以充分了解劳动过程作为开始，用另外一些证据来支持每个证据，也许能够回答这个问题。

我首先谈谈食物。负葬甲是环境的净化者，不拒绝任何恶臭腐烂的尸体。长羽毛的猎物也好，长皮毛的猎物也好，只要尸体不超过它的力量，什么都是好的。对两栖动物也好，对爬行动物也好，它处理时都同样卖力，积极开发。它毫不犹豫地接受它的种族可能还不了解的、异乎寻常的发现物。一种红色的鱼就是证据，这种鱼是中国的金鱼。在我的笼子里，它很快就被负葬甲判定为好东西，并且用老办法掩埋掉。羊肋条、牛排骨变得臭味浓郁时，就在地下消失，受到的珍惜和关注，与慷慨大度地给予鼹鼠和老鼠的一样。总之，负葬甲没有排他性的偏爱，它把所有的腐烂物都放进地窖中。

让负葬甲发挥职业技艺，并无任何困难，如果某种猎物短缺，任何一种偶然碰到的猎物都行。关于让负葬甲定居的问题，也没有什么好烦恼的，一个放置在瓦钵上的金属钟形罩就已足够，瓦钵里装满了压紧的新鲜沙土，一直溢到瓦钵的边沿。为了避免受野味引诱的猫来胡作非为，我将笼子放在一个封闭的玻璃房里。这个房间冬天是植物的避难所，夏天则是虫子的实验室。

现在负葬甲开始干活啦。死鼹鼠躺在荒石园中央，土质疏松，而且全是沙土，这个条件非常优越，易于工作。四只负葬甲，三雄一雌，面对着这只死鼹鼠。它们蹲在鼠尸下面，别人看不见。这具尸体不时似乎又有了生命，被这四个劳动者用背从下向上摇动。不了解情况的人看见死鼹鼠动起来，可能会目瞪口呆。相隔很久，一个掘墓者，几乎总是一只雄虫，从尸体下面走出来，围绕死鼹鼠转圈。它一面探测这具尸体，一面搜查它的绒毛。它急急忙忙回到尸体下面，然后再次出现，再次了解新情况，然后又钻到尸体下面。

摇动恢复，而且更加厉害，尸体摆动起来，动个不停。而这时，沙土被压紧，形成一个环形软垫，在周围堆积起来。鼹鼠由于自身的重量，由于在身体下面干活的掘墓者使出的劲，以及它在遭到破坏的泥土上没有支撑物，于是沉陷到地下。

外面被压紧的沙土，很快就在不见踪影的挖土工的推动下，动摇起来，陷落在深坑里，把尸体掩盖起来。这是秘密埋葬。尸体好似淹没在流沙里那样，自动消失了。在它认为深度足够以前，尸体始终继续下降。

总之，这是很简单的劳动。负葬甲一边挖掘，一边向后摇动、拖拉尸体。随着投入鼠尸的孔穴进一步挖深，即使没有掘墓者的介入，墓穴本身仅仅由于沙土的震动、崩塌就会自动填平。负葬甲的爪端有锋利的铲子，强壮的背部能够让沙土微微震动，它干这一行不再需要别的东西。且慢，我再添加一点，很基本的一点，它还需要频繁摇动死者这种技艺。摇动是为了把死者的体积压缩得更小，使它能够通过困难的通路。我们很快将会看到，这种技艺在负葬甲的职业中扮演着重要角色。

鼹鼠虽然消失了，但离目的地还很远。我耐心地等待葬尸工干完活，现在它们在地下，继续地面的活，不会告诉我们任何新东西，我们再等两三天吧。

时候到了，我们该去了解下面的情况，查看公共尸坑了。我决不会邀请任何人去挖掘，在我的身边，只有小保尔有勇气帮助我。

鼹鼠不再是鼹鼠，而是蜷缩起来，好似一小块猪膘带，略呈圆形，绿色，发臭，毛脱得光秃秃的，令人毛骨悚然。想必是经过细心的处理，这个东西才被压缩得这样狭小，特别是它的皮毛被剥光到这个程度，好像主妇手下的家禽。采取这样的烹饪措施，是为了那些会受毛丝碎屑妨碍的幼虫吗？或者尸体仅仅是由于腐烂而掉毛吗？我对此犹豫不决。不过，整个挖掘行动我都看到了，猎物被拔去毛皮和拔光羽毛，只留下翅膀和尾巴的毛，而爬行动物和鱼类则只留下鳞片。

这个难以辨认出原貌的鼹鼠，安放在一个宽敞、内壁坚固的地下墓室里。这个地下室比得上圣甲虫的面包坊。除了皮毛散乱成絮片外，鼹鼠没有被触动过。掘墓者没有切剪它，这是子女的家产，不是父母的食物。父母为了吃点东西维持自己的体力，便从渗出的脓血中吸几口。

在这具尸体旁边，只有两只负葬甲，它们是一对夫妻，在那里看守和处理尸体。四只合作埋葬尸体的负葬甲，现在，另外两只，那两只雄虫怎么样了呢？我发现它们远远地蹲在地下室的顶上，差不多到达了地面。

我观察到的情况不是个别的、孤立的。我每次看见一群负葬甲进行埋葬，而下葬结束后，在地下墓室里都只有一对负葬甲。在上面那群负葬甲中，雄虫占多数，只只干劲十足。它们帮助埋葬后，除了那对夫妻外，全都默不作声地悄然退去。

的确，这些掘墓者是卓越的父亲。我在这里所看见的，绝不是那种无忧无虑、什么事都不闻不问的父亲。而当父亲的无忧无虑、百事不管，正是昆虫界的普遍规律。父亲把母亲戏耍一阵之后，就抛弃它，把子女的命运交给它。但是在这里，各个等级的闲散者都干活，并且卖力干；有时为了它们自己家庭的利益，有时为了别人的利益，二者并无区别。如果一对夫妇陷于困境，无法可想，野味的味道传到助手那里，这些助手就会突然来到。它们侍候贵妇人，钻到尸体下面，用背和足加工尸体，埋葬尸体，然后，在宅主欢天喜地、乐不可支的时候离去。

宅主还需要长时间同心协力处理这具尸体：拔毛，卷起，根据幼虫的口味煨炖。当一切都已经弄得井井有条时，这对夫妇就出走、分离，各自随心所欲，到别处去，至少像个普通助手那样重新开始。

到现在为止，我两次找到操心子女未来、尽力为孩子们留下财富的父亲。这些父亲是某些牛粪开发者和负葬甲这样的葬尸者。淘粪工和葬尸工有模范的习俗风尚，德行应该摆到什么地方呢？

其余的，比如幼虫的生活和变态，都是次要细节，而且大家已经了解。对枯燥无味的题目，我就三言两语，简单扼要地谈谈。约5月末，我挖出一只掘墓者两周前埋葬的褐家鼠。这具可怕的尸体已经变成有黏性的褐色稀糊，上面麇集着15只幼虫，大部分已经接近老熟。几只成虫，肯定是这一窝幼虫的父母，也在恶臭中乱蹦乱动。产卵期现在已经结束，食物味美可口，喂食者没有别的事干，就挨着幼婴，坐在桌子旁边。

葬尸工刚葬完尸体很快就要进行家庭教育。褐家鼠埋下去最多半个月时间，尸坑里就已经有了一批身强力壮即将变态的居民，这样的早熟令我惊讶不已。看来，尸体潮解物虽然对其他的胃是致命的，在这里却能刺激身体加速发育，使食物在转化为腐殖土以前被消耗净尽，有机化学很快地超越了无机化学最大限度的反应。

负葬甲的幼虫呈白色、裸露、瞎眼，具有在黑暗中生活的普通特性。它的外形呈披针形，令人想起一只螃蟹；强有力的黑色大颚是优质解剖刀；足很短，但在碎步小跑时灵活敏捷；腹部的腹面有一块狭窄的红棕色腹板，腹板上装有四根骨针，骨针的功能显然是在幼虫离开出生的小间，降到地下变态时提供支撑点；胸部体节的护甲更宽，但没有刺。

成年负葬甲陪伴着它们的幼虫，生活在褐家鼠的腐尸里，身上盖满“虱子”，令人憎恶。4月，负葬甲在第一批鼠尸下面时，全身发亮，衣冠端正。7月临近时，它们却显得无比丑陋，身上覆盖着一层寄生虫。寄生虫钻进它们的关节，几乎形成一张连续不断的皮衣。这只昆虫穿着虱子缝成的外套，畸形丑陋。我很难用画笔把这件外套扫掉，这群乌合之众被从负葬甲的腹部赶走后，虽然受了点苦，身体有些变形，却又爬到寄主背上神气活现，不想放弃。

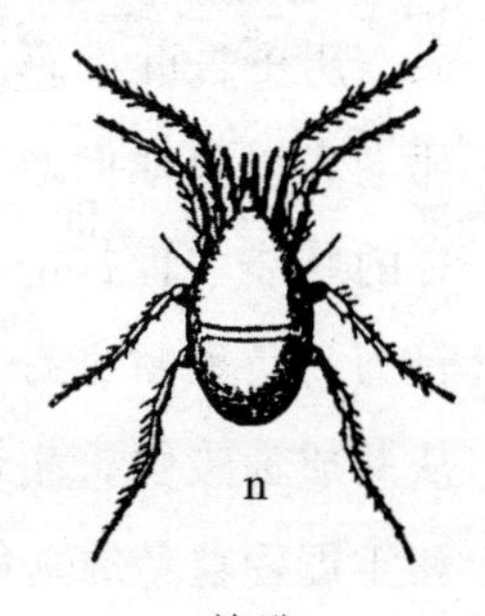

蜱螨

我认出它们属于蜱螨，是经常把粪金龟腹部的紫晶弄得污秽不堪的蛛形纲动物。不，生命的好运不归于有用的动物。负葬甲和粪金龟献身于公众的卫生工作，这两种行会的成员因它们的卫生职务而十分有趣，因它们的家庭习俗而非常突出，却遭受带来灾难的害虫的折磨。唉！热心公务和生活艰苦之间的不相称，在葬尸工和淘粪工的世界之外，还有大量别的例子。

是的，这是模范的家庭习俗，但是，在负葬甲那里却没有贯彻始终。在6月上旬，家庭已经富足，埋葬工作停顿。尽管我更换了老鼠和麻雀，我的笼子却处于废弃状态。一个掘墓者不时离开地下室，懒洋洋地在露天爬行。

这时，一个相当怪异的现象引起了我的注意：大批负葬甲从地下爬上地面，都失去了胳膊，切掉了关节，切除部位有的高，有的低。我看见一个残废者只剩下一只完整的足，它就用这只不成对的足和其他残肢，在积满灰尘的地层上，费很大的劲活动。它衣衫褴褛，满身虱子，像长着鳞片一样。一个同伴出现了，它步履轻健一些，给这个残废者致命一击，并且把同伴的腹部挖清刮净。我剩下的13只负葬甲就这样结束了生命，一半被同伴吞食，或者至少被切去几只跗节。嗜食同类的习性，代替了原先的和睦关系。

历史告诉我们，某些民族，例如马萨热特人[1]或者其他民族，杀死老人以免他们遭受老年的痛苦折磨。用敲击头部的凶器给白发苍苍的脑袋一记打击，在马萨热特人的眼里，是子女孝敬父母的道德行为。负葬甲也有这些古代的野蛮行为。它们活够了，气数已尽，从此成为废物，生命衰竭，苟延残喘，于是互相消灭。延长残废者和年迈昏聩者的垂危岁月，又有什么好处呢？

马萨热特人可以以粮食匮乏为由，为他们的凶残习俗辩护。负葬甲却不是这样，因为我的慷慨大度，地下和地上的食物都满坑满谷。在屠杀中，饥饿绝对不能成为理由。对它们而言，这是体力衰竭所产生的谬误，是濒临干涸的生命的病态狂怒。这符合昆虫界普遍的规律：劳动给予掘墓者温和平静的习俗风尚，懒散怠惰则激发起邪恶的偏执。掘墓者无所事事，于是砸烂同类的足，吃掉同类，而且不关心自己被截去肢体，被同类吃掉。这将是肮脏污秽的垂暮之年的最后解脱。

这种造成大量死亡的狂乱在晚年发作的现象，并非负葬甲所特有。我在别处谈过壁蜂的邪恶。壁蜂起初平静沉着，可是，当它感觉自己的卵巢已经衰竭时，就把邻居的蜂房砸碎，甚至把自己的蜂房也弄破。它把蜂房里有灰尘的蜜弄散，还弄破卵吃掉。螳螂在它的情人扮演的角色结束后，便把情人吞下肚子。螽斯母亲也常常把它残废丈夫的腿一点点吃掉。宽容温厚的蟋蟀，在产下卵后，就会发生悲惨的家庭纠纷，夫妻双方都肆无忌惮地捅破对方的肚皮。对幼虫的照顾关怀结束了，生命的欢乐也结束了。这时虫子往往习惯破坏，被损坏的身体器官以畸变告终。

---

① 马萨热特人：高加索东部的伊朗游牧民族。——校注

负葬甲的幼虫在技艺方面，没有任何突出之处。它在身体够结实时，就抛弃出生地的地下室，那个堆放尸体的地方，去到地面，远离污染。它用足和背部的硬甲干活，把身体周围的沙土向后推，为自己营造一间变态时安静休息的蛹室。住所准备好了，随后是昏昏沉沉、迷迷糊糊的蛹期。它躺下，死气沉沉；但一有风吹草动，它就有了活力，生气勃勃，围着自己的轴旋转。

很多蛹，尤其在7月，我所观察的薄翅天牛的蛹，在受到打扰时，就像涡轮机回转那样，动来动去。看见这些木乃伊突然脱离静止不动的状态，用一种其秘密值得深入研究的技巧旋转，令人惊讶不已。力学理论或许会在那里找到运用的最好机会。马戏团小丑腰部的柔软和力量，也不能同这些新生的肉体、这种几乎不凝固的生蛋白媲美。

负葬甲的幼虫被隔离在婴儿室里，十来天就化成了蛹。对此，我缺乏通过直接观察得来的资料；但是，其历史会自动地补充完整。负葬甲必须在夏季具有成虫形态。它像食粪虫那样，只有几天欢乐的日子，不必为家庭牵肠挂肚。然后，寒冬临近，它躲藏在冬天的宿营地里；一旦春天来到，它又回到明媚的阳光下。

第八章 负葬甲 实验

现在我谈谈负葬甲那理性的英勇行为，正是这种理性行为使它获得了好名声。首先，我用实验来对克莱维尔叙述的现象加以检验，这个现象就是土地过于坚硬和负葬甲寻求援助。

为了这个目的，我在钟形网罩下的沙土中心铺上砖头，和地面平齐，然后在砖头上铺一层薄薄的沙土。这是块无法挖掘的土地。在四周宽阔的范围内，在同一水平上，延伸着一片疏松容易挖掘的地面。

为了接近故事所叙述的环境，需要一只老鼠。鼹鼠身体很重，块头很大，或许移动起来会比较困难。为了得到这只老鼠，我请求朋友和邻居帮助。他们笑我异想天开，不过仍然把捕鼠器给了我。只不过，一旦立即需要最普通不过的东西时，这种东西却变得稀罕起来。普罗旺斯方言以先祖拉丁文为榜样，无视优雅礼貌，在格言中这样说："一旦寻找驴粪，驴就拉不出屎来。"

这只老鼠，我梦寐以求的老鼠，我终于抓到了。它从一个避难所来到了我这里。那个避难所里放着一捆稻草，官方对在肥沃的土地上漂泊流浪的穷人布施，款待他们一天。那个避难所位于本市市郊，是一幢山区木屋，人们从木屋里出来不可避免地会沾上虱子。啊！雷沃米尔，你用酥梨促使你的幼虫换皮。对于一个了解个中灾难的未来门生，你会说些什么呢？也许你会说，别为了同情这些虫子而小看这些苦难。

我朝思暮想的老鼠，我终于得到了。我把它放在砖头中央。钟形罩下的掘墓者现在是十只，其中三只是雌性，身上全都覆盖着泥土。几只就在土地表面，无所事事，懒懒散散；其他的则在埋葬死尸的地下室里。它们很快就知道出现了一具新尸体。约早上7点，三只负葬甲赶来了，一雌两雄。它们钻到老鼠的身体下面，老鼠的身体一阵阵地颤动，表示埋葬者在使劲用力。它们试着在遮盖砖头的沙土层上挖掘，挖起来的碎土在死老鼠周围堆积成一个环形土垫。

震动持续了两个小时，但没有任何进展；而我则利用这个时机了解这项工作是用什么方式完成的。通过裸露的砖头，我看见了泥土所遮蔽的东西。如果必须移动尸体，负葬甲就朝天躺下，用六只足紧紧抓住死鼠的毛，背部使劲，并且把额头和腹部末端当作撬棍向前推。如果要挖掘，它就恢复正常的直立。葬尸工就这样轮番使劲。当适于移动死尸或者把死尸拖低些的时候，它就把足悬空。当需要扩大洞坑的时候，它就让足着地。

埋葬老鼠的地点终于被辨识出难以进攻。一只雄虫毫无遮盖地出现了，它检查埋葬对象，在它周围转来转去，随便搔刮一下，然后返回原地，死鼠很快就晃动起来。这个知情者是否把它观察到的情况告诉了合作者呢？它是为了在别处，在有利的土地上安置死鼠而调整方法吗？

事实没有提供证明。当这只负葬甲摇动死老鼠这个大块头时，其他虫子仿效它，也向前推；但是，并非都朝同一个方向使劲。死老鼠这个重负往砖头的边沿稍微前进了一点后，倒退了，并且回到出发点。因为缺乏协调一致，撬棍一下一下撬动，全是白费力气。将近三个小时就在互相抵消的震动中过去了，死鼠没有越过劳动者的耙子堆积在它周围的小沙丘上。

第二次，另一只雄虫出来勘察周围的情况。探测地就在砖头近旁疏松的泥土上。为了查看土地的性质，它挖掘了一个试验孔，一眼窄而浅的井，负葬甲只能放下去半个身体。然后，探测者返回工地，用背部用力顶，尸体朝被探明有利的地点，前进了一根指头的长度。我们这次弄明白了吗？不，没有弄明白，因为鼠尸不久后又倒退了。负葬甲仍然没有找到解决困难的方法。

现在又换了两只雄虫去了解情况，每只都自行其是。它们都不在已经探测过、就在附近能省去艰苦运输、看似正确的地点停留，而是急急忙忙跑遍整个钟形罩。它们四处摸索，挖出一道道浅沟。它们在网罩允许的限度内，尽量远离砖头。

它们偏爱靠着钟形罩的基础挖，在那里做各种各样的探测。在砖头以外，土层到处都同样疏松。第一个探测的地点被抛弃后，就选择第二个；接着第二个也被抛弃，接下去是第三个、第四个，然后是第五个；我无法弄清楚它们这样做的理由。一直到了第六个时，地点终于选定。这决不会是个用来接收死鼠的洞穴，而是个简单的测试井，很浅，直径只有挖掘者身体那样粗。

我们再回到死老鼠那里去看看。死鼠突然先朝着一个方向，接着又朝着另一个方向摇晃、摆动、前进、倒退，终于越过了小沙丘。现在死鼠已经到达砖头外边，在一块很好的土地上。鼠尸逐渐前进，不是由隐蔽的牲口运输着前行，而是颠颠簸簸地移动。我看不见撬棍的动作，死尸好像自己在移动。

经过多次反复犹豫之后，大家使出的力气协调一致起来。这具尸体到达探测地的速度之快，大大超过了我的预料。接下来，它们开始用平时的方法进行埋葬。现在，时针正好指到一点，在此之前，负葬甲不得不花掉时针走半圈的时间，来观察埋葬地和搬动死鼠。

从这次实验可以明显地看出：首先，雄虫在家务中扮演主要角色。它们或许比伴侣更有天赋，当事情十分棘手，令人为难时，它们就去了解情况，查清工作陷于停顿的根源，选择挖坑的地点。在长时间的实验中，只有两只雄虫勘察外部情况，致力于解决困难。雌虫信任它的助手，在死鼠身体下面按兵不动，等待雄虫寻找的结果。这些英勇的助手的才能和特长，我将会在下面的实验中叙述。

其次，躺着死鼠的地点被查清有无法克服的阻力，在稍远处疏松的土地上，没有事先挖好的坑洞。我再重复一遍：一切都只不过是虫子为了了解埋葬的可能性，所做的少许的探测活动。

预先准备好葬尸坑，这种做法是违反常理的。这些挖掘者为了挖土，必须用自己的背感受一下搬运的死者有多重，它们只在同死尸毛皮接触的刺激下劳动。如果被掩埋者没有占据挖洞的地点，它们永远也不会进行旨在埋葬的挖掘。这些就是我两个多月来，每天观察证实了的情况。

克莱维尔所述轶事的其他内容，也同样经不起检验。有人说，负葬甲在陷于困境，无法可想的时候会去求援，并且同前来帮助它掩埋死鼠的同伴一道返回。这是关于圣甲虫那富于教益的小故事的另一种说法。圣甲虫的小球翻倒在车辙里，这只狡猾的食粪虫没有力量把它的宝物从险境中取出，于是召请来三四个邻居。这些邻居不计报酬，出于自愿，把小球取出，并且在救援结束后各自回去干自己的活①。

圣甲虫被人非常蹩脚地解释的事迹，使我对昆虫葬尸者的事迹

① 见卷一第一章。——校注

起了怀疑。如果我问那名观察者，他采取什么预防措施，在死鼠的拥有者同四个助手返回时，能够辨认出这个拥有者来，会过于苛求吗？五只负葬甲中，有一只十分理性，懂得发出呼叫求援，有什么迹象显示呢？失踪的那只虫子返回并且加入这个团队，确实可靠吗？没有任何迹象可以证明。这些疑问是任何高素质的观察者都不应忽略的。那难道不会是别的五只负葬甲，相互之间并没有任何约定，只因为受到嗅觉的引导而奔向被抛弃的死鼠，为了自身的利益而利用它吗？我赞成这种看法，在没有确切资料的情况下，这是最可能的。

如果让现象接受实验，可能的就将变成可靠的，砖头实验已经告诉了我们。我的三个实验对象在终于移动了它们的猎物，把它放在疏松的土地上以前，已经筋疲力尽地努力了六小时。对这项长时间的艰难苦差来说，助人为乐的友好行为不会是多余无用的。另外，在钟形罩里的少许沙土下面，还埋藏着四只负葬甲，它们是这三个实验对象的同伴、昨晚的合作者。可是，那几只忙得不可开交的负葬甲，却没有一只想到去请这四只来帮一下忙。死鼠的占有者尽管处境艰难，却没有寻求援助，而是凭自己的力量把事情干到了底。

或许有人认为，这三只虫子自以为足够强大，没有必要请人来助一臂之力。反对这种看法是没有用的。事实上，有很多次，而且是在比坚硬的土地更加艰苦的条件下，我一再看到一些落单的负葬甲筋疲力尽，使尽浑身解数对付我的良策妙计，它们一次也没有离开工地去征召助手。不错，一些合作者经常突然来到，但是，是它们的嗅觉，而不是第一个死鼠占有者通知它们的。它们是偶然来到的劳动者，决不是征召来的。

在我放置笼子的玻璃避难室里，我碰巧当场抓获一个偶然的合作者。它夜间从笼子边经过，嗅到尸体的肉味，于是进入这个它的同类还没有自愿钻进过的地方。我在钟形罩的顶上突然把它抓住。如果金属网没有阻拦住它，它会马上和其他虫子一起干起活来。我笼子里的囚徒请求过它吗？肯定没有。它被鼹鼠的肉香引诱奔来，对别人的努力并不关切。有人赞扬说，它们就是这样热情地帮助同伴。关于人们想象的负葬甲的英勇行为，我将重提我在别处说过的有关圣甲虫的话：这些行为幼稚可笑、逗乐天真憨实人的故事，最好同驴皮的童话[①]一道束之高阁。

土地坚硬，需要把尸体转移到别处，并不是负葬甲经常碰到的困难。通常，或者说最屡见不鲜的是，土地铺着草皮，特别是狗牙草，用有韧性的细根在地下形成一张错综复杂的网。在这张网的缝隙里搜寻是可能的，但是，拖拉死动物通过草网却不那么容易，因为网眼太窄，死尸无法通过。昆虫掘墓者对这样极为常见的障碍，会无能为力、束手无策吗？不会。

负葬甲在它的职业生涯中，经常会遇到某些常有的障碍，因而始终有所防范准备，否则它就无法干这一行。没有必要的手法和本领，就达不到任何目标；负葬甲除了挖土工人的技能之外，还有另一种技能，它能弄断绳索，比如，根、长节蔓、细根状茎。细根状茎会使猎物下降到坑穴的劳动陷于瘫痪，因此，除了用铲子和十字镐的劳动外，还应该添加整枝剪。这一切负葬甲似乎都可以非常清楚地预见到。不过，我们还是看看实验吧，这才是最好的见证。

我从厨房的火炉旁取来一个三脚架，在它牢固的铁支条上，用

① 指法国作家佩罗所著的童话，内容为一公主因不堪父王虐待，身披驴皮逃往一农庄养猪，夜间则身着华丽服饰，后被一王子认出并娶她为妻。——译注

酒椰带子编织一张粗网。这张网是狗牙草网的仿制品，网眼虽然很不整齐，但没有一处空隙大得可以让被埋葬物通过和插进。这次被埋葬的是一只鼹鼠。我将三脚架的三只脚插在大笼子中央，酒椰网刚好与地面平齐，再用一点沙土把网绳掩盖起来。很快，一支掘墓虫队伍来到了网中的鼹鼠尸体上。

整个下午，埋葬工作进行得顺顺当当，毫无阻碍。酒椰网床几乎同狗牙草形成的自然网一样，不太阻碍埋葬工作，只不过速度慢了些。鼹鼠就躺在老地方，没有被移动就沉降到了地下。我拿起三脚架，这张网恰好在尸体占据的地方破裂了。几根狭长的带子遭到了啃咬，不过，数目不多，仅够尸体通过。

太好啦，我的葬尸工！我对你们的本领寄予了厚望，你们使用对抗自然障碍的才能，挫败了实验者的妙计。你们用大颚当大剪刀耐心地剪掉我的绳子，就像你们啃咬禾本科植物的细绳一样。这虽然还不值得特别颂扬，但毕竟也值得称赞啊！地上好动的昆虫中智力最有限的，如果放在类似的条件下，也会这样做。

我又略微加大困难的程度，现在鼹鼠的身体被一根酒椰带子固定在一根很轻的水平横木上，横木安放在两把摇撼不动的叉子上。这时，死鼠看上去好像是稀奇古怪地放在烤肉铁叉上的一块野味肉。死兽的整个身体都横着接触到地面。

负葬甲在尸体下面消失了，它们感觉接触到尸体的浓密毛皮就动手挖掘起来。坑穴加深，有了空处，但是它们馋涎欲滴的美味并没有降下，因为它被横木留住了，而横木又被两把叉子牢牢地固定了。于是，负葬甲放慢挖掘速度，长时间犹豫不决。

这时，一个掘墓者重新爬上地面，在鼹鼠身上逛来逛去，终于发现鼹鼠身体后部那根绳索。它顽强地咀嚼、弄松这根绳子。我听见大剪刀响了一声，绳子就被弄断了。咔嚓一声，事情成啦。鼹鼠被自己的重量拖下坑里，歪歪斜斜地掉下去，它的头仍然露在外面，挂在另一根绳子上。

埋葬者开始埋葬鼹鼠的身体后部。它们拉拽了很久，一会儿朝这个方向拉，一会儿朝那个方向拽，动来动去，都不能奏效。没有办法可想，唉，东西总弄不下来。于是，又一只负葬甲从地下走上地面，看看上面是怎么回事。第二根绳子被发现了，接着也被弄断。之后，工作便进行得称心如意，一帆风顺。

明智的缆绳剪切者，我毫不夸张地要向你们表示祝贺。对你们来说，系住鼹鼠的绳索就是你们在绿草丛生的地上屡见不鲜的细绳。你们把这些绳索和刚才那张网床弄断，就好像你们用大剪刀穿过所有横挂在地下墓地里的天然细线一样。这是你们这一行里不可或缺的技巧和诀窍。如果需要通过试验来学习它，要在实践之前思考它，你们的种族早已消亡。入门学习阶段的左思右想、犹豫不决，足以使你们的种族灭绝，因为在鼹鼠、蛤蟆、蜥蜴以及其他你们爱好的食物满坑满谷的地方，往往都绿草丛生。

你们还能够做得更好些，但是，在讲述以前，我们先仔细观察这种情况：细小的荆棘布满地面，把尸体保持在离地面有一小段距离的地方。由于偶然掉落而这样悬吊着的死兽，会不会没有什么用呢？负葬甲路过时，对这块就在头上几法寸高的肥肉，会不为所动，漠然置之，继续走它的路吗？或者让它从绞刑架上掉下来呢？

我在笼子里的沙土里插上一小束百里香，这株小灌木至多一拃高。我将一只死老鼠放在树冠上，让它的尾巴、脚爪和颈脖卡在树枝里，增加摘取的难度。笼子里的居民现在是14只负葬甲，直到我的研究工作结束时，也是这么多。当然，它们并不是全都同时参加白天的劳动，大部分藏在地下，半睡半醒，或者忙于整理它们的粮仓。有时一只，经常是两只、三只、四只，很少有更多的虫子留意我向它们提供的尸体。今天，有两只负葬甲向死鼠奔来，很快就在百里香上找到了鼠尸。

这两只负葬甲经过笼子的网格爬到灌木顶。由于那里没有方便的支撑物，它们犹豫再三，于是再度使用当地形不利于搬运物体时而常用的策略。一只虫子用力把身体支撑在灌木的一根小树枝上，轮番用背和足推、摇，猛烈震撼鼠尸，直到它推摇的部位摆脱绊绳的束缚为止。这两个合作者很快一下子就用背把死老鼠从乱七八糟的一堆东西中抽出来；再摇撼一下，死老鼠就掉到了地上；接着把它埋葬了。

这次实验没有什么新鲜之处。在新发现物身上发生的一切，不过就是重复在不适合埋葬的土地上的操作而已，掉落则是尝试搬运的结果。

现在，我将实验格勒迪希称赞的癞蛤蟆绞架。两栖类动物并非必不可少，一只鼹鼠同样顶用，而且还更好。我用一根酒椰带子把死鼹鼠的后爪，固定在浅浅地垂直插在泥土里的一根树枝上，这个畜生垂直地沿着树枝绞架垂下，头和肩都和地面充分接触。

昆虫掘墓者在死鼹鼠身体下面，甚至就在树枝桩脚下，动手干起活来。它们挖掘出一个漏斗形坑穴，鼹鼠的嘴巴、脑袋和颈子渐渐下降到坑里，桩柱也随着露出根部，最后被它承担的重负拖带终于倒下。我目睹了木桩被翻倒的全过程。这就是人们曾讲过的，关于昆虫最令人吃惊的理性行为之一。

对讨论本能的人来说，这的确令人感动。但是，我们还是不要下结论，否则就会行事过于仓促。我们应该首先想想尖头桩倒下是有意为之，还是十分偶然的。负葬甲让桩子露出根部，确实是为了让它倒下吗？或者相反，它们在桩子的根基处挖掘，只不过是为了埋葬鼹鼠躺在地上的那部分身体吗？这就是问题的关键。

这个问题容易解决，我将再次进行实验。这次绞刑架是歪的，鼹鼠垂直地吊着，在距离绞刑架桩柱两法寸处接触地面。在这种条件下，负葬甲没有进行任何推倒架子的尝试，绝对没有，它们丝毫没有用足推倒绞架的支柱。它远离支柱，在死鼠接触地面的肩部下面挖掘。负葬甲只在死鼠身体下面的土地上挖掘了一个洞穴，以便接纳死鼹鼠的身体前部。

与死畜生所吊位置两法寸的间距，把那个著名的传说化为乌有。就这样，多次用逻辑推理进行的最基本筛选，足以簸扬一大堆乱七八糟的断言和肯定，从而抽离出真理的优良谷粒。

我又进行了一次筛选。桩柱或倾斜或垂直，但是，鼹鼠后爪始终固定在杆子顶端，鼹鼠不接触地面，离地面几根指头远，掘墓者够不着。

掘墓者会怎样办呢？它们会在绞架脚下搔刮土地，把它推倒吗？根本不会。天真幼稚的人们啊，期待它们会采取这样的策略，一定会大失所望。它们根本就没注意支撑物，甚至没有在这个地方抓扒一下。它们根本没有任何要推倒柱子的打算，始终没有，的的确确没有。它们用别的办法取下了这只鼹鼠。

这些决定性的实验，我用多种方式重复进行，结果都证明：掘墓者从来没有在绞架脚下挖掘过，甚至没有在土地表面上浅浅地搔抓过，除非悬吊的东西就在绞架脚下接触地面。在后一种情况下，如果死尸从柱子上落下来，这决不是负葬甲有意之所为，而仅仅是出于偶然。

那么，格勒迪希谈到的那只癞蛤蟆拥有者，经历了什么呢？如果他那根棍子被推倒了，那个放在负葬甲可及范围外、要弄干的东西，肯定碰触到了土地。这个防劫持、防潮湿的预防措施多么奇怪呀！其实，如果这个干癞蛤蟆的猎捕者有远见，他就应该把他的癞蛤蟆悬吊在离地面几法寸高的地方。我所有的实验都充分肯定，桩子因掘墓者的破坏而倒落，纯粹是想象出来的。

还有一个赞成虫子有理性的精彩论据，它避开实验的光辉，陷入了谬误的泥潭。对偶尔进行观察、想象力超乎事实真相的观察者的话信以为真的大师们，我真佩服你们天真朴素的信仰。当你们不加批判地把你们的理论建立在这样的蠢话上时，我真佩服你们那股轻信的劲头。

我们还是继续实验吧。我将桩柱垂直竖立，但悬挂物没有触及桩柱的基部，这个条件足以使这个地方不会有挖掘之事发生。我摆出一只死鼠，它的身体很重，比较便于负葬甲的操作。死鼠的后爪被酒椰带子固定在绞架顶端，死畜接触桩柱，垂直下垂。

两只负葬甲很快就发现了这具死尸，它们攀爬这根夺彩杆，察看死鼠，用头一下一下地拱它的毛皮。这是个极好的新发现，于是它们马上动手干起来。它们使用了必须搬动处于不利位置的死尸的策略，只是现在的条件更加艰难。两个合作者钻到死老鼠和桩子中间，倚靠在桩柱上，把背当成撬棍，摇动、震撼尸体。尸体摆动起来，旋转起来……整个上午都在徒劳无益的尝试中度过。间中，它们有时去察看一下死鼠身体。

下午，工作停滞不前的原因终于找到了，但还不是非常清晰，因为这两个狂热的绞架抢劫者，首先进攻的是老鼠稍微吊在绳子下的后爪。它们朝着死鼠的脚后跟，拔后爪的毛，剥它的皮，割它的肉。当其中一个抢劫者用大颚啃咬酒椰带子时，它们已经在处理死老鼠的骨头了。酒椰是负葬甲很熟悉的，这种禾本科植物的绳子，在绿草丛生的地上埋葬时屡见不鲜。它们用大剪刀拼命剪切、咀嚼，植物性的障碍弄断了，死老鼠掉在地上，接着很快就被埋葬。

孤立地看，弄断悬吊带是个了不起的行动。但是，联系它们平常的操作来看，此举就失去了深远的意义。负葬甲在进攻毫无遮掩的捆扎绳索之前，整个上午都用的是摇撼动作，这是它常用的办法，摇得它筋疲力尽。最后，它找到绳子，就像处理在地下遇到的狗牙草障碍那样，把它弄断。

在为负葬甲创造的环境里，对它来说，使用禽肉剪是对使用铲子的必要补充。它拥有的那一点辨别能力，足以使它了解菜刀适合用来剁肉，用来割断妨碍它的东西。比起把死者下降到地上，它并没有进行更多的推理，它对因果关系了解得很少，所以才会在啃咬近在身旁打成结的酒椰带子之前，企图弄断死鼠的骨头。难事先于最容易的事做。

不错，要弄断死鼠的骨头是困难的，但是只要老鼠幼小，也并非不可能。我用一根铁丝和一只幼嫩的死鼠重新开始实验。负葬甲的禽肉剪无法剪断铁丝，但由于幼鼠的身体只是成年老鼠的一半，这一次幼鼠的胫节直到脚后跟都被负葬甲咀嚼，完全被这只虫子的大颚锯断。锯掉一只足后，另一只足便变得松动，很容易从金属套索里分离出来，于是被摇动的小尸体掉到了地上。

但是，如果骨头太硬，如果悬吊的东西是鼹鼠、麻雀，铁丝绳就会为负葬甲设置无法克服的障碍；负葬甲差不多要花去一个星期来处理悬吊的美食，拔去它的部分羽毛，剥掉它的皮，把它身上弄得乱蓬蓬的，让它变得可怜兮兮；最后当它变干时，就抛弃它。尽管它们可以推倒桩柱，这个办法既合理又万无一失，可是，它们谁也没有想到这一招。

最后我又改变计策，做了一个新的实验。这次绞架顶是一根大大张开的小丫杈，两根分杈差不多一厘米长。我用一根比酒椰条更难磨损的麻线，把一只成年死鼠的两只后爪捆绑在一起，捆绑处稍稍高于脚后跟。然后，我将死鼠爪插在绞架顶的一个枝杈上。只要从下向上轻轻滑动一下，就足以使这具尸体，这个悬吊在野味商人橱窗里的小兔子掉下来。

五只负葬甲前来猎取野味。它们多次徒劳无益地摇动后，老鼠的胫骨受到了损伤。看来，当尸体被一只关节阻留在荆棘中的一根树杈上时，这是通用的方法。如果要锯断骨头，这次可是很艰难的。一个昆虫劳动者进到了捆绑着的爪子之间，它感觉背上有个毛茸茸的东西接触它。不需要再有别的什么，这就足以唤起它用背推顶的癖好。它撬顶了几下，行啦，死老鼠上升了一点，在悬挂的枝杈上滑动，然后掉到地上。

这真的是经过深思熟虑的操作吗？在一小片理性青天的光辉照耀下，这只负葬甲的确明白，要使悬挂物落下，就必须让它沿着悬挂木钉滑动吗？它的确了解这个悬挂机械吗？我知道，很多人面对这种出色的结果，便自我满足，不再进一步了解情况。

然而，要让我确信一件事比较困难，我在下结论之前决定改变实验。我猜测，负葬甲丝毫没有预见到这次行动的结果，它用背去推顶，仅仅是因为它感到死老鼠的腿在自己身体的上方。由于这种悬吊方式，用背部推顶正好推顶在制动点上。这是它们在困境中常用的方法，死鼠落下完全是因为运气。为了使物体脱落，那么，让物体沿着悬挂木钉滑动的这个制动点，应该略微在死老鼠的旁边，这样负葬甲在推顶时，这一点就不会直接在它们背上。

我用一根铁丝把一只麻雀的两个爪子系在一起，随后又把一只老鼠的两个脚后跟系在一起，然后在距绑系处两厘米处，将铁丝弯曲成小环圈，悬挂在枝杈上。悬挂钉很短，几乎是水平的，稍微推一下环圈，悬挂物就会落下来。总之，实验布置得同刚才一样，区别是制动点在悬挂物的外面。

我的狡计，尽管天真幼稚，却取得了圆满成功。负葬甲不停地摇晃、啃咬悬挂物，都没有用。这些动物的胫骨、跗骨太硬，负葬甲耐心锯也锯不断。麻雀和老鼠派不上什么用场，在绞架上干燥起来。笼子里的那些负葬甲或早或晚，全都放弃了这个错综复杂的机械问题。其实，哪怕稍微推顶一下环圈，就可以解下垂涎的美味。

我的天，多么奇怪的喜欢推理的昆虫。假如它们对捆绑着的爪子和悬挂钉子之间的关系有清晰的认识，假如它们是经过推理使死老鼠落下，那么，目前这个并不比先前更复杂的妙计，怎么会是个无法克服的障碍呢？日复一日，它们摆弄这块东西，前前后后、上上下下观察研究，却没有注意到活动的制动器，这个使它们遭遇不幸的根源。我延长实验，白白浪费时间。我没有看见一只负葬甲用足子向前推，或者用头向后顶这个障碍物。

这些负葬甲失败的原因，并不是因为软弱无力，它们像粪金龟一样是身强力壮的挖土工。把它们紧抓在手里时，它们会钻进指头缝隙，抓伤你的皮肤，让你很快把手松开。它们用额头这个强有力的犁铧，很容易使环圈从简短的支撑物上翻落。尽管如此，它们却不这样做，因为它们没有想到，因为它们并不具备生物学进化论中所渲染的那些能力，那些不健康的说法为了支撑自己的论点，却认为它们具备。

神明的理智，智慧的太阳，当野兽的颂扬者用这种笨拙的言辞贬低您的时候，是往您庄严的脸上多么笨拙地涂抹一层泥啊！

下面我从另一个角度来研究负葬甲的蒙昧无知。我的那些囚徒对它们的豪华住宅并不十分满意，因此寻求逃走，尤其是当无事可做时。对人和对兽来说，劳动都是给悲痛者的最大慰藉。被囚禁在钟形罩下，使它们难以忍受，因此，在埋葬了鼹鼠、在洞穴底什么都弄得井井有条之后，它们忐忑不安，跑遍装着金属网的钟形罩顶。它们爬上，爬下，再爬上，飞起来。它们飞翔时碰撞到铁丝网，于是落下。它们跌倒了又立起来，重新开始。风和日丽，气候温暖，适合寻找路边被踩死的蜥蜴，或许一块略微发臭的腐尸味从远处传来，传到了负葬甲这里。对负葬甲之外的其他嗅觉来说，或许这种气味是难以觉察的。我的负葬甲渴望离去。

它们能够这样做吗？如果有一线理性的光辉帮助它们，逃离非常容易。它们透过不知跑过多少遍的金属网，看见外面自由的土地，它们要抵达的乐土。它们在这座堡垒的脚下挖掘。在垂直的坑井里，空闲时它们整天整天停留，半睡半醒。如果我给它们另一只死鼹鼠，它们就会经过进入的通道，从隐蔽所出现，来到死畜生的肚子下面缩成一团。埋葬工作完成后，它们一些从这里，一些从那里，回到钟形罩边缘，消失在地下。

怎么会这样！在被囚禁的两个月里，负葬甲尽管在铁丝网的基部长时间逗留，钻到沙土下面两厘米厚的地方，却很少有一只负葬甲成功地绕过障碍。在障碍下面延长坑穴，把坑穴挖弯成肘形，使它通到另外一边，对这些身强力壮的虫子来说，本是微不足道的劳动，可是，这14只负葬甲，只有一只成功逃走。

成功逃走是偶然现象，不是经过深思熟虑的解脱。因为如果这件幸运的事是智力的产物，那么，其他囚徒既然同样目光敏锐，就会从第一个到最后一个，理性地找到适合通到外面的弯曲道路，笼子就会很快荒无虫烟。大部分负葬甲没有成功，证明唯一逃脱的那一只，只不过是盲目挖掘，环境帮了它忙，仅此而已，我们不要认为它具有某种本领，能够在其他虫子失败的情况下获得成功。

但是，我们也不要认为负葬甲的智力比其他昆虫更加有限。我在有沙土层的金属钟形罩里饲养的所有昆虫中，我又发现了葬尸工的愚蠢。除了极为罕见的例外，没有一个葬尸工想到从网基绕过障碍，没有一只负葬甲成功地借助倾斜的通道到达外面。它们像食粪虫那样是优秀的职业矿工吗？圣甲虫、粪蜣螂、赛西蜣螂，都看见它们周围有通行无阻的空地、阳光朗照下的乐趣，但没有一个想到从下面绕过障碍。它们有鹤嘴锄，挖掘地道并不是什么难事。

然而，就算是高等动物都不乏类似愚昧无知的例子。奥都蓬[①]曾讲述过他那个时代，北美洲人怎样抓野火鸡。

在野火鸡常出没的一块林中空地，用固定在地上的木桩造一个大笼子。在笼子的中心开通一条短短的地下通道，通到栅栏下面，然后缓缓地上升到露天地面。笼子中央的孔洞很宽，足以让火鸡自由通行。孔洞只占笼子的一部分，在孔洞与栅栏之间有宽阔的活动区域。然后撒几把玉米在陷阱的内部和四周，特别撒在笼外呈斜坡状的小路上。这条小路穿过地下通道通向笼子中央，总之，这个捕火鸡的陷阱有一扇始终可以自由进出的门。火鸡进入时找到了这扇门，却没有想到再找到这扇门出去。

根据这位著名美国鸟类学家的说法，外面的火鸡的确受到了玉

① 奥都蓬（1785—1851）：美国博物学家，著有《北美鸟类和四足动物志》。——校注

米粒的引诱。它们走下险恶的斜坡，在短短的地道里前进，看见尽头的农作物和光线。这些贪食的家伙再走几步，就一个个从那座地下通道形成的平板桥下面出现。它们分散在笼子里，玉米满坑满谷，火鸡吃得嗉囊鼓胀起来。

这些火鸡吃得心满意足后，想撤出笼子；但是，这些俘虏却没有一个注意到中央洞穴，它们原来就是通过这个洞穴进来的。它们发出惶恐不安的咯咯声，在桥上走来走去，桥的拱洞在旁边微微敞开。它们紧挨着栅栏，在一条走了上百次的路上转圈。它们把挂着红宝石的脖子钻进栅栏中间，嘴伸向空中。它们乱奔乱跑，直到筋疲力尽。

傻瓜，你回想回想刚才的事吧，想想把你带到笼中来的那条通道吧。如果你那可怜的脑子里有一点天分，你就该想到的。告诉你自己，你进来的通道就在旁边大大敞开让你出去，你却不去利用。光，这个无法抗拒的诱惑，在栅栏旁把你征服了。你对刚才使你能够进来，也同样使你容易出去的大洞里的微光漠不关心，置之不理。要认识这个洞穴，你必须认真思考，你必须回想刚才的情况。但是，你对这个小小的思考却力不能及。这样，布设陷阱的人几天以后回来时，你们全都将束手就擒。这真是丰富的掳获啊！

火鸡在智力方面声名狼藉，难道它就该当有傻瓜这个名声吗？看来它并不比其他动物的智力更加有限。奥都蓬让我们看到，它也有某些很妙的计谋，特别是当它不得不挫败它的夜间敌人弗吉尼亚猫头鹰的时候，它也有不俗的表现。它在有地下通道的陷阱里的所作所为，任何鸟儿由于喜爱光线，也会如此做。

负葬甲在更困难的条件下，重复火鸡的愚蠢行为。它们在短洞穴里挨靠着钟形罩的边缘休息之后，当渴望返回光明时，穿过积存成堆的崩塌物，看见了一点光线。它经过进入的竖井，重新升到了地面。但是，它却不能告诉自己：只须朝着相反方向，以同等程度延长通道，就可以去到墙外，获得解放。这是又一只人们徒然在它身上寻找思考迹象的动物。负葬甲像其他昆虫一样，尽管具有传说般的名声，仍然只有本能那无意识的驱动作为行动指南。

第九章 白额螽斯的习性

在我们地区，白额螽斯作为歌手和仪表堂堂的昆虫，在螽斯类中是首屈一指的。它不多见，但要捕捉却也不难。它身着灰色衣裳，大颚强健有力，面孔宽阔，呈象牙色。盛夏时节，它在草禾上，尤其是长着笃薅香树的石子堆下蹦蹦跳跳。

7月末，我给白额螽斯做了一个窝，把它关在金属网罩里，放在筛过的土堆上，一共12只，雌雄都有。

食物问题有时令我为难。蝗虫吃任何绿色的东西，按说白额螽斯的饮食应该也是绿色植物。于是我把荒石园里长得最美味、最嫩的东西，如莴苣、菊苣、野苣的叶子给它们吃，可它们倨傲的大颚连碰都不碰，这些不是它们爱吃的菜肴。

也许某些难啃的东西更适合它们强壮的大颚吧。我试着供给各种禾本科植物，其中有普罗旺斯农民称为米奥科，而植物学家称为狗尾草的蓝黍，秋收之后田里到处长着这种野草。它们吃这种黍，然而，它们即使饿得要命也不吃黍的叶子，它们只吃穗，十分满意地咀嚼还很嫩的籽粒。食物找到了，至少是暂时找到了，它们会怎么样呢？

清晨，当阳光照射到放在实验室窗台上的网罩时，我给它们分发当天的口粮：一束在我家门前摘来的普普通通的黍子。白额螽斯跑过去，聚集在黍茎上，把大颚戳入穗子，把还没有成熟的籽粒叼出来咬嚼，彼此和和气气，不争不吵。由于衣着的缘故，它们简直就像一群珠鸡在啄食农妇撒的谷粒呢。嫩籽粒剥掉壳子后，螽斯就是再饿，对于外壳也不屑一顾。

在流金铄石的盛夏，为了尽可能使食物不要老是这么单调，我采摘了一种不怕夏日炎热的厚厚的阔叶植物。这便是普通的马齿苋，另一种长在菜园作物中的野草。这种食物也深受欢迎，不过螽斯吃的也不是多汁的叶子和茎，只是颗粒饱满的半熟果实。

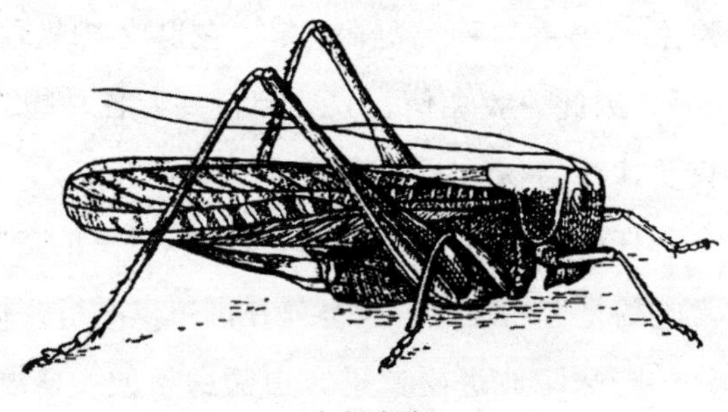

白额螽斯

它们对于嫩籽粒的爱好使我感到惊讶。希腊词Dectikos[①]意思是“咬”“喜欢咬”。一个没有任何意思，只是表示序数的名词，对于命名者来说已经足够；而我认为，如果一个名称具有特有的意义而又朗朗上口，那会更好。这个名称就是如此，白额螽斯确实是喜欢咬的昆虫。你要小心，如果指头被这种粗壮的螽斯咬住了，会咬出血来的。

我在摆弄它时，总是小心翼翼地提防它那强有力的大颚，这大颚难道除了咀嚼不硬的细粒外，没有别的作用！像这样的磨子难道只是研磨没熟的小籽?！一定有什么被我忽略了。白额螽斯既然拥有如钳般的大颚和使双颊鼓起的咀嚼肌，一定能够咬碎某些难啃的猎物。

现在，我终于发现它究竟吃什么了，它即使不是只吃这些东西，这些至少也是它的基本食物。我在网罩里放进了一些粗大的

① “白额螽斯（Dectique）”一词来源于希腊语Dectikos。——译注

蝗虫，蝗虫的种类见附注[1]。它也吃某些螽斯类昆虫，不过吃得少些[2]。因此，我相信，只要捉得到，各种蝗虫和各种螽斯它都会吃，只要这些猎物的大小适中。

任何螽斯或者蝗虫的鲜肉，网罩里的贪吃鬼都喜欢，不过它们最常吃的是蓝翅蝗虫。欢宴就在网罩里举行，那情景简直惨不忍睹。

野味一放进网罩里，白额螽斯便一阵骚动，尤其是它们早已经饥肠辘辘的时候。它们顿着脚，由于腿长行动不便，笨拙地向前扑。有些蝗虫立即被抓住了，有些绝望地跳到网罩顶上钩在那里，而白额螽斯过于笨重，爬不上去；但是，这不过是稍微推迟等待着它们的命运而已，过不了一会儿，或者因为疲乏，或者是受下面绿色植物的引诱，它们爬了下来，立即就会被螽斯抓住。

猎物的前腿被抓住，首先受伤的是颈部。蝗虫的盔甲总是在颈这个部位首先裂开来，而白额螽斯也总是在这个部位不断地咬嚼，然后才把猎物松开随意地大吃起来。

大颚的这一记打击是非常有道理的。蝗虫的生命力顽强，即使头被咬掉，它还会跳。我曾见过有的蝗虫被咬掉半个身子，还会绝望地奋力一挣逃开，跳到一旁。如果是在灌木丛中，它们就可能逃脱了。

螽斯似乎懂得它这一手。为了尽快地使善于利用两只有力的大腿迅速逃窜的猎物无法动弹，它总是首先咬伤、拔出蝗虫神经分布的中枢颈部的淋巴结。

这是杀戮者不期而遇而不是特意选择的部位吗？不，因为我看到，凶手对于精力充沛的猎物总是采用这样的办法。不，因为如果

① 蓝翅蝗，红翅蝗，青翅束颈蝗，意大利蝗，黑面小车蝗，长鼻蝗。——原注
② 草螽，跳螽，距螽。——原注

蝗虫的尸体还新鲜，或者已经衰弱，奄奄一息，无力自卫，进攻者就随便攻击铁爪首先抓住的部位。我看到白额螽斯有时首先攻击腿部这块佳肴，有时从腹部、背部、胸部开始进攻；只有在困难的情况下，才首先咬颈部。

可见愚钝的螽斯也具有一种残杀技术，就像许多其他昆虫一样；但是它的技术很粗糙，是肢解牲畜者的技术，而不是解剖学家的技术。

螽斯的食量很大，两三只蓝翅蝗虫还不够它一天的口粮。它把蝗虫整个吃下去，只有前后翅太硬才扔掉。除了野味的美食之外，它还要吃黍禾的嫩籽粒。我的囚犯们是大食客，它们的狼吞虎咽令我惊讶，可是，它们可以这么容易地从吃荤转到吃素，则更是令我惊讶不已。

它们的胃这么来者不拒，而非专门只吃某种食物，那么如果螽斯多一些，它们对农业可能还有一点小小的益处呢。它们消灭在乡间声名狼藉的蝗虫，并且咬碎某些危害庄稼的植物的嫩籽粒。

虽然螽斯对保存田间产物的帮助微乎其微，可它们的歌唱、婚配和习性，却更值得享有在网罩里生活的特权，因为它们保存了对远古时代的回忆。

在地质时代，螽斯的祖先是怎样生活的呢？人们猜想，某些粗野、奇怪的行为，在现代这种比较温静的昆虫身上已经消失；可是人们又依稀看到了今天近乎废弃的习性。对于我们的好奇心来说，令人恼火的是，化石在这个非常有趣的问题上毫无贡献。幸好我们还有一个办法，可以向石炭纪昆虫的后代咨询。我相信，当今的螽斯类昆虫保存了古代习俗的流风余韵，我们可以从中窥见它们过去的习性。那么，我就先去问问白额螽斯吧。

这群螽斯吃得饱饱的，在网罩里趴着晒太阳，怡然自得地消化肚里的美食，除了触角轻轻摆动外，毫无活动迹象。天气炎热，令人昏昏欲睡，这时正是午睡的时分。隔了很长时间，一只雄螽斯起身，神态庄重地随意漫步，稍稍抬起前翅，偶尔发出一两声“蒂克—蒂克”的声音。它逐渐活跃起来，加快了歌唱的节奏，鸣唱出它的歌曲中最悦耳的篇章。

白额螽斯是在庆祝婚礼吗？它的歌曲是祝婚歌吗？我根本不能肯定，即使是召唤身边的女友，成效也甚微，因为那一群女听众中，没有一只雌螽斯动一动，想离开朝阳的好位置，也看不到任何注意倾听的迹象。有时独唱变成两三个人的合唱，众人的邀请也没有一次成功。雌螽斯无动于衷的面孔没有任何亲热的表情，即使它真的被求偶者的歌声打动，外表上也根本没有显示出来。

从表面看，歌声喁喁，可是听者藐藐。清脆的鸣唱继续激情昂扬地升高，直至变成像纺车摇动般连续不断的响声。当太阳被云彩遮住时，歌声停止了，当太阳又露出时，歌声重新响起，可是四周的雌螽斯仍然不理不睬，休息的依旧休息，触角一动也不动，啃蝗虫的照啃不误，一口也不丢下。看来，歌手的鸣叫只是抒发自己生活的乐趣而已。

7月末，我看到婚礼开始进行，情景一点也不浪漫。一对螽斯没有经过任何带有激情的前奏，偶然地面对面聚在一起，一动不动，几乎脸靠着脸，彼此用细如发丝的长触角互相抚摸。雄螽斯似乎相当拘束，擦擦面孔，搔搔脚板，不时发出“蒂克”的声音。此时，似乎本应是它发挥歌唱天才的最佳时刻，可是它为什么不以温柔的歌声来表达它的爱情，而老是抓脚呢？它没有唱歌，它在新娘面前沉默不语，它的配偶也没有任何表情。相聚的时间很短暂，雌雄

螽斯只是互相致意一下而已。它们面孔靠着面孔，彼此说了些什么呢？看来没有说什么，因为它们很快就毫无表示地彼此分手，各奔东西。

第二天，同一对螽斯又相聚了。这一次，唱歌的时间依然非常短，不过唱得比前一天更加有力，尽管比起螽斯没有交配时的响亮歌声来还差得很远。除此之外，它们还是像昨天一样，用触角互相抚摸，轻轻拍打肥胖的腹部。雄螽斯并不显得很兴奋，它还是咬咬自己的脚，似乎在考虑什么。结婚虽然令人激动，但也许会有危险，会不会发生像修女螳螂那样的婚姻悲剧呢？这桩事会不会具有极端的严重性呢？眼下什么事还没有，耐心点，咱们等着瞧吧！

几天后，事情稍露端倪。强壮有力的雌螽斯抬起产卵管，后腿高高翘起，把它的丈夫打翻在沙地上，压在下面，紧紧地勒住它。可怜的雄螽斯，这样的姿势不像胜利者，肯定不是的！雌螽斯根本不顾雄螽斯的音箱，粗暴地扳开它的前翅，咬它肚子上的肉。两者中谁占主动？角色颠倒过来了吗？通常的受挑逗者如今成了挑逗者，女伴的抚摸粗暴得可以使对方皮开肉绽。它不是退让，而是盛气凌人，制伏对方，令爱人慌乱不安；被打翻在地者乱踢蹬，似乎想反抗。会发生什么异乎寻常的事吗？今天我还不知道，战败者是否挣脱出来逃走了。

我终于看到了事情的结局。螽斯先生被翻倒在地，六脚朝天；螽斯夫人用双腿把自己高高支起，尖刀几乎呈垂直状，跟卧倒者隔着一段距离交配。两者的腹部末端弯成钩状，彼此寻找，接在一起，不久，雄螽斯经过艰苦的努力，从抽搐的肚子里涌出一个大大的、前所未见的东西，仿佛把全部内脏都排出来了。

它排出的是个乳白色的袋子，大小和颜色像槲寄生植物。袋子分四个口袋，由小沟隔开，下面两个大，上面两个小；有时口袋的数目要多些，整个袋子像一个卵包，就像蜗牛产在地上的那个卵包。

这个奇怪的玩意儿一直挂在准产妇那把尖刀的底部，雌螽斯神态庄重地带着这个异乎寻常的褡裢走开了。这褡裢，生理学家称之为精子包，是卵子的生命之源；这个细颈瓶现在要用自己的办法，把胚胎演化所需的补充物运输到应去之地。

这样的细颈瓶是很稀罕的，当今世界上十分少见。据我所知，现在只有章鱼和蜈蚣使用这种奇怪的器具。然而章鱼和蜈蚣都属于远古时代遗留下来的动物。白额螽斯这个早期世界的另一个代表，似乎告诉我们，在今天看来奇怪的例外，在太初时期很可能是相当普遍的，因为我们在其他螽斯类昆虫中也能找到同样的事实。

惊魂甫定，雄螽斯掸掸身上的尘土，很快又开始欢乐地歌唱。现在让它欢乐去吧，我继续观察这位未来的母亲。雌螽斯带着这个用玻璃般透明的乳液塞子塞住的细颈瓶，迈着庄重的步伐漫步走开了。

它不时踮起脚跟，把身子弯成环状，用大颚衔住乳白色袋子，轻轻地咬、揉压，但没有撕裂外套，没有把袋子里面装着的东西撒掉。它每次从那袋子表面撕下一小块东西，放在嘴里咀嚼又咀嚼，最后把它吞下去。它一直干了20分钟，现在袋子瘪了，只剩下了底部的乳液塞子，接着它把袋子从塞子上扯下来，用大颚咀嚼、揉捏、搅拌这块韧性强、黏糊糊的大玩意儿，最后一点不剩地吞咽了下去。

我最初以为这可怕的欢宴，只是个别螽斯的一种反常行为，不可能再发现这样的事情，可是面对事实我只好认输。我曾相继四次看到我的俘虏拖着它们的袋子，不久它们都扯下袋子，认真地用大

颚进行整整几个小时的加工，最后把袋子狼吞虎咽地吞下去。可见这种行为是合乎规则的：这个授精囊也许是强有力的刺激物，是绝顶的美味，所以在里面装的东西到达目的地后，雌螽斯就咀嚼、品尝这袋子，然后把它吞下去。

如果这就是古代习性的残余，那么我必须承认，螽斯从前的习性可真奇怪。雷沃米尔曾描述过发情期的蜻蜓那骇人听闻的行为，在这里我又见识了原始时代婚礼后的一种荒诞行为。

螽斯吃完这奇怪的盛宴后，授精囊的底部还在产卵管上，这底部有两个明显的乳突，像梨子籽大小。为了摆脱掉这个塞子，螽斯摆出一种奇怪的姿势。它将产卵管垂直地半插入土中，作为支撑，长长的后腿往上抬，尽量地把身子抬起来与产卵管这把尖刀形成一个三角架。

然后，螽斯把自己弯成一个完整的环，用大颚尖把授精囊底部的玻璃状的乳液塞子一片片地拔掉，将所有的残羹剩菜全都认真地吞下去，一点都不会丢弃。最后，螽斯用跗节把产卵管洗刷干净，擦得光光亮亮，那个累赘的重物连点痕迹都没有留下。于是，螽斯又恢复正常的姿势，又开始啄食黍穗的细籽粒。

我们再回过头来看看雄螽斯吧。它干瘪萎靡，仿佛由于干了一番伟业而累垮了。它全身蜷曲，待在原地一动不动，我还以为它已经死了呢。它什么事也没有，这个小伙子恢复精力后，起身站立，擦擦身上的灰尘然后走开。一刻钟后，它吃了几口东西，又鸣唱起来，诚然歌声缺少了热情，远没有婚礼前的歌声那么响亮、持久，但是不管怎么说，这个精疲力竭者还是尽了自己最大的努力。

它是不是还想有别的艳遇呢？不太可能。这样的事情太消耗体力，是不该再干的，有机体这个工厂无法满足这个要求。可是，第二天以后，由于吃了蝗虫，它的力气又恢复了，雄螽斯比以往更加高声地奏起琴弦，简直就像个初出茅庐的新手，而不是久经沙场的老兵。它的这种执着真令我惊讶。

如果它的歌唱真是为了吸引身旁的雌螽斯，它要再娶一个新娘做什么呢？要知道它刚刚从自己的肚子里抽出了一个形状古怪的袋子，里面装着它全部的生命积累啊！它的身子已经被掏空了。不，它不会再来一次的，对于这种胖乎乎的螽斯来说，这样耗力的事不宜再做。不，它今天的歌唱，尽管听起来那么欢快，但肯定不是一首祝婚诗。

事实上，如果密切观察，我就会看到，这位歌手对雌螽斯走过来用触角挑逗不再理睬。歌声日益微弱，歌唱次数日益减少，两个星期后，雄螽斯就闭口不唱了；拨弦无力，扬琴也就奏不出乐曲了。身子被掏空的雄螽斯终于几近绝食，找个安静的地方待着，疲乏得倒了下来，最后抽搐一下，伸伸腿死去了。那位寡妇偶然从那里走过，看到死去的丈夫，为了表示哀思，把它的一条腿啃掉了。

绿色蝈蝈儿的行为也是这样。我把一对雌雄蝈蝈儿单独放在玻璃罩下，进行专门的观察。交配结束后，准母亲的产卵管末端，钉着一个像覆盆子果一样的漂亮东西，我很快就会谈到这玩意儿。雄虫被这件事弄得衰弱不堪，没有发出一点声音。第二天，它力气恢复了，于是唱得比什么时候都欢。当产妇把卵产在地上时，它鸣唱；当产卵早就结束，传宗接代已经不再需要它的时候，它仍然在轻轻地鸣唱。

显然它这样唱个不停并没有任何目的，要说是爱情的召唤，那么在这个时候，一切早已经结束。终于有一天，生命枯竭，于是扬琴静默无声，热情的歌手死了。未亡人以雌螽斯为榜样为它举行葬

礼，把爱人身上最嫩的肉吃掉，它爱它爱到把它吃到肚里去。

大部分螽斯类昆虫都有这种吃肉的习性，只是不如修女螳螂残忍，修女螳螂把它的情人活活地当作猎物吃掉。白额螽斯、蝈蝈儿等昆虫至少会等待那些可怜的家伙死掉。不过，其中可不包括雌距螽，虽然它外表看似宽厚。在网罩里，临近产卵的时候，雌距螽很乐意于去咬它的伴侣，而根本无须以饥饿为借口，大部分雄性就这样被悲惨地吞噬了。

被粉身碎骨者反抗，它想活，它还可以活下去。它没有别的防御办法，只是用琴弦拉出几声嘎嘎的声音，不过，这声音现在肯定不是婚礼歌了。垂死者的肚子上被咬了一个大洞，它就像在欢愉地晒太阳时鸣唱那样，发出呻吟的声音。不管是表达痛苦还是欢乐，它的乐器奏出的都是同样的音符。

第十章 白额螽斯的产卵和孵化

白额螽斯是一种非洲昆虫，在法国，普罗旺斯和朗格多克以外的地方都少见，它需要使橄榄树成熟的阳光。它们是不是受高温的刺激，才有这种反常的婚姻习性呢？或者，这是不受气候影响的家庭生活习俗呢？在冰天雪地中的昆虫，是否也像热带昆虫一样行事呢？

我向阿尔卑斯距螽请教，这种昆虫居住在万杜山高高的圆形山顶上，那里一年中有半年积雪。我过去进行植物学考察时，已经注意到这种大腹便便的昆虫在绿色草丛中跳来跳去。此时我要得到这种昆虫，邮局把它们寄来了。按照我的说明，一位善良的看林人[①]在8月上旬两次去到山顶上，替我抓到了差不多满满一笼子距螽。

从颜色和形状看，这种螽斯很奇怪，身体下部缎白色，上部有的橄榄黑，有的鲜绿色或者淡栗色。飞行器官只剩下残基，雌螽斯的前翅是两片短短的白色薄片，彼此隔开；雄性在前胸边缘长着两个凹形的小鳞片，也是白色，但是彼此重叠，左上右下。

这两个小鳞片是弦弓与扬琴，很像葡萄树距螽的发声器，只是略小一点；而且从外形看，山上的这种距螽也跟葡萄树距螽有某些相像。

我不知道这么小的音钹会唱歌，也不记得在当地曾听过这歌声，尽管饲养了三个月，我也没有了解到任何情况。我的俘虏虽然

① 贝洛先生是（沃克吕兹）博蒙地区公有森林护林人。——原注

过着愉快的生活，却始终一声不吭。

这些离乡背井者似乎并不留恋老家寒冷的山峰。山上生长着北方的虞美人和虎耳草，它们在那里吃些什么呢？阿尔卑斯的早熟禾，塞尼山的堇花，或者阿里奥尼的风铃草？我不知道。我弄不到阿尔卑斯山的花草，便用菜园里的天香菜喂它们，它们毫不犹豫地接受了。

它们也吃半死不活的蝗虫，交替进食植物和动物，甚至还同类相残。如果我的阿尔卑斯山民中，有哪只步履蹒跚、行动不便，它的同伴便会将它吞噬。到此为止，还没有任何特别的情况；这些都是螽斯类昆虫普通的习性。

距螽交配很有趣，不经过任何前奏，猛地一下就发生了，有时在地上，有时在网纱上。如果是在金属网上，身上带着尖刀的雌螽斯便牢牢地抓住网纱，承受着配偶的全部重量。雄螽斯背朝下，方向完全相反，它用多肉的后足长跗节支撑在新娘的肚子上；用前面四条足，往往还加上大颚，把斜插着的那把尖刀抓住、夹紧。它们就这样悬挂在夺彩杆[①]上，在空中交配。

如果交配是在地上进行，这对配偶的姿势还是一样，只不过雄性仰卧在地上。不管在哪里交配，结果都是排出一粒乳白色的东西，这东西可以看到的部分，从形状和大小来说，就像一粒葡萄核。

这玩意儿一放好，雄性立即溜之大吉。它会有危险吗？大概有吧，我仅看到过一次，确实是有危险的。

那美女的交配，其实是在与情人肉搏。前一对配偶，情人挂在尖刀上，按规矩从后面交配；另一个则在前面，被足按住，肚子敞

① 杆顶挂有奖品，能爬上去取下奖品者得此奖。——译注

开，手脚乱动，徒劳地抗拒着悍妇，而新娘则面不改色地小口小口地把新郎的肉啃下来。我目睹了比修女螳螂更可怕的残酷行径。没有节制的发情，食肉与纵欲两不误，也许是古代野蛮行径的残存吧。

一般情况下，雄性比较瘦小，一完事便急着逃走。被抛弃的新娘一动不动地待在原地。二十来分钟后，它蜷缩成一团，品尝最后的欢宴。它把黏糊糊的葡萄核一小块一小块地拔出来，认真地咀嚼、品尝、吞咽下去。它把这小核吃下去需要一个多小时。当吃得一丝不剩时，它便从网纱上下来，走进一伙同伴中间。两天后，它就会产卵。

事实证明，白额螽斯的婚姻习俗并不是由于气候炎热所引起的一种例外，生长在寒冷山峰的螽斯类昆虫也有这样的习性，而且有过之而无不及。

我还是回到白额螽斯上来吧。在前面叙述的怪诞行为发生不久之后，雌螽斯开始产卵了。随着卵的成熟，雌螽斯开始部分地产卵。螽斯母亲用六条腿牢牢支着身子，把肚子弯成半圆形，然后把尖刀垂直插进地里，网罩里的地面是筛过的沙土，并不十分坚硬，所以产卵管很顺利地插入一直钻到底部，深度大约有一法寸。它一动不动地产卵约一刻钟，然后，它把尖刀稍微提高一些，腹部剧烈地左右摆动，产卵管交替地横向运动，把产卵洞扒大了一点，而从洞壁刮下来的土则把洞填起来。这时，为了把土压实，它稍微抬高半埋着的产卵管，然后又猛地钻下，这样断断续续地反复多次。我们用棍子把垂直洞里的土捣实也是这么做的。产妇交替地用尖刀横向摆动和用夯槌上下夯踏，很快便把井盖住了。

它还要把产房的外部痕迹消除掉。我原以为，这时它的腿总该

发挥作用了吧，可是，足并没有活动，而是保持着产卵时的姿势；产妇只是用刀尖，十分笨拙地耙土，把土扫清弄平。

一切都有条不紊地进行完毕，肚子和产卵管又恢复到正常的位置。雌螽斯休息一会儿，然后四周兜一圈，又回到原先产卵的地方，在最初的产卵点附近，又将产卵管插入土里，重新开始产卵。

然后雌螽斯再次休息，再次对四周进行侦查，再次回到已经产下卵的地方。第三次产卵时，挖穴器仍然钻进离前面的储藏室不远的地方。就这样，在四周短时散步之后，它又产卵，在几乎不到一小时的时间中，它共产了五次卵，每次的产卵点彼此相距都很近。

产卵全部结束后，我挖开白额螽斯的储藏室。卵孤零零地产在土中，不像蝗虫那样给卵提供带泡沫的鞘壳，也没有小室，什么保护都没有。通常一只雌螽斯产下60来枚卵，卵浅灰色，洁白无瑕，排列成梭状，椭圆形，长五六毫米。

灰螽斯的卵黑色，葡萄树距螽的卵灰白色，阿尔卑斯距螽的卵淡紫色，所有这些卵都是孤零零地产在土中。绿色蝈蝈儿的卵呈深橄榄绿色，数目跟白额螽斯一样，有60来个，不过它们有时是孤零零的，有时一小群黏结在一起。种种例子说明，螽斯类昆虫是用挖穴器来播种，它们不像蝗虫那样，把卵装在硬化的泡沫鞘里，而是把卵一个个或者一小堆地产在土中。

卵的孵化也值得考察，我稍后会谈到为什么。8月底，我把许多胖乎乎的螽斯卵，放在铺着一层沙土的玻璃瓶中，使它们免受在野外必然会遭受的寒霜暴雨、烈日烧烤。可是过了八个月，它们却没有任何变化。

来年6月，我在田野里已经常常见到小螽斯，有的已有成年螽斯一半大小，说明在阳光明媚的初夏，就有早熟的螽斯出现。可是在短颈广口瓶里，却没有即将孵化的迹象。八个月前收集来的卵是什么样子，如今还是什么样子，没有皱纹，没有变成褐色，外表非常完好。是什么原因使瓶中的卵不定期地推迟孵化呢？

于是我猜测，螽斯的卵像植物种子一样产在土中，没有任何保护，接受了雨雪的滋润。可我瓶中的卵，一年中有三分之二的时间，是在干旱的沙土中度过，也许它们缺乏种子萌芽所绝对必需的东西。动物的卵在地下，也要有植物种子所需要的湿润。于是我决定试一试。

为了进行有计划的观察，我取了一些迟迟未孵化的卵，放在玻璃管里，上面撒一层潮湿的细沙，管口用湿棉花塞住，以保持管内的湿度不变。沙柱高一法寸左右，大约相当于产卵管产卵的深度。不了解情况的人看到我所准备的东西，不大会猜到这是个孵化器，而会以为这是植物学家拿种子做实验的仪器呢。

我的推测是正确的。由于夏至的高温，螽斯的卵很快就开始孵化，它们渐渐胀大，前端出现的两个大黑点是眼睛的雏形，看得出来外壳不久将裂开。

两个星期里，我时时刻刻都在监视，枯燥乏味得很；我将看到螽斯若虫出卵时的情形，以解决脑子里长久思索的一个问题。

螽斯的卵埋在土里，根据产卵管的长短而深度不等，在我们地区，最好的挖穴器所播的种子深一法寸，几乎到处都如此。

在夏天即将来临之际，在草地上笨拙地跳跃的新生婴儿，同成年螽斯一样，有细如发丝的长触角，后身有两条异乎寻常的长腿，这对高跷是用来跳跃的大撑杆。平常走路都十分不便，那么，这么纤弱的小螽斯是怎么钻出土的呢？它靠什么办法，在坚硬的土地中开辟出一条通道呢？一粒细沙就会折断它那像羽毛饰的触角，稍稍

用力就会碰断它的长腿，这个小家伙似乎不可能钻出地面的呀。

矿工下井要穿保护衣。螽斯若虫在土中钻洞出来，一定也要穿一件钻井的外套；它应当有一种比较简单的过渡性紧身外套，使它可以穿过沙土去到地面，这件外套可以剥离，就像蝉从枝头、修女螳螂在迷宫般的窝里出来时一样。

这个逻辑推理是符合事实的。事实上，螽斯出生时，并不是像我看到的，在草地上跳跃的那个样子；它有一种暂时的结构，更能适应出土的困难。这个细嫩的肉白色小若虫包在一个套筒里，六条小腿紧贴在肚子上往后伸。为了在土里更好地滑动，它的腿按身体轴线的方向裹在一起，而另一个碍事的器官触角则一动不动地紧贴在包裹上。

头深深弯到胸前，眼睛的大黑点和有点浮肿且模糊不清的面孔，令人想到潜水员的面罩。颈部因头弯曲的缘故而暴露出来，慢慢地一胀一缩，这便是前进的马达。依靠枕骨鼓泡的胀缩，新生儿才能前进。当颈部收缩时，身体的前部就扒开一点潮湿的沙，挖出一个小洞，钻进去；当颈部又鼓起来时，它变成小圆球，紧紧塞进洞里，后身收缩，它这样就爬行了一步。运动鼓泡每前进一步约一毫米。

看到这新生的幼儿身上几乎还没有颜色，就用膨胀的颈部钻掘坚硬的泥土，真是让人怜惜。它的蛋白还没凝固成肌肉，就要忍受疼痛与石头搏击；但是它的努力没有白费，一个上午的工夫，它打开了一条或直或弯的巷道，长一法尺，直径有中等麦秸大小。这只精疲力竭的若虫，终于来到地面了。

在还没有完全离开出口井之前，它先休息一会儿，养精蓄锐，然后做最后的努力；小若虫鼓胀起枕骨鼓泡，竭力挣破迄今为止还保护着它的外壳，然后蜕掉它用来钻出地面的外套。

现在，螽斯终于具有少年的形态了，虽然它仍旧苍白；第二天，它变黑了，而且是跟成年螽斯不相上下的黑色。不过，大腿下面有一条狭窄的白斑条，这颜色预示着它到成熟的年龄时，会有象牙色的面孔。

在我眼前孵化的幼小螽斯啊！你要经过多大的困难，才能开始你的生命啊！在你获得自由以前，你的许多同类就精疲力竭地死去了。我看到，我的玻璃管里有许多螽斯若虫被一粒沙挡住，在半途就死了，身上长出绒毛，尸体发霉。如果没有我的照料，它们要来到阳光下，一定会危险得多，因为屋外的泥土通常都是大块的而且被太阳晒干，十分粗硬。除非下一场阵雨，否则这些被压在如砖头一般坚硬的地下的囚犯，该怎么办呢？

在铺着筛过的沙土的管子里，你幸运多了，你这个缠着白带的小黑孩子，现在你来到外面了；你咬着我给你吃的生菜叶，你欢乐地在我让你居住的罩子下跳跃。饲养你并不难，这我明白，可是我却不会得到丰富的新资料。那么，离开这里吧，我把自由还给你。为了补偿你刚才告诉我的知识，你去绿草地上，去吃荒石园里的蝗虫吧！

由于你，我知道了螽斯类昆虫为了从育婴室走出地面，具有一种暂时的外形，一种初龄幼虫的形态，这种外形把过于碍事的触角和长腿裹在一件外套里；我知道这种木乃伊只能稍稍拉长和缩短一点，它在颈部有一个鼓泡，一个跳动着的小泡作为运动机制，我从未见过其他昆虫用这样一种奇特的玩意儿来行走。

第十一章 白额螽斯的发声器

艺术领域的物质载体是形状、颜色和声音。雕塑家勾勒形状，雕、刻、凿能够仿真到什么程度，他就能把作品模仿得尽善尽美。绘图者是另一种模仿者，他力图以黑白颜色在平面上给人以立体感。画家除了绘图的困难外，还要用色，而用色的困难不比绘图小。

这两种人面前有供模拟的实物。不管画家的调色板上颜色多么丰富，总是远逊于现实的颜色。雕塑家的凿刀也永远无法雕塑出大千世界千变万化的造型。形状与颜色，线条轮廓的美与光线的作用，是通过物的展示而为人所领略，这一切，我们可以根据我们的爱好去模仿，去组合，但无法去发明。

在交响乐中，我们的音乐却没有原型。诚然，世上有的是声音，或弱或强，或温柔或庄严。在东摇西摆的树林间呼啸的暴风雨，在沙滩上卷出漩涡的波浪，在云层中隆隆作响的惊雷，它们以雄壮的音符使我们惊心动魄；吹拂松针的和风，在春天盛开的百花上窃窃私语的蜜蜂，使任何稍具灵敏感觉的人都会感到悦耳；但是，这些只是单调的声响，音与音之间没有联系。大自然有美妙的声音，可没有音乐。

与人体构造发声法比较接近的动物语音，只局限于嗥、吼、吠、嘶、哞、啸。如果把所有这些音素组合起来，这乐谱便是一片喧嚣。人在这些粗野的吵闹者中是万物之灵，居然会歌唱，可真是惊人的例外。把声音协调起来，是人区别于动物的特性，没有一物能与人类并驾齐驱，语言这个无法比拟的禀赋便由此派生出来，促使人进行正确的练音。在这个范畴并无可供模仿的榜样，因此学习必定十分艰苦。

当史前的人类祖先狩猎猛犸归来举行欢宴，喝着覆盆子酒和黑刺李酒而醺醺然时，他们粗犷的喉咙能够唱出什么呢？一首按规则谱写的曲调吗？肯定不是，他们发出的是足以震塌岩石洞穴拱顶的干吼。叫喊的特色正是这种强烈劲。如果把酒馆当作洞穴，那么当喉咙被酒灼烧时，我们今天就可以找到原始的歌曲。

然而，这个嗓音粗野的男高音，已经很善于用燧石制的石器，在象牙上刻出他刚刚捕猎的巨兽图像；他知道用赭石把尊神的面颊装点得更漂亮，用有色油脂在自己身上作画。实物上有许多形状和颜色的样板，可是有节奏的声音却没有榜样可循。

随着人类的进步，逐渐出现以乐器配合嗓音的尝试。人们摘下一根有汁的枝条，向管里吹气；人们让大麦秸发出声响，用芦竹管吹出哨音。手掌闭拢，两根手指捏着蜗牛壳，模仿山鹑的啼叫；用大片树皮卷成角状做个喇叭来发出牛鸣；几根细肠子拉在葫芦的空肚子上，发出弦乐器最初的几个音符；把羱羊的膀胱绷在牢固的框架上，就是最初的鼓皮；两块平的卵石通过有节奏的振动彼此碰撞，就是响板的先声。原始音乐器材大概就是这种样子，孩子们还保留着这种器材，他们幼稚的艺术才能令人依稀看到往昔大孩子的影子。

古人不大可能还知道别的，忒奥克里托斯[①]和维吉尔的牧羊人可以做证。“西尔维斯特准备了细小的燕麦秸进行演奏。”梅丽贝

① 忒奥克里托斯（约前310—约前250），古希腊牧歌诗人。——校注

对蒂迪尔说。在少年时代，老师让我们翻译的这株燕麦、这轻巧的芦竹管是用来做什么的呢？诗人是用“细小的燕麦秸”一词来修辞呢，还是陈述一个事实？我赞成这说的是事实，因为我自己曾听过用芦笛演奏的音乐会。

那是在科西嘉的阿雅克修，为了感谢我给的一打糖衣杏仁，有一天，附近的几个小孩让我听到了一首小夜曲。突然传来一阵阵奇怪的声音，和声虽然不合规则，却十分柔和。我奔向窗户，合唱队员就在那里，他们的个子有一束稻草那么高，神色庄重，排成圆圈，领唱站在中间。大部分孩子的嘴唇衔着一片绿色洋葱叶，叶子鼓得像个纺锤肚；少数孩子衔着一根还没有成熟变硬的芦竹秆。

他们吹着这个竹秸，以庄重的调子，也许是按希腊人对圣物的态度，唱着“沃塞罗[①]”。诚然，这并不是我们说的音乐，也不是乱七八糟的吵闹，而是一种带有天然缺陷、没有明确形式的单调旋律；草秸发出的笛声，把鼓胀的叶子的颤音突显出来，十分悦耳动听，洋葱叶的交响乐使我陶醉。田园诗中的牧羊人，大概也是这样演奏的；驯鹿时代的新娘，大概也是这样唱着祝婚歌。

不错，科西嘉小孩们的抒情歌曲，就像迷迭香丛中的蜜蜂嗡嗡声，但在我的记忆中留下了难以忘怀的印象，至今我耳朵里还萦绕着这些歌声。这歌声诉说了乡间芦笛的价值，一种在今天已经过时的文学曾经对这芦笛歌颂不已。如今我们跟这些质朴无华的东西，距离多么远啊！今天，为了让民众喜欢，必须有低音大号、萨克斯、长号、有活塞的管乐器、所有想象能及的铜乐器，还要有鼓、大鼓，以及一声炮响来作为延长号。这就是所谓的进步。

---

① 沃塞罗：科西嘉岛上哭丧女唱的哭丧歌。——译注

23个世纪前，希腊人为礼拜太阳神金毛福玻斯而聚集在德尔菲[1]。他们怀着宗教感情，倾听着对阿波罗的赞歌，这是只有几行的和声，偶尔有笛和里拉轻轻伴奏。这首被视为杰作的圣歌，刻在大理石板上，最近考古学家才发掘出来。

这些古老的歌曲，是最古老的音乐史料，曾在奥朗日古代剧场演奏，这剧场如今只剩下石头废墟，跟这些泯没的声音倒是相得益彰。我没有恭逢这个盛典，因为我习惯于当东边施放烟火时往西边去。我的一个听觉敏锐的朋友参加了盛会，他对我说："在巨大的半圆形剧场所容纳的一万听众中，如果说有谁能听懂这遥远时代的音乐，那才真让人怀疑呢。至于我，我觉得那像是一种盲人的悲歌，我不由自主地用目光去寻找那拱着木钵的鬈毛狗。"

啊！这个野蛮人，他居然把希腊的杰作说成是荒唐的悲歌！这是否出于他的不恭呢？不是的，而是由于力所不逮而已。他的听觉是按照不同的规则训练出来的，无法适应质朴无华的声音，这些声音由于年代久远而变得奇怪甚至刺耳。我的朋友缺乏，我们所有的人都缺乏那种被岁月所湮灭的原始感觉。为了能够领略阿波罗赞歌之美，可能必须回溯到心灵淳朴的境界，有一天我们才会觉得洋葱叶的簌簌声美妙无比。

虽然我们的音乐并没有从德尔菲的大理石中得到启发，我们的雕塑艺术和我们的建筑艺术却始终能从希腊作品中找到完美无比的典范。声音艺术因为没有自然所提供的原型，是变化不定的；我们爱好多变，在声音艺术中，今天认为是完美无缺的，明天会成为平淡无奇。反观形状的艺术，由于是建立在现实的不变基础之上，往

---

① 金毛福玻斯：古希腊神话中阿波罗神的名字。德尔菲：最重要的古希腊阿波罗神殿所在地，距科林斯湾9.65公里。——译注

昔认为是美的东西，今天仍然是美的。

任何地方都不存在音乐的典型，甚至伟大时期的布封[1]所称颂不已的夜莺的歌唱，也不是典型。我并不想得罪任何人，但我为什么不说说自己的看法呢？我对布封的风格和夜莺的歌唱全都不感兴趣，我觉得前者太修辞化而欠缺真实感情，后者是搭配不协调的漂亮发声杰作，它无法感动人的心灵，还不如小孩在装满水的小罐子里，装上花一个铜板买来的哨子，就能吹出著名抒情诗中优美的华彩之句呢。

在鸟类之上，有一系列颤音曲调的卓绝尝试，嗥呀，吼呀，吠呀，直至人类出现，只有人才会说话和真正唱歌。在鸟类之下，蛙"呱呱"叫后就不再出声，肺的音箱在两次张开之间有长时间的间隔，这时的叫声含混不清。再往下就是昆虫，昆虫出现的年代是更早得多。这些最早出生的陆地居民，也是最早的抒情诗人。它们没有可以使声带振动的气流，便发明琴弓和摩擦，这是人类日后必须学习的卓绝才能。

各种鞘翅目昆虫通过粗糙的身体器官相互摩擦来发出声响：天牛的前胸在中后胸上活动；松树鳃金龟长着巨大的叶片状羽饰，用鞘翅边缘去摩擦最后一根背骨；粪蜣螂等许多昆虫，除了摩擦，也不会别的办法。真正说来，这些靠摩擦发声的昆虫并没有发出乐音，而只是发出一种像风标擦在生锈的轴上的吱咯声罢了：微弱、短促，没有共鸣声。

在这些发出吱咯响声的步行者中，有一种叫作盔球角粪金龟的值得提一提。它像西班牙粪蜣螂一样圆得像个球，前额有一只角，

① 伟大时期：指启蒙运动时期。 布丰（1707—1788）：法国博物学家，著有《自然史》和《风格论》。——译注

只是没有西班牙粪蜣螂那种吃屎的爱好。这种优雅的昆虫喜欢我家附近的松树林，在树下的沙里挖了一个窝，傍晚时分，从容地出来，发出像雏鸟吃饱肚子后偎依在母亲翅膀下面时的啁啾鸣叫。通常它默不作声，可是稍有一点骚动就吱吱喳喳叫起来。在盒子里装上一打这样的昆虫就可以听到美妙的协奏曲，不过声音非常弱，耳朵必须凑得很近才能听到。比较起来，天牛、粪蜣螂、松树鳃金龟等昆虫，则是肥大的弦乐器演奏者。不过无论如何，所有这些昆虫并不是在唱歌，而是表达害怕的心情，这可以说是一种悲鸣，一种呻吟。它们只是在面临危险时才发出声音；据我所知，它们从来不在婚礼时鸣唱。

一些昆虫，如金龟子、蜜蜂、苍蝇、蝶蛾由于完全变态而具备高等器官，表明它们属于高等级。可是，要想找到用琴弓和音钹来表达欢乐心情的音乐家，却必须上溯到更远，到高等昆虫之前出现的昆虫中，到出现于地质时代粗陋的低等昆虫中去寻找。

事实上，会唱歌的昆虫只在半翅目，或直翅目昆虫中才找得到，比如蝉、螽斯和蟋蟀。这些昆虫因为变态不完全，与只在石炭纪页岩上才记载着来历的原始种族具有亲属关系。是这些昆虫首先在无生命事物含混不清的喧嚣中，掺杂进生命的轻微声响，它们在爬行动物会呼气之前就会唱歌了。

仅从声响的角度而言，这些事实表明，那些企图以原始细胞中胚胎发展的必然演变，来解释世界的理论是多么无力。当万物还不会发出声音时，昆虫却已经会发出唧唧声，而且发声跟今天一样正确。声音从一种器官发出来，时光流逝，物换星移，这器官却没有丝毫的改变。然后，虽然出现了肺，可是除了鼻孔的呼噜声外，仍然不会发音。突然有一天，两栖类的蛙鸣叫了，接着不久，没有经

过事先的准备，鹌鹑的咕咕声、乌鸦的嘎嘎声以及莺的歌唱，加入了青蛙这个令人讨厌的音乐会。我还要特别提一提喉咙的出现，晚出现的动物用喉咙来干什么？驴和小野猪给了我们答案。如果不是出现了巨大的飞跃，诞生了人类的喉咙，喉咙的出现甚至比止步不前还糟糕，简直是个巨大的倒退。

从声音的产生，根本不可能断定存在着中等取代低劣、优秀取代中等这种持续进步的过程。我们看到的是突然飞跃，间歇、倒退、前无预兆后无持续的骤然发展；如果单从细胞的潜在可能性来看，我们从中看到的只是一个不可解之谜。对于没有勇气深入探究的人来说，这种方法是一个方便的踏阶。

但是，我将把起源这个无法弄明白的领域搁在一旁，而进入事实。在地球最初的烂泥坚硬起来时，一些古老的物种就已经从事声音的艺术，并且敢于唱歌了。我们去问问它们的某些代表吧，问问它们的乐器是怎样的结构，它们唱小咏叹调是什么目的。

昆虫音乐会的参加者大部分是螽斯类昆虫，它们因粗长的后腿和产卵管，即用来放置卵的尖刀或称挖穴器而引人注目，不过它们的排名在蝉之后，而且往往跟蝉相混淆。只有一种直翅目昆虫超过它们，那就是它们的近邻蟋蟀。我们先听听白额螽斯的歌唱吧。

白额螽斯的歌声刚开始时尖锐而生硬，近乎金属声，非常像鸫嘴里含着橄榄在警戒时发出的声音。这一声声“蒂克—蒂克”，中间间隔很久；然后声音逐渐升高，变成快速的清脆奏鸣，除了“蒂克—蒂克”外还配有连续不断的低音；最后结束时，上升调中金属音符变弱，变成单纯的摩擦音，成了非常快速的“弗鲁—弗鲁”声。

歌手这样唱唱停停，停停唱唱，连续几小时。在宁静的时刻，最响亮的歌声在20步外都能听见。这没什么了不起的，蟋蟀和蝉声音传得更远呢。

它是怎么唱的呢?

可供参考的书没能消除我的惶惑。这些书的确谈到“镜膜”,这种活跃的薄膜闪闪发光像云母片;但是这薄膜怎么振动呢?书中没有说,或者说得非常含糊,不正确,前翅摩擦,翅脉互相摩擦,仅此而已。

我希望解释得更清楚些,因为我早就深信,一只螽斯的音箱应当也具有精确的机制。因此,我必须亲自去了解,哪怕要重复某些也许已经做过的观察,因为我这个离群索居者所拥有的图书,只有几本残缺不全的小册子,并不知道这些观察已经有人做过。

螽斯的前翅内缘膨胀开来,在背上形成一个长三角形的平缓凹陷,这便是发音区。左前翅在此处与右前翅部分重叠,休息时就把右前翅的乐器遮住了。在这个乐器中,早已为人所知且了解透彻的,就是镜膜;称它为镜,是由于这个嵌在翅上的椭圆形薄膜闪闪发光的缘故。它好似蒙在鼓和扬琴上非常精致的皮,不同的是,它无须敲击就能鸣响。当螽斯歌唱时,没有任何东西与镜膜发生接触,而是由于身体的振动传到膜上而发音。那么,它是怎样传送的呢?

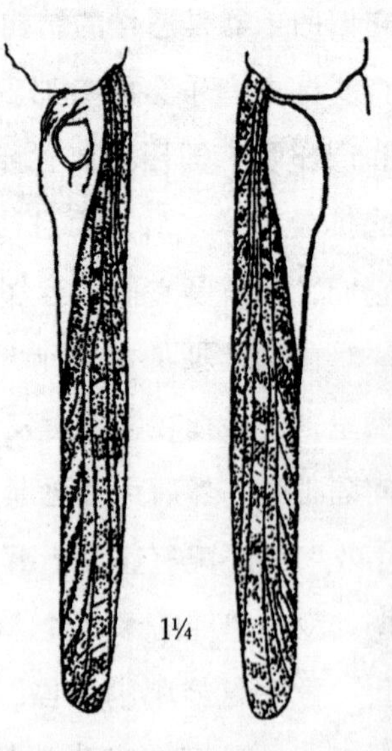

雄性白额螽斯的右前翅、左前翅

镜膜的边缘通过一个圆钝形的大齿,延长到前翅臀角,大齿的末端有一个比其他翅脉更突出、更粗壮的皱褶,我把它称为摩擦脉,正是摩擦脉

发生的振动使镜膜鸣响。当我了解发音器的其余部分时，就会清楚这一点。

这其余部分便是发音器官，位于左前翅上，左前翅平平的内缘遮住右前翅。从外表上看，丝毫没有什么引人注目之处，它不过像是略微歪斜、横向鼓出来的肉，内行人才看得出来，否则会被视为一条比较粗的翅脉呢。

但是，用放大镜观察，我看到这块肌肉正是高精度的乐器，一条卓绝的、齿条大小均匀的弓弦。人类在金属上切削细小的钟表零件的技巧，绝对达不到这么完美。

它状如弯弯的纺锤，两端之间横刻有约80个三角形琴齿，间隔均匀，材料坚硬耐磨，深栗棕色。这个小巧玲珑的机械，用途是显而易见的。如果我在死螽斯身上略微掀起这两个前翅的内缘，把琴弓放在前翅奏鸣的位置，会看到琴弓的齿条咬合摩擦脉，整根齿条绝不会偏离振动点。我弹这根齿条，如果动作灵巧，死螽斯就活了，我会听到螽斯唱的几个音符。

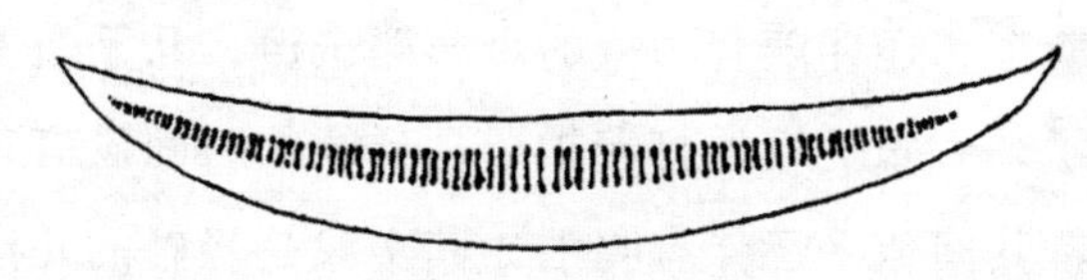

非常大的雄螽斯的琴弓

现在，螽斯的发声已经没有什么秘密。左前翅带齿的琴弓是发声器，右前翅的摩擦脉是振动点，镜子撑着的薄膜是共鸣器，它通过受振动的边框而发生共鸣。我们的乐器使用了许多发出响亮声音的膜，但总是通过直接打击而发声，螽斯比我们的弦乐器商更大胆，把琴弓与琴弦结合在一起。

在其他螽斯类昆虫身上也有这样的乐器，其中最著名的是绿色蝈蝈儿。它那传统的盛名与它肥大的身躯和美丽的绿色相得益彰。它就是拉·封登认为，北风呼啸时，向蚂蚁求救的“蝉”；由于没有了苍蝇和蚯蚓，告贷者请求赊几粒麦好度过来年。它既吃动物又吃植物，寓言家因此受到了绝妙启发。

其实，蝈蝈儿跟螽斯的口味是一样的。在网罩里，当没有更好吃的东西时，它便吃生菜叶来充饥；不过它特别喜欢蝗虫，把蝗虫吃得一干二净，只剩下两对翅膀。在自由的田野里，它会捕猎造成灾荒的蝗虫，以此弥补那几口绿色作物。

除了某些细节，它的乐器跟螽斯的一样。在前翅的内缘有一个弯曲的大三角形，淡棕色的四周深黄，颇似贵族的盾形纹章，上面刻满纹章的象形文字。左前翅叠在右前翅上，臀区刻有两条平行的横沟，小沟间的间隙朝下突出，构成琴弓。琴弓是棕色的纺锤，有很多排列非常规则的细齿。右前翅的镜膜几乎是圆形，四周的边框上有许多摩擦条。

七八月，从薄暮直至夜间将近10点，蝈蝈儿唧唧地鸣叫，像迅速摇动的纺车，还伴随着细微的金属碰击声，几乎听不出来。蝈蝈儿垂下肚子，一张一缩地打着拍子；延续的时间没有定准，且会猛地停下来，其间似乎还伴有鸣唱，其实只是轻轻的几声，欲唱还休，然后才完全重新开始。总之，蝈蝈儿的歌声很微弱，远没有螽斯的响亮，根本比不上蟋蟀，更不像蝉那么吵吵嚷嚷地聒噪。在寂静的夜晚，仅仅几步远的地方，我还得有保尔那样敏锐的耳力才听得见。

我家附近的两种侏儒螽斯——跳螽和灰螽斯，歌声更加弱；它们经常在长长的草地上，在被太阳晒得热热的石头上出现，可是，如果你想去抓，它们很快就消失在灌木丛中。这两个大腹便便的抒

情诗人在网罩里，各自都有首屈一指的地位和令人厌烦的事。

当炽热的阳光照射在窗户上时，我的小螽斯们吃饱了绿色的黍籽粒和野味。大部分都仰卧着，后腿伸得直直的，好几个钟头，一动不动地消化；少数螽斯有的怡然自得地打着瞌睡，有的则唱起歌来。啊，这歌声多么微弱啊！

中间螽斯的歌唱是唱一会儿，停一会儿，时间一般长，歌声是快速的“呼噜—呼噜”，像黑山雀唱歌似的；灰螽斯的歌声是一声声琴弓响，有点模仿蟋蟀的单调旋律，不过声音更嘶哑，更不清楚。两者的声音都是这么微弱，只要距离两米，我就几乎听不到了。

为了演唱这种几乎听不出来的音乐，没有一丝趣味的歌曲，这两个侏儒有它们肥胖的同伴所拥有的一切：带齿的琴弓、巴斯克鼓、摩擦脉。灰螽斯的琴弓约有将近50个齿，中间螽斯的琴弓有80个齿。两种螽斯的右前翅上，在镜膜四周有几个半透明的空腔，无疑是用来增加振动部位的面积的。虽然乐器很好，可是没有用，音响效果非常差。

用齿条来拨动扬琴，以同样的机制，谁会有所长进呢？长着大翅膀的螽斯类昆虫，没有谁能做到。从最大的蝈蝈儿、白额螽斯和草螽，到最小的跳螽、小螽斯，都是用琴弓的齿来拨动发声镜膜的框，而且全是左撇子，琴弓在左前翅的臀区，叠在带有扬琴的右前翅上；总之，所有的螽斯的歌声微弱，模糊，几乎听不见。

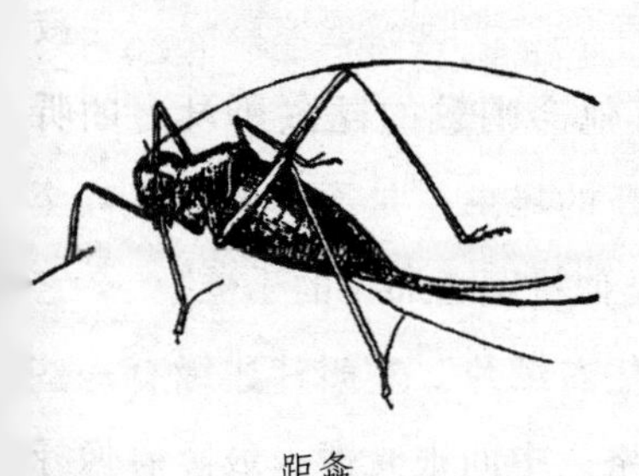
距螽

只有一种螽斯的发声器官，虽然在总结构上没有丝毫创新，只是稍作改动，但能够发出响亮的声音。它就是葡萄树距螽，它没有后翅，前翅只剩下两个凹陷的鳞片，鳞片上也有凹凸的花纹，一个嵌着另一个。这两顶圆帽就是飞行器官的原基，如今成了专门的歌唱器官。为了唱得更好，距螽放弃了飞行。

距螽把乐器藏在马鞍状紧身胸甲形成的拱顶下。按惯例，左鳞片在上，臂区有齿条，用放大镜可以看出80个横排的锯齿，锯齿比其他螽斯的都强壮有力，刻得更清楚。右鳞片在下，顶角稍稍塌陷，镜膜闪闪发光，边框是一条粗翅脉。

这个乐器结构优异，胜于蝉的乐器。蝉的乐器由于两条发音肌的收缩，使两个音钹的凹陷部分一下收拢，一下放松，蝉没有音室，没有共鸣器来作为音箱。在正常状态下，距螽唱着拖长的哀怨小调："戚依依—戚依依—戚依依"，比白额螽斯欢快的琴声传得更远。

如果恬静的生活被打乱，白额螽斯等螽斯便害怕得不敢唱歌，立刻默不作声。对于它们来说，歌唱总是欢乐的表示，距螽也不例外。它害怕生活被打乱，用沉默来使企图捕捉它的对手抓不到它。但是，如果我们用手指抓住它，它常常又会杂乱无章地拨动起琴弦。当然，这时候，它的歌声表示的不是愉快，而是对危险的恐惧和担忧。同样，当小孩无情地扯下蝉的肚子，掀开它的发声器官时，它叫得比任何时候都响。这两种昆虫都一样，欢乐的歌曲变成忧虑的哀歌了。

我补充一点，距螽还有另一个其他会唱歌的昆虫所没有的特点：雌雄距螽都有发声器。而其他螽斯的雌虫总是不发声的，甚至没有琴弓和镜膜的原基，雌距螽却有类似雄距螽那样的乐器。

距螽的发声器，一般是左鳞片盖住右鳞片。左鳞片边缘有一些苍白色的粗翅脉，形成带小网眼的网络；中间很光滑，鼓隆着像棕

红色洋葱皮的小圆帽。小圆帽下面有两根辅翅脉，主翅脉有点凹凸不平。右鳞片的结构大致相似，但有小小的不同：一根翅脉像蜿蜒的赤道横穿过洋葱皮般的中央小圆帽，在放大镜下可以看出，在长的方向横排着非常细的齿。

根据这个特点可以看出，这就是琴弓，位置跟我们已知的相反。雄距螽是左撇子，用上方的左前翅弹琴；雌距螽是右撇子，用下方的右前翅拨弦。不过，雌距螽简单的身体上没有镜膜，没有像云母片那样闪闪发光的薄膜，琴弓横向摩擦对面鳞片凹凸不平的翅脉，使嵌着的两顶圆帽同时振动。

因此，雌距螽虽然有两个振动部件，但太僵硬，太粗糙，无法发出饱满的声音，歌声相当微弱，比雄距螽的声音更加呜咽。雌距螽可不会随便唱歌，如果我不插手，我的囚犯们根本不会参加网罩里其他伙伴举行的音乐会；相反，它们如果被抓住，有了麻烦，立刻就会呻吟起来。

我相信，当它们是自由之身时不会这样。网罩里不吱声的雌距螽，不是白长着音钹和琴弓这两个器官的，害怕时发出呻吟的乐器，在欢乐时也会响起来。

螽斯类昆虫的发声器是用来做什么的呢？我不认为它对婚姻嫁娶不起作用，不否认雌螽斯在倾听海誓山盟的窃窃私语时，感到十分温柔甜蜜；如果那样说，我就是睁眼说瞎话，虽然那不是发声器的根本功能。昆虫使用发声器，首先是为了表示它生存的欢乐，为了歌唱肚子饱饱地晒着太阳时的生活乐趣。肥胖的雄螽斯和雄蝈蝈儿在结婚后，都会精疲力竭再也恢复不过来，从此不愿交配，可是它们会继续快乐地鸣唱，直到没有力气为止，便是证明。

螽斯类昆虫会有欢乐的冲动，而且还有能够用声音来表达欢乐的长处，纯粹表现出艺术家的满足。我看到工人傍晚从工地返家时，自吹口哨自唱歌，并不打算让人听到，也不想有人听到。通过这朴实无华、近乎无意识的感情抒发，他道出自己的欢乐，因为艰苦的一天结束了，盘子里冒着热气的白菜在等待着他。会唱歌的昆虫通常也是因此而鸣叫，它在欢庆生活。

有的昆虫更了不得。生活中虽然有温馨，但也不乏痛苦。葡萄树距螽既会表示欢乐，也会表示痛苦。它以单调的旋律告诉灌木丛居民它的欢乐；它以几乎不改的单调旋律，倾诉自己的痛苦和恐惧。它的伴侣也是弹奏乐器者，也有这种天赋。它以另一类型的两个音钹来尽情欢乐，呜咽呻吟。

总之，不可轻视带着齿条的扬琴，它使草坪充满生机，它浅吟低唱生活的欢乐与艰难，它向四周发出爱情的召唤，它使孤男寡女在长期等待中不感到寂寞，它道出昆虫生命中繁花似锦的最后时期。它的琴声几乎就是话语。

可是这前途远大的卓绝天赋，却只给予与石炭纪时代初级试产品同一家族的低等物种。如果像人们所说，高等昆虫是源于逐步进化的祖先，为什么它们没有从一开始就保存着发声这个优秀的遗产呢？

是不是说进化论只不过是个大骗局呢？是不是应该认为弱肉强食，至少说天赋差的被天赋高的消灭，这种野蛮行为并不存在呢？当进化论者说最具有优势者才能生存下来时，我们是否应该对此表示怀疑呢？噢，我们完全应该对此表示怀疑。

石炭纪的某种长6分米多的蜻蜓可以为证。这个巨人般的小姐，大颚的锯齿使长着翅膀的小虫胆战心惊，它如今已经消失；而肚皮棕色或者蓝色的弱小豆娘，至今仍然在溪边的灯芯草上飞舞。

与蜻蜓同时代的可怕的索罗德（Sauroide）鱼，身上披着盔

甲，带着凶残的武器，它们为数寥寥的后代都是些发育不全的动物。长着花纹外壳、五彩缤纷的头足纲软体动物，某些菊石[1]有车轮那么大，可是在今日的海洋里，它的代表只有像小小的消防帽似的鹦鹉螺。长25米的蜥蜴类动物，从前在我们地区就像今天墙上的灰蜥蜴。跟人类同时出现的猛犸这种庞大的动物，如今只能从它的遗骸辨认出来；而它的近邻，相比之下只是小绵羊的大象，却一直在繁衍生息。这些是多么违反强者生存的规律啊！强者死亡了，弱者取代了它们。

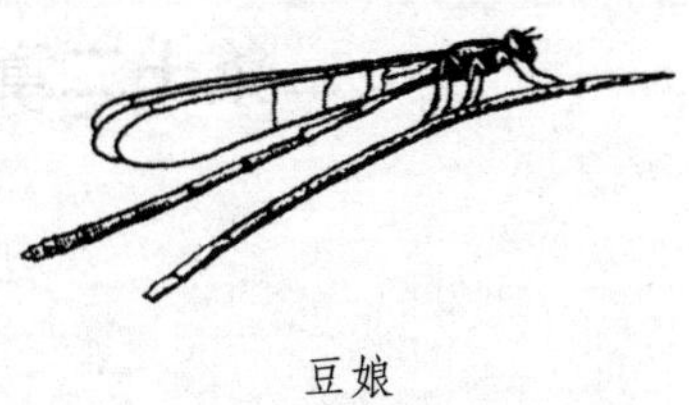

豆娘

---

① 菊石：中生代的化石。——译注

第十二章 绿色蝈蝈儿

现在是7月中旬，从气象学来说，盛夏刚刚开始；但事实上，炎热的天气比日历来得更快，几个星期来，天已经热得不行了。

村里今晚在庆祝国庆，孩子们围着欢乐的篝火蹦蹦跳跳，火光映射到教堂钟楼上。当鼓声随着烟花唰唰地上升而庄严响起时，我独自一人，趁着晚上9点天气比较凉爽，在黑暗的角落，倾听田野联欢会的音乐；这收获季节的联欢会，比此时在村庄广场上用火药、篝火、纸灯笼，尤其是劣质烧酒来庆祝的节日更要庄严，真是既美丽又简朴，既恬静又强而有力。

夜已深，蝉已不再鸣叫。它白天沉醉于阳光和炎热之中，尽情地唱了一天，夜晚来临，也该休息了，但是，它的休息常常被打扰。在梧桐树浓密的树枝里，突然发出哀鸣似的、短促而尖锐的叫声，这是蝉在安静的休息中，被夜间狂热的狩猎者绿色蝈蝈儿抓住，发出的绝望哀号。蝈蝈儿向它扑去，拦腰抓住，开膛破肚，挖出肚肠。继音乐舞蹈而来的是杀戮。

我从没有见过，我也永远不会看到欢度国庆的最高形式隆香阅兵典礼，可我对此并不感到十分遗憾。这些在报纸上都可以看到，报纸会提供阅兵场地的图片。

我会看到广场上一片凌乱，到处插着红十字旗，上面写着“军人救护车”“平民救护车”；广场上将会有断骨需要接起，有中暑的需要医治，有死亡的需要悼念。这些都是预料之中的，是列入计划的。

甚至在我们平常如此宁静的村庄里，我敢打赌，如果不发生打架斗殴这节庆日子的佐料，节日是不会结束的。似乎为了更好地领略快乐，就必须加上痛苦这个色素。

我则远离喧嚣去倾听，去沉思。当被开膛破肚的蝉挣扎的时候，梧桐树枝上的联欢会还在进行。但是，合唱队已经换了人，轮到夜晚的艺术家上场了。听觉灵敏的人能听到，在弱肉强食之地的绿叶丛中，蝈蝈儿在窃窃私语。蝈蝈儿的鸣叫很像滑轮的响声，非常不引人注意，又像是干皱的薄膜隐约作响。在这喑哑而连续不断的低音声中，不时发出一下非常急促、近乎金属碰撞般的清脆响声，这便是蝈蝈儿的歌声，歌声之间是静默的间歇，此外则是伴唱。

尽管合唱的低音得到了加强，这个音乐会不管怎么说还是不出色，十分普通。虽然我耳边就有十来个蝈蝈儿在演唱，可是它们的声音不强，我耳朵的老鼓膜并不都能捕捉到这微弱的声音。然而，当四野蛙声和其他虫鸣暂时沉寂时，我所能听到的一点点歌声却非常柔和，与夜色苍茫中的静谧气氛十分协调。绿色的螽斯，我的心肝啊，如果你拉的琴再响亮一点，那么你就是比嘶哑的蝉更胜一筹的歌手。然而，在我国北方，人们却让蝉篡夺了你的名字和声誉啊！

不过，你永远也比不上你的邻居，可亲的摇铃铛的蟾蜍[①]。它在梧桐树下发出丁零的声响；你则在树上鸣唱。它在荒石园里的两栖类居民中，体形最小，但最擅长远征。

在暮色沉沉的傍晚，当我在荒石园中漫步、思考的时候，不知多少次遇到它！在我的脚前有什么东西在逃跑，翻着筋斗滚动，是被风吹动的落叶吗？不是，是小铃蟾，我刚才打扰了它的旅行。它

① 蟾蜍：即铃蟾。——译注

匆匆藏在一块石头、一个土块、一束草下面，让自己激动的情绪平静下来，旋即又发出清脆的铃声。

在这个全国欢庆的夜晚，我身边有将近十只铃蟾，一个唱得比一个欢。大部分铃蟾蜷缩在花盆中间，花盆一行行排得紧紧的，在我的家门前形成一个前庭。每一只都在唱，歌曲老套，有的声音低沉，有的尖锐，但都很短促、清晰，深深传进耳朵，音质非常清纯。

节奏缓慢，抑扬顿挫，它们好像在吟唱老歌。这个叫一声“克吕克”，那个喉咙细一些，回唱“克力克”，第三个是这一群中的男高音，叫上一声“克洛克”。就这样，像节假日村里教堂钟楼的排钟那样，一直重复着：“克吕克—克力克—克洛克”，“克吕克—克力克—克洛克”。

两栖类动物的合唱团使我想起了某种琴，那时我六岁，耳朵对奇妙的声音开始有灵敏的感觉，心里一直渴望能拥有它。这种琴不过是一系列玻璃片，长短不一，固定在两条拉紧的布带上，一根铁丝尖插个软木塞便是敲击棒。你不妨想象一个没有经验的人，随意地敲打键盘，毛手毛脚，什么八度音，什么不协和和弦，什么反和弦，全都乱七八糟的，那么，你对于铃蟾的歌就有一个清楚的概念了。

作为歌曲，这首铃蟾歌没头没尾；可是，作为清纯的声音，真是悦耳。自然界的一切音乐会都是如此。我们的耳朵在这音乐会中听到了最动听的声音，然后听觉变得更挑剔，除了现实的声音外，还要追求秩序感，秩序是产生美的首要条件。

然而，这种此起彼伏地发出的柔和声响，是求爱的清唱，是情郎向女友唱出的召唤歌。我一般都可以猜测出音乐会的结果，但是无法预见婚礼奇怪的最后一幕。婚礼结束后，慈祥的铃蟾父亲，样子变得让人认不出来了，它终于要离开它的隐居地了。

它把它的子女包在后腿四周，带着一串有梨籽大小的卵搬家。鼓囊囊的包袱缠着它的胫节，裹着它的腿节，像褡裢似的压在背上，它完全变了模样。

它背着这么重的负担，跳不起来，拖着身子，要到哪里去呢？温情体贴的父亲，要到母亲不愿去的地方，到附近的泥沼去，那里温暖的水是蝌蚪孵化和生命不可或缺的。热爱阴暗和干燥的它，如今却迎着潮湿和充沛的阳光走去；在旅行途中，卵湿乎乎地裹在它的腿上慢慢成熟。它一小段一小段地向前走，肺都累得充血了。泥沼也许还远着呢，没关系，顽强的旅行者一定会找到的。

终于，它走到了，尽管厌恶洗澡，它却立即投入水中，而那串卵由于腿的相互摩擦便脱落了下来。现在，卵处在适合发育的环境之中了，其余的事将会自然完成。父亲的潜水任务完成了，便急忙回家，回到干燥的地方去。它一转身，黑色的小蝌蚪就孵化出来了，在水里活蹦乱跳；它们只等跟水一接触，就挣破卵壳。

在这些7月薄暮的歌手中，如果说有不同的乐声，那么只有一种可以跟铃蟾和谐的铃声比试高低，它就是长耳鸮，别称“小公爵”的夜间猛禽。这个小家伙眼睛金黄，模样优雅。它的额头上有两条羽毛触角，因而被当地人称为“带角猫头鹰”。它的歌声单调得令人心烦，可是很响亮，在夜里万籁俱寂的时候，光是这歌声就可以响彻夜空。这种鸟连续几个小时对着月亮唱它的康塔塔[①]时，老是发出“去欧—去欧”的声音，节拍一直不变。

① 康塔塔：原指声乐曲，与乐器演奏的奏鸣曲区别。现泛指由声乐与器乐相结合的乐曲。此处用于旧义。——译注

此时此刻，人们兴高采烈地大叫大喊，一只鸟从广场的梧桐树上被吓跑了，它来请求我接待它。我听到它在柏树梢歌唱，用自己均匀划一的乐章，打断蝈蝈儿和铃蟾杂乱无章的合唱，它的歌声压倒了所有的抒情曲。

从别处传出好似猫叫的声音，不时跟这柔和的乐声形成对照。这是帕拉斯[1]的沉思的鸟即普通猫头鹰求偶的喊声。它整个白天蜷缩在橄榄树洞里，当夜幕降临时就吟唱起来。它像荡秋千似的一上一下飞翔，从附近来到荒石园里的老松树上，把它猫叫般的不协音加入田野音乐会里，不过由于距离的关系，叫声弱了一些。

在这一片吵吵嚷嚷中，绿色蝈蝈儿的声音细得听不清；只有四周稍微安静点时，我才能够听到一阵阵细微的声音。它的发音器官只是一个带刮板的小扬琴；而那些得天独厚者则有风箱，可以用肺发出振动的气流。其实，两者不具有可比性，我还是回到昆虫上来吧。

有一种昆虫，虽然身材小却装备着羊皮鼓，在夜晚歌唱抒情曲远远超过了蝈蝈儿。它就是苍白细瘦的意大利蟋蟀。它是那么纤弱，人们都不敢去抓它，唯恐把它捏碎了。当萤火虫为了增添联欢会的气氛，点燃蓝色的小灯笼时，意大利蟋蟀便从四面八方来到迷迭香上参加合唱。

这个纤弱的乐器演奏者有细薄的大翅膀，像云母片一样闪闪发光。凭借干巴巴的翅膀，它的声音大得可以盖住蟾蜍单调忧郁的歌，颇似普通黑蟋蟀的鸣唱，不过它的琴声更响亮，更有颤音。然而，真正的蟋蟀是春天的合唱队员，在炎热的季节已经不见了，

---

① 帕拉斯：希腊神话海神特利同的女儿，雅典娜的朋友，在一起玩耍中被人杀死，雅典娜为了纪念她，以她的名字作为自己的绰号。——译注

不知情的人难免会把它们混淆起来。随着它那优雅的小提琴声而来的，是一种更加优雅而值得专门研究的琴声。在适当的时候我将再回过头来叙述。

如果只局限于出类拔萃者，那么这几位就是这场音乐晚会的主要合唱队员：长耳鸮独唱忧伤的爱情歌曲，铃蟾是奏鸣曲的敲钟者，拨小提琴E弦的是意大利蟋蟀，绿色蝈蝈儿则似乎敲着小小的三角铁。

今天，我们庆祝在政治上以攻陷巴士底狱之日为标志的新时代，与其说是充满着信念，不如说是吵吵嚷嚷；昆虫们才不关心人类的事呢，它们在庆祝太阳的节日。它们歌唱生活的欢愉，为盛夏的如火骄阳而欢呼。

人类，以及人类如此变化无常的高兴事，与它们有什么关系！为了谁，为了什么，出于什么想法，我们的爆竹将要发出噼噼啪啪的声音？谁要是说得出个所以然来那可就相当高明了。习俗在变化，并给我们带来料想不到的事情。踌躇满志的烟火为了昨日令人憎恶而今天成为偶像的人，在空中盛开出一簇簇火花，而明天它又要为另一个人而升上天空。

过了一个或者两个世纪之后，除了博学之士外，人们还会谈到攻陷巴士底狱吗？这很值得怀疑。我们将会有别的欢乐，也会有别的烦恼。

我进一步展望未来，一切似乎都说明，由于日益进步，总有一天，人类将会灭亡，会被过度的所谓文明所消灭。人过于热切希望无所不能，结果却无望享有动物恬静平和的长寿；小铃蟾在蝈蝈儿、长耳鸮，以及其他昆虫的陪伴下，一直唱着它的老调子，而人却会灭亡。它们在我们之前就在地球上唱着歌，它们在我们死后还将继续唱歌：歌唱太阳的万年不变，歌唱太阳的灿烂光芒。

别在联欢节上流连，我还是做个渴望从昆虫的私生活中进行学习的博物学家吧。在我家附近，绿色蝈蝈儿似乎并不多见。去年我打算研究这种螽斯类昆虫，可是我的捕猎却一无所获，我不得不求助于一个护林人的热情帮助，他给我送来了一对拉嘉德高原上的绿色蝈蝈儿。那个高原很寒冷，山毛榉都开始往万杜山攀长了。

命运像开玩笑似的向坚持不懈者微笑。去年根本找不到的，今年我无须走出狭小的荒石园，几乎要多少就能找到多少。我听到它们在草丛里到处鸣叫，快利用这个意外的收获吧，也许时机不会再来。

6月初始，我便抓了不少雌雄蝈蝈儿关在金属网罩里，瓦钵上铺着一层细沙。蝈蝈儿非常漂亮，浑身嫩绿，体侧有两条淡白色的丝带，身材优美，苗条匀称，两片大翼轻盈如纱，算得上是最漂亮的螽斯。我对捕捉来的这些虫儿很满意。它们会告诉我什么呢？耐心地等待吧，目前我必须饲养它们。

关于食物，我遇到了喂养白额螽斯时同样的麻烦。根据在草地上嚼食的直翅目昆虫的一般饮食习性，我给这些囚犯生菜叶，它们吃是吃，不过吃得很少，并不喜欢。很快我就明白了，跟我打交道的是一些并不虔诚的素食者，我必须另找食物。它们大概是要鲜肉吧，但究竟是什么呢？我很偶然地得知了。

清晨，我在门前散步，突然旁边的梧桐树上落下了什么东西，同时还有刺耳的吱吱声。我跑过去，看见一只蝈蝈儿正在咀嚼身陷绝境的蝉的肚子。蝉喊叫挣扎也没用，蝈蝈儿咬住不放，把头伸进蝉的肚子深处，一小口一小口地把肚肠拉出来。

我明白了，这场战斗发生在树上，发生在大清早蝉还在散步的时候。不幸的蝉被活活咬伤，猛地一跳，进攻者和被进攻者一道从树上掉了下来。以后我又多次看到同样的屠杀。

我甚至看到蝈蝈儿非常勇敢地纵身追捕蝉，蝉则惊慌失措地飞起逃窜，就像鹰在空中追捕云雀一样；但是鹰这种以劫掠为生的鸟比昆虫低劣，它进攻比它弱的动物，而蝈蝈儿则相反，它进攻比自己大得多的强壮有力的庞然大物。这种身材大小悬殊的肉搏，结果是毫无疑问的。蝈蝈儿有力的大颚、锐利的钳子，很少不能把它的俘虏开膛破肚，而蝉没有武器，只能哀鸣踢蹬。

捕猎的关键是要把蝉牢牢抓住，而这在夜间蝉半睡半醒的时候相当容易。任何一只蝉，只要被夜间巡逻的凶恶的蝈蝈儿遇到，就会悲惨地死去。这就是为什么在夜深人静，音钹早就不响时，有时突然在树上响起悲鸣声的缘故。穿着淡绿色服装的强盗，刚刚把甜睡中的蝉逮住了。

网罩里的寄宿者的食物找到了，我用蝉来喂养它们。它们吃得津津有味，两三个星期间，网罩里到处都是肉吃光后剩下的头骨和胸骨、扯下来的羽翼和断肢残腿，肚子全部都被吃掉了。肚子可是好部位，虽然肉不多，但似乎味道特别鲜美，因为在这个部位，在嗉囊里，堆积着蝉用喙从嫩树枝里吮取的糖浆。是不是由于这种甜食，蝉的肚子比其他部位更受欢迎呢？很可能正是如此。

为了变换食物的花样，我还给蝈蝈儿吃很甜的水果——几片梨子、几颗葡萄、几块西瓜，它们都很喜欢吃。绿色蝈蝈儿就像英国人一样，酷爱吃用酱做佐料的带血牛排，也许这就是它抓到蝉后先吃肚子的原因，因为肚子既有肉，又有甜食。

但是，并非任何地方都能吃到沾糖的蝉肉。在北方，绿色蝈蝈儿很多，但那里找不到它们在这里喜欢吃的菜，因此它们一定还吃别的东西。

为了证实，我给它们吃绒毛害鳃金龟，夏天的这种虫子好似春天的鳃金龟。对于鞘翅目昆虫，它们毫不犹豫地都接受，吃得只剩下鞘翅、头和足。我给它们吃漂亮而多肉的松树鳃金龟，它们也一样喜欢，我第二天便看到，这肥美的食物被这群肢解牲畜的好手，吃得肚子朝天了。

这些例子提供了许多资料，蝈蝈儿非常喜欢吃昆虫，尤其是没有过于坚硬的盔甲保护的昆虫；它十分喜欢吃肉，但不像修女螳螂那样只吃肉。蝉的屠夫在吃肉饮血之后，也吃水果的甜浆，有时没有好吃的，它甚至还吃一点草。

蝈蝈儿中也存在同类相食的现象。诚然，在网罩里，我从没见过像修女螳螂那样捕杀姐妹，吞食丈夫的残暴行径，但是，如果某个蝈蝈儿死了，活着的一定不会放过品尝其肌体的机会，就像吃普通的猎物一样。它们并不是因为食物缺乏才吃死去的同伴，所有携刀者都程度不同地表现出这种爱好，吃受伤的同伴以自肥。

撇开这点不谈，在网罩里，蝈蝈儿彼此之间十分和平地共处，它们之间从没有发生严重的争吵，顶多面对食物时有点敌对而已。我扔入一片梨，一只蝈蝈儿立即趴在上面，出于妒忌，不管谁来咬这美味，它都要踢腿把对方赶走。自私心是无所不在的。吃饱了，它便让位给另一只蝈蝈儿，而另一只也立刻变得不宽容。这样一个接着一个，所有的蝈蝈儿都能品尝到一口美味。嗉囊装满后，它们用喙抓抓脚底，用沾着唾液的足擦擦脸和眼睛，然后抓着网纱或者躺在沙上，以沉思的姿势，怡然自得地消化食物。它们一天中大部分时间都在休息，尤其是天气炎热时。

到了傍晚，太阳下山后，它们开始兴奋起来，九点左右达到高潮。它们突然纵身一跳，爬上网顶，又匆匆忙忙下来，然后又爬上。它们闹哄哄地来回走动，在圆形的网罩里跑啊跳啊，遇到美味就吃，但是并不停下来。

雄蝈蝈儿有的在这里，有的在那里，在一旁鸣叫，用触角挑逗从旁边走过的雌蝈蝈儿。未来的母亲半举着尖刀，神态端庄地溜达。对于这些激动而狂热的雄蝈蝈儿来说，当前的大事就是交配，内行人一眼就能明察。

对于我来说，这也是主要的观察事项。我在网罩里饲养蝈蝈儿，主要目的就是看看，白额螽斯所揭示的奇怪的婚配习性，具有多大程度的普遍性。我的期望得到了满足，但并不充分，因为时间太晚，我无法看到婚礼的最终行为。交配是在夜深人静的时候或者大清早进行的。

我只看到一点点情况，蝈蝈儿的婚礼前奏延续的时间非常长。热恋者脸对着脸，几乎是头碰着头，柔软的触角长时间互相触摸、探询，简直就像两个对手把钝头剑[①]交叉来交叉去，而没有干起来。雄性不时地叫几声，弹几下琴弓，然后不吱声了，也许是太激动而继续不下去。钟敲11点了，可是这爱情的表白还没有结束。真可惜，我困得不行，只好放弃了观看交配。

第二天上午，雌蝈蝈儿的产卵管下面垂着一个奇怪的玩意儿，这个玩意儿白额螽斯曾经使我非常惊奇。这是个乳白色精子囊，有豌豆那么大，依稀分成一些蛋形的囊。当雌蝈蝈儿走动时，囊泡擦着地面，粘上了几粒沙子。

我在这里又看到了螽斯母亲那种非常令人恶心的最后盛宴。经过两小时后，当精子囊里空了的时候，蝈蝈儿把它一块块地吃下

① 钝头剑：为避免受伤，前端附有棉团的练习用剑。——校注

去；它长时间咀嚼又咀嚼黏糊糊的精子囊，最后全吞了下去。还没有半天的时间，乳白色的囊泡消失了，被津津有味地品尝，吃得一点也不剩。

这简直可以说是来自外星的不可思议之事，与地球上的习俗差得太远；可是这种现象继白额螽斯之后，又在蝈蝈儿身上出现了，并没有什么变化。螽斯是陆地上最古老的动物之一，它们的世界是多么奇怪的世界啊！想必在这整类昆虫中都有这种怪异的行为，我去咨询一下另一种佩带尖刀的昆虫吧。

7月和8月，我选择了距螽，用几片梨子和一些生菜叶饲养它们。

雄距螽略微靠边在一旁鸣叫，它的琴弓充满激情地、有节奏地弹奏，整个身子颤动不已。然后，它不吱声了。呼唤者和被呼唤者迈着缓慢的步子，样子有些拘谨，逐渐靠拢在一起。它们面对面，一言不发，一动不动，触角软软地摇摆，前腿不自然地抬起，不时地好像彼此握手似的。两只虫子这样平静地窃窃私语持续了几个小时。它们谈了些什么？它们立了什么样的海誓山盟？它们互抛媚眼意味着什么？

但是，时机尚未来到。它们分手了，吵架了，各奔东西了。吵嘴的时间不长，它们又聚到一起，又开始温馨的爱情表白，但仍然没有结果。到了第三天，我才看到序幕的结束。雄性按照蟋蟀的习性，小心翼翼地倒退着钻到雌性身下，在后面伸直身子仰卧，紧紧抱住产卵管作为支撑，交配完成了。

排出了一个巨大的精子袋，像装着大籽粒的乳白色覆盆子，颜色和形状令人想起一袋蜗牛卵，我在白额螽斯那里见过一次，不过没有这么明显；绿色蝈蝈儿的玩意儿也是这个样子，中间有一条浅沟，把整个精子囊分成对称的两串，每一串有七八个小球。产卵管末端左右两边的两个结节，比其余的更为半透明，内含一个鲜艳的橘红色的核，由一根宽宽的用透明黏胶做成的茎固定。

精子一放到位，已经瘦得干瘪的雄距螽就溜之大吉，去到一块梨子那里，因为它被自己英勇的壮举弄得精疲力竭，需要恢复体力。雌距螽则稍微提起那个有它身材一半大、像覆盆子似的稀奇古怪的重负，蹒跚地在金属网纱上懒洋洋地小步溜达。

两三个小时就这样过去了，然后雌距螽把身子蜷成一个环，用大颚尖把乳头状的精子袋咬下一块，当然没有咬破，不会使里面的东西流出来。它浅浅地扯下精子袋的皮，咬成许多小块，久久咀嚼，然后吞了下去。整个下午它都一直在一小块一小块地慢嚼细咽。第二天，覆盆子似的袋子不见了，在夜间全都被吃掉了。

有时结束的场面没有这么快，特别是没有这么恶心。我记载过有一只雌距螽一边拖着精子袋行走，一边时不时地咬嚼。地面高低不平，刚刚被刀尖犁过，覆盆子似的袋子粘着沙砾、土块，大大增加了负载的重量，可是雌距螽对此根本不在意。

有时运输非常辛苦，囊袋粘在一块土上拖不动。尽管它拼命想把囊袋拔出来，可是囊袋并没有跟它在产卵管下面的支撑点分开，囊袋被牢牢地粘着了。

整个晚上雌距螽带着忧虑的神情时而在金属网上，时而在地上，没有目的地流浪，但更多时候，是它停住脚步，一动不动。囊袋瘪了一点，体积并没有明显地缩小。母亲不再像开始那样一口一口地吃东西，仅仅是在表面咬下一点点。

第二天，事情并没有什么进展，第三天也一切依旧，只是囊袋更瘪了，不过那两个红点几乎仍然像起初那么鲜艳。在粘着了48小时之后，雌距螽没有费劲，囊袋自己脱落下来了。

袋里装的东西已经倒了出来，现在这干瘪瘪、皱巴巴、不像样子的东西，被扔在了路上，早晚会成为蚂蚁的战利品。在别的情况下，我曾见到雌距螽那么爱吃这块东西，为什么今天却把它抛弃呢？也许是因为婚礼晚餐的这盘菜肴粘着了太多的沙砾，吃起来很难受吧。

另一种螽斯，长着弯成像镰刀似的土耳其弯刀，它叫镰刀树螽，是它部分地补偿了我饲养螽斯时的烦恼。我曾多次看到它的弯刀末端带着生殖附器；不过每次的条件都不太充分，我无法做全面的观察。这个半透明的卵状袋子，有三四毫米大小，挂在一根水晶带上，颈部几乎跟鼓起的部分一般长。镰刀树螽没有去碰这个袋子，而是听任它失去水分，当场干枯[1]。

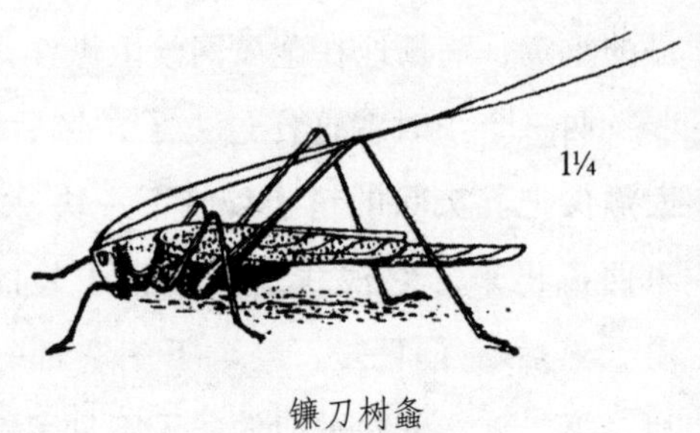

镰刀树螽

就到此为止吧，白额螽斯、阿尔卑斯距螽、蝈蝈儿、葡萄树距螽、镰刀树螽，这几种不同的螽斯所提供的五个例子证明，螽斯类昆虫像蜈蚣和章鱼一样，是古代习性残存的代表，它为我们保留了遥远年代奇特的繁殖行为的珍贵标本。

---

① 要求一本并不都能自由探讨解剖学和生理学的书，对这个稀奇的题目提供更充分的细节是不恰当的。这些细节可以在我1896年发表于《博物学年鉴》关于螽斯类昆虫的论文中找到。——原注

第十三章 蟋蟀的住所和卵

在人们所熟悉的寥寥可数但享有盛名的昆虫中，居住在草地上的蟋蟀几乎同蝉一样著名。它的声誉来自它的歌声和住所。如果不是让动物说话的寓言大师拉·封登因为令人遗憾的疏忽，对它只说了几句话，它会更加声名远扬。

在一篇寓言中，他告诉我们，野兔看到蟋蟀耳朵的影子非常害怕，因为爱嚼舌头的人总喜欢把蟋蟀的耳朵说成是角。谨慎的野兔收拾行装，走开了。它说道：

再见，蟋蟀邻居，我要离开这里；
要不，我的耳朵最后也要变成角。

蟋蟀反驳说：

这是角？你把我当成傻瓜啦！
这是主创造的耳朵呀！

野兔固执地说：

别人都说这是角。

这便是拉·封登关于蟋蟀所说的全部的话。多可惜，他没有让蟋蟀多说几句啊！不过他用两行诗，就出色地把蟋蟀的宽厚勾勒出来了。的确，蟋蟀不是傻瓜，它长着大大的脑袋，是有许多出色的事情好说的。不管怎样，野兔赶快告别并没有错。当别人恶意中伤时，最好的办法便是溜之大吉。

弗罗里安[①]就另一主题写了一篇蟋蟀的故事，但是，这篇寓言没有写出这个老好人的热情。在他的寓言《蟋蟀》里，有开着鲜花的草地和蔚蓝的天空，有花花公子和淳朴的女子，总之整个故事毫无生气，辞藻华丽，但平淡无味，为了文字而忘记了情节。这篇寓言缺乏纯真和风趣，而这是一篇好文章必不可少的。

另外，这故事说蟋蟀不满意它的生活，哀叹自己的命运，这是多么稀奇古怪的看法？常和蟋蟀打交道的人都知道，它对自己的才能和住所是十分满意的，而且寓言家自己也让蟋蟀承认了：

> 我多么喜欢我深深隐居的地方！
> 要过幸福生活，就在这里隐藏！

我觉得我的那位佚名朋友的寓言诗写得更有力，更真实。我那首普罗旺斯语诗歌《蝉与蚂蚁》，就是他写的。我要再次请他原谅，我未经允许便把他的诗勉强译出，予以发表：

蟋　蟀

> 动物的故事曾经述说：
> 从前有只可怜的蟋蟀，

---

① 弗罗里安（1755—1794）：法国作家。——译注

它在家门口晒着太阳；
美丽的蝴蝶翩翩飞过。

蝴蝶傲慢地顾盼自怜，
长长的尾巴色彩鲜艳，
行行新月形蓝色花纹，
还有金斑点和黑饰边[①]。

隐士说："飞吧，飞吧，
你整天在花丛中飞吧；
你的玫瑰和你的菊花，
都抵不上我简陋的家。"

突然刮起了狂风暴雨，
蝴蝶被淹在泥沼之中；
烂泥弄脏了丝绒衣裳，
它的身体也沾满泥污。

刮风下雨和雷鸣电闪，
蟋蟀在家中安然无恙；
这风暴并未使它惊慌，
它悠然自得欢快歌唱。

① 描写是正确的，如果我没有搞错的话，我的朋友这里谈的是金凤蝶。——原注

别在花丛中寻欢作乐，
别到处游逛虚度时光；
身居陋室过安静生活，
免得你将来泪水汪汪。

从这首诗里我认出了我熟悉的蟋蟀，我看到蟋蟀在洞口蜷着触角，腹部朝着阴凉处，背朝着太阳。它并不妒忌蝴蝶，相反却可怜蝴蝶；它那带着嘲弄的怜悯神情，就像在临街闹市开了一间店铺的老板，看到衣着华丽却无家可归的人从自己门口走过那样。它根本不诉苦，而且非常满意自己的住所和小提琴。它是真正豁达的人，知道虚荣是怎么一回事；它喜欢远离寻欢作乐者的喧嚣，独自享受陋室的乐趣。

不错，这个描写大致正确，但太不充分，没有写出给人留下最持久印象的特征。自从拉·封登把蟋蟀疏忽了之后，它一直在等待，而且还将长时间等待人们用必要的几行字，来确认它的优点。

作为博物学家，我认为这两篇寓言的主要特点，就是描写它的住所，这是寓言的基本寓意。如果我的冷杉木书架上不是只有寥寥几本书，这特点我无疑还会在别的书里发现，弗罗里安谈到蟋蟀那深深的隐居地，另一位也赞扬它那简陋的家，所以，蟋蟀首先引人注意的，便是它的栖居所，连一般不太关心实际情况的诗人都注意到了。

田野蟋蟀的确卓尔不群，昆虫中只有它在成年后有固定的居所，而且是心灵手巧的它亲自建造的。在气候不好的秋冬季节，其他昆虫蜷缩躲藏于临时的隐蔽所深处，这种隐蔽所，得来不费工夫，丢掉也不可惜。有些昆虫，为了安家，创造了奇妙的东西，

比如用棉花做成的袋子，树叶做成的篮子、水泥塔等等。有些靠捕获猎物维生的昆虫，隐藏在长期埋伏地等待野味的到来，如虎甲，挖一个垂直的井，用扁平的头塞住洞口。有哪个昆虫贸然踏上这危机四伏的天桥，就会消失于陷阱之中，因为过路者一踩上去，翻板活门便会立即翻转陷下去。蚁蛉在沙上做一个非常滑的斜坡状的漏斗，蚂蚁从斜坡上滑下去，潜伏在漏斗底部的猎人，便用颈部做投射器，投射出沙子把蚂蚁击毙。但这些都是一些临时的隐蔽所，剪径强人的藏身处，捕猎的陷阱而已。

辛劳修建的住所，昆虫安居其中，不管是欢乐富庶的春天，还是凄惨穷困的冬季，都不搬家；为了自己的安宁，无须操心捕猎和育儿的真正庄园，只有蟋蟀会建造。在阳光照射的草坡上，它便是那个隐蔽所的主人。当其他昆虫四处流浪，卧在露天里，或者在一块石头、一片枯叶、一张破裂树皮下，随遇而安地躲避风雨时，它却得天独厚，有固定的居所。

建造住房确实是严肃的问题，不过已经由蟋蟀、兔子，最后还有人解决了。在我家附近，有狐狸和獾的洞穴，不过这些洞穴大部分是利用洼陷的岩石，稍加修整而成的。兔子比它们聪明，如果没有天然的洞穴让它不费力气地定居，就随便找个地方挖洞蛰居。

蟋蟀远胜于所有这些动物，它瞧不上偶然碰到的隐蔽所，住址总要选在场所卫生、方向朝阳的地方。它不利用随便找到的不方便而又粗陋的洞穴；它的别墅，从入口到最尽头的卧室，全都是自己一点点挖出来的。

只有人类，在建造住宅的艺术上比它高明；然而，人类在会拌和砂浆来黏合砾石，把黏土涂抹在用树枝搭起的茅草房以前，也会跟野兽争夺岩石下面的隐蔽所和洞穴。

天赋的本能究竟是怎样分配的呢？看吧，这么一种最低下的昆虫，却知道住得尽善尽美。它有一个家，这是许多开化的动物都不具备的优点；它有平静的退隐处，这是安逸生活的首要条件；而在它四周，没有一种动物能够定居下来。除了人类之外，谁都无法与它竞争。

它怎么有这种天赋呢？它有专门的工具吗？没有。蟋蟀不是出类拔萃的挖掘手；考虑到它的工具软弱无力，人们不免对这种成果惊奇不已。

是不是因为它皮肤特别娇嫩，才需要有个家呢？不是。它的近亲中有的皮肤也很敏感，可是它们却根本不怕在露天下生活。

造屋是不是它身体结构的固有爱好，这才能是不是受它身体结构的推动而产生？不是。我家附近还有双斑蟋蟀、独居蟋蟀、波尔多蟋蟀，三种蟋蟀的外貌、颜色和结构同田野蟋蟀非常相像，乍一看，往往会跟田野蟋蟀相混淆。双斑蟋蟀身材有它那么大，甚至超过它；独居蟋蟀几乎只有它的一半，波尔多蟋蟀更小。可是田野蟋蟀的这些同类，全都不会挖掘住所。双斑蟋蟀住在潮湿腐烂的草堆里；独居蟋蟀在锄头翻起的干土块的裂缝中流浪；波尔多蟋蟀则大胆地闯进我们的家里，从8月到9月，在阴暗而凉爽的角落里悠悠鸣唱。

继续探讨下去并无用处，因为我提出的每个问题，答案都是否定的。尽管结构完全相似，我们却不能用本能来解释原因何在，因为有的显示出本能，有的却看不出来。挖洞能力也不取决于工具，因为根据解剖学的资料无法予以解释。四种几乎一样的昆虫中，只有一种掌握挖洞的技术，就是对前面已经提供的证据的进一步肯定，确凿地证明我们对本能的由来非常无知。

有谁不知道蟋蟀的家呢？有谁在孩提时期到草地上戏耍时，不曾在这隐遁者的屋前停住脚步？不管你的脚步多轻，它都听得见你走近了，于是猛然一缩，躲到隐蔽所里去，当你到达时，它早已经离开它的家门了。

人人都知道用什么办法把隐匿者引出来。你把一根稻草放进洞里轻轻摆动，它不知道上面发生什么事了，被逗得心痒痒的，于是从秘密的房间里爬出来；它犹豫不决地在前厅停下来，摆动灵敏的触角来探听情况；它来到亮处，走了出来；这时它很容易被抓住，因为它那简单的头脑已经被搅昏了。如果第一次被它逃脱了，它就会变得疑虑重重，不理睬稻草的挑逗。这时，用一杯水就可以把这个不肯就范的顽固分子冲出来。

天真的儿童在草径边捕捉蟋蟀，把它关在笼子里，用生菜叶喂它，这个时代真是美好。今天我搜洞探穴，寻找研究的对象，好装在我的网罩里。我又看到你们了，小蟋蟀，告诉我们一些情况吧，不过，首先让我们看看你的家。

青草丛中的蟋蟀，在朝阳的斜坡上挖一条倾斜的地道，外面的雨水可以迅速从斜坡流掉。地道几乎不到一个手指头宽，随地势或笔直或曲折，至多九法寸深。

洞穴通常都掩映着一簇草，蟋蟀出来吃周围的草时，绝不吃这一簇，因为这簇草是住宅的挡雨檐，草的阴影把出口隐蔽起来了。微微倾斜的房门，经过认真耙扫，向外延伸一段距离，当四周一片静谧时，蟋蟀就坐在这个亭阁里拨动琴弦。

屋内并不豪华，四壁萧然，但不粗糙，房主有充裕的闲暇抹平讨厌的粗糙洞壁。地道尽头是卧室，别无出口，这里比别处宽敞，也打磨得更光滑。总之，宅子十分简朴，非常干净，不潮湿，符合基本的卫生需要。考虑到蟋蟀简陋的挖掘工具，这真是一项巨大的工程。如果想知道它是怎么建造和何时开始建造这个住所，我们就必须追溯到产卵那个时候。

要想看到蟋蟀的产卵，无须费事做准备工作，只需要有点耐心。这种耐心，布封认为是天才，而我不那么夸张，称之为观察家的优秀品德。在4月，至迟5月，我把一对对蟋蟀单独放在花盆里，盆底铺一层压实的土，食物是生菜叶，不时更新；盆口盖一块玻璃，防止蟋蟀逃掉。

这种装置很简单，必要时再加上一个金属网罩，我就可以从中获得相当有趣的资料。稍后我会再谈到这套设备，眼前我要监视产卵，我时刻提高警惕，不让有利的时机溜掉。

6月的第一个星期，我孜孜不倦的观察开始取得成果了。我看到雌蟋蟀一动不动，产卵管垂直插入土中很长时间。它不理睬冒冒失失的来访者，长时间待在同一个地方。最后它拔出播种器，漫不经心地把孔洞的痕迹消除掉。它休息片刻，散散步，然后又到别处重新开始。它像白额螽斯那样分几次产卵，不过节奏慢一些。四个小时后，似乎产卵已经结束，不过为了保险，我又等了两天。

我翻起花盆里面的土，卵呈草黄色，圆柱形，两端浑圆，长约三毫米。卵一枚枚垂直排列于土中，每次所排的卵，数目或多或少，彼此靠拢在一起。我在整个花盆的两厘米深处，都找到了卵。我用放大镜在这堆土中检查卵数，虽然困难重重，但据我估计，一只雌蟋蟀产卵总数有五六百枚。这样的一个大家族在短时期内，将会遭受大量的淘汰。

蟋蟀的卵真是一种奇妙的小机械。卵壳像个不透明的白筒子，顶端有一个十分整齐的圆孔，圆孔边上有一顶圆帽做盖子。盖子不是由新生儿随意往前钻破或用剪子剪破，而是沿着一条专门准备好的阻力最小的线自动裂开。卵的孵化非常有趣，值得一看。

卵产下来两个星期左右，前端出现两个大而圆的黄黑点，这是未来的眼睛。在这两点附近，在圆筒顶端，出现了一条纤细的稍稍隆起的环形肉，将来卵壳就在这条线上裂开。很快，卵变得半透明，我可以看到小家伙精细的孵化状况。此时我必须加倍注意，频繁观察，尤其是在上午。

运气垂青有耐心的人，我的坚持不懈得到了报偿。稍稍隆起的肉通过极其微妙的变化，成为阻力最小的线，卵的顶端被小昆虫的头部顺着这条线推开，像小香水瓶的盖子一样被掀起来，落到一旁。蟋蟀若虫就像个小魔鬼似的从魔盒里出来了。

蟋蟀出来后，卵壳还保持原状，光滑完整，纯白色，盖帽挂在瓶口。鸟蛋是由雏鸟嘴的小硬瘤撞破的，蟋蟀的卵更精巧，如象牙盒似的自己张开，新生儿的头部就可以推开壳铰链。

蟋蟀孵化的速度可以跟食粪虫媲美，它是在一年中最炎热的日子里孵化，甚至比食粪虫更快，所以观察者的耐心并没有受到严峻的考验。夏至还没到，玻璃瓶里的那十对夫妇就已经儿女满堂了；卵期大约十天。

我之前说，小蟋蟀从带盖的象牙筒里出来，这种说法并不完全准确。小家伙在筒口出现时，裹着襁褓，还看不出模样。我料想，新生婴儿之所以要这个外套，这个襁褓，理由跟白额螽斯一样。

蟋蟀出生在地下，它同白额螽斯一样，有非常长的触角和腿。这些附器对破土而出是非常碍事的，所以，它必须拥有一件出土的紧身衣。我原先是这样认为的，我的预料虽然在原则上非常正确，却只对了一半。初生的蟋蟀若虫确实穿着一件暂时的外套，但并不是用来钻出地面的。它在卵壳口就把这件衣服脱掉了。

它为什么这样例外呢？我猜测，蟋蟀卵在孵化前，只在土里待了短短几天，除了罕见的例外，卵都孵化于干旱的季节，出壳后只要穿过一层薄薄的粉状干土；白额螽斯则不同，卵要待上八个月之久，孵化后，土地因秋冬久雨，压得硬实，钻出来十分困难。另外，蟋蟀比螽斯粗壮，腿也不如螽斯翘得高，也许这就是两种昆虫出土方式不同的原因。螽斯出生在压实的比较深的土层里，所以需要大衣保护，而蟋蟀身上的累赘物没有那么多，而且离地面近，只要穿过粉末状的土层就行了，所以用不着这件外套。

蟋蟀一出卵壳就把外套扔掉，那么这个襁褓是用来干什么的呢？对于这个问题，我用另一个问题来回答。蟋蟀在前翅下面长着两个白色的残肢，是两个翅膀的原基，以后将变成巨大的发声器官。这两个残肢是用来做什么的呢？它们毫无价值，又那么脆弱，蟋蟀肯定是根本不会使用的，就像狗不会使用它脚上那个没有作用的指头一样。

为了对称，人们有时在房屋的墙上画个假窗户，好与真正的窗户相协调。为了有序就必须对称，而有序则是美至高无上的条件。生命同样也遵循对称原则，当一个器官已失去用处而要取消掉时，为了和谐，生命就把这个器官的残迹保留下来。

狗退化的指头表明它的足有五个指头，这是高等动物的特征；蟋蟀的残翅，证明它本来是能够飞行的。蟋蟀在卵壳口蜕下的皮，类似出生于地底下的螽斯类昆虫的襁褓。螽斯历尽千辛万苦，要钻出地面就必须有这种襁褓。这是为了对称而保留的多余物，是已经过时但还没有废除的一个器官的残余。

小蟋蟀一脱去外套，浑身还是灰白色的，就要和盖在身上的泥土搏斗。它用大颚拱松软的土，把障碍物扫开踢到身后。现在，它钻出了地面，沐浴着欢快的阳光。但它身体如此瘦弱，不比跳蚤大，就要经受弱肉强食的危险。在24小时内，它变成了漂亮的小黑人，乌黑的颜色可与发育完全的蟋蟀相媲美；原来的灰白色只剩下一条白带围在胸前，令人想到拉着小孩学走路的背带。

小蟋蟀非常敏捷，用颤动的长触角探索四周的情况。它奔跑、跳跃，以后发胖就跳不起来了。这时它的胃非常娇嫩，要给它什么食物呢？我不知道。我喂它生菜叶，但它不屑一啃，或者是我没有看出来，它的嘴太小。

我的十个蟋蟀家庭在几天内成了沉重的负担，这的确是一群漂亮的小家伙，可是我不知道它们要求怎样的照顾，我怎么处置这五六千只小蟋蟀呢？哦，我可爱的小家伙，我给你们自由吧，把你们托付给大自然这个至高无上的教育者吧！

就这么办吧，我把它们分散放到荒石园里的各个角落。到明年，如果所有的蟋蟀都安然无恙，在我门前会有多么动听的音乐会啊！可是，情况不是这样，很可能没有什么交响乐；虽然雌蟋蟀生下了众多子女，但随之而来的是凶残的杀戮，可以预料，在大屠杀中幸存下来的可能只是几对蟋蟀。

跟修女螳螂的遭遇一样，首先跑来狂热地劫掠这些天赐美食的是小灰蜥蜴和蚂蚁。蚂蚁这个可恶的强盗，很可能在荒石园里连一只蟋蟀也不会给我留下；它抓住这些可怜的小东西，咬破它们的肚皮，疯狂地把它们嚼碎了。

啊！这种万恶的虫豸！我们还当它们是第一流的昆虫哩！人们写书颂扬它，对它赞不绝口；博物学家尊崇它，使它声誉日隆。在动物界也和人类一样，有各种办法让别人为自己树碑立传，而最可靠的办法就是害人。

做有益的清洁工作的食粪虫和葬尸甲，没有人理会它们，而吃人血的家蚊，带毒刺且暴躁好斗的胡蜂，专门干坏事的蚂蚁，却尽人皆知。在南方的村庄里，蚂蚁把房屋的椽子咬得百孔千疮，岌岌可危，那种疯狂劲就像吃无花果一般。用不着我多说，谁都能在人类的档案馆里找到类似的例子：好人默默无闻，害人者备受歌颂。

荒石园里的蟋蟀开始是那么多，却被蚂蚁和其他杀戮者消灭殆尽，我无法继续研究，只好到园子外面去观察。

8月，在落叶中，在还没有被酷暑完全烤干的草地上的小块绿洲中，我看到小蟋蟀已经较大，浑身黑色，初生时的白带已经毫无痕迹。这时它居无定所，一片枯叶、一块扁石头便足以栖身。所有的流浪者对于在哪里休息都是满不在乎的。

直到仲秋时节，流浪生活还在继续。这时又有黄足飞蝗泥蜂在追捕这些流浪汉，屠杀这些逃脱蚂蚁虎口的幸存者，把许多蟋蟀储藏在地下。如果蟋蟀在通常的造窝时间前几个星期建造固定的小屋，就可以免受掠夺者的蹂躏；可是受难者却没想到，它们没有从千百年的严酷经历中接受教训。此时它们已经相当强壮，足以挖掘一个保护自己的窝，但仍然抱着古老的习俗不放，即使飞蝗泥蜂会蜇死家族中的最后一个成员，它们仍然四处流浪。

一直要到10月末，初寒袭人时，它才开始造窝。根据我对关在网罩里的蟋蟀的观察，造窝工作非常简单。蟋蟀绝不在荒石园里裸露的地方掘洞，总是在吃剩的生菜叶遮盖住的地方，以此代替草丛作为隐蔽所必不可少的门帘。

这个矿工用前腿挖掘，使用如钳般的大颚拔掉粗石砾。我看到它用带有两排锯齿的强壮后腿践踏，把挖出来的土扫到后面，摊成

斜面，这便是它造房的全部工艺。

工作开始时进展得很快，网罩里的土很软，挖掘工在土里钻了两小时，不时地退后返回到洞口，把土扫出来。如果累了，它便在未完成的屋门口休息，头朝外，触角无力地摆动，然后又进去继续工作。

最紧迫的工作已经完成，洞有两法寸深，眼下已经够用，其余的工作较花时间，可以抽空做，一天做一点，住房随着天气变冷和自己身体长大慢慢加深加宽。即使在冬天，如果天气暖和些，太阳晒在门口时，我还可以看到蟋蟀把土运出来，说明它还在挖掘和修理屋子。到春光明媚时，房屋的维护和改善工作仍在继续，直至主人死去。

4月末，蟋蟀开始唱歌，先是零零星星羞涩地独唱，不久就形成合唱，在每块泥土下都有演唱者。我总喜欢把蟋蟀列于万象更新时的歌手之首。在灌木丛中，百里香和薰衣草盛开时，百灵鸟冲天而起，放开喉咙高歌，从云端把优美的抒情歌曲传到地上，而蟋蟀则遥相应和，虽然歌声单调，缺乏美感，但这单纯的声音，却与见到新鲜事物的淳朴欢乐多么协调！这是大自然苏醒的赞美歌，是萌芽的种子和初生的叶芽能够听懂的歌。在二重唱中，谁能得到胜利的棕榈叶？我要把这棕榈叶给予蟋蟀。它们歌手众多，歌声不断，压倒了对手。云雀噤声，不再歌唱，野地里青蓝色的薰衣草，像发出樟脑味的香炉，在阳光下迎风摇曳，它们只听到蟋蟀发出的低声鸣唱，这是庄严的庆祝歌声。

第十四章 蟋蟀的歌唱和交配

现在，解剖学插进来对蟋蟀粗暴地说：“把你唱歌的玩意给我们看看。”就像一切具有真正价值的东西一样，蟋蟀的乐器很简单，和螽斯的乐器基于同样的原理，有带齿条的琴弓和振动膜。

与绿色蝈蝈儿、白额螽斯、距螽等的近亲相反，除了裹住侧面的皱褶外，蟋蟀的右前翅几乎把左前翅全部遮住，蟋蟀是右撇子，其他的则是左撇子。

两个前翅的结构完全相同，了解了一个就可以知道另一个。现在我先描述右前翅。它几乎平铺在背上，到了侧面突然折成直角斜落，紧裹着身体。右前翅贴在背部的翅脉粗壮，深黑色；侧面的翅脉较细，斜着平行排列。整个右前翅好似一幅奇怪而复杂的图画，有点像天书般的阿拉伯字。

前翅透明，除了与左翅相交的两点外，呈非常淡的棕红色：前面一点大些，三角形；后面一点小些，椭圆形。这两处都镶嵌着一条粗翅脉，有一些微微的翅脉纹，前一块是四五条人字形条纹，另一块则弯成弓形的曲线。这两处类似螽斯的镜膜，是蟋蟀的发声部位，翅膜透明，细薄，略黑。

前部镜膜光滑，有一抹橙红色，两条弯曲而平行的翅脉将它与后面隔开，两条翅脉间有凹陷，排列着五六条黑色横脉，像小梯子的梯级。左前翅跟右前翅一模一样，这些横脉就是摩擦脉，它们增加了琴弓的接触点，从而增强了振动。

构成凹陷梯级的两条翅脉中，有一条切成锯齿状，这就是琴

弓，约有150个锯齿，呈三棱柱状，非常符合几何学原理。

这的确是比白额螽斯的琴弓更精致的乐器，弓上的150个三棱柱齿与左前翅的摩擦脉相啮合，使四个扬琴同时振动。下面两个靠直接摩擦发音，上面两个由于摩擦脉的振动发音。白额螽斯只有一个无足轻重的镜膜，发出的声音只能在几步远处听到；蟋蟀拥有四个振动器，歌声能够传到几百米远，这声音多么洪亮啊！

蟋蟀响亮的歌声可以与蝉媲美，却没有蝉那样嘶哑。更妙的是，它知道抑扬顿挫。它的前翅在侧面伸出，形成一个宽边，这便是制振器；宽边放低，便改变了声音的强度，根据它们与柔软的腹部接触的面积，蟋蟀可以时而柔声轻吟，时而放声高唱。

两个前翅完全相同，引起了我的注意。我清楚地看到了上面的右琴弓和琴弓所振动的四个发声器的作用，但是下面的左琴弓用来做什么呢？它不搁在任何东西上面，它的齿条没有接触点来敲打发音，所以完全是无用的，除非发声器官的这两个部件上下颠倒。

把两个部件颠倒过来，由于乐器是完全对称的，所产生的必要机制也完全一样，那么蟋蟀就可以用它原来无用的齿条来鸣唱，它用现在处于上面的左琴弓，像往常一样来弹奏，所唱的曲子依旧不变。

那么蟋蟀能不能轮流使用两把琴弓，让其中一把休息，好延长歌唱的时间呢？或者有没有一种用左琴弓弹奏的蟋蟀呢？

既然前翅完全对称，我猜想应该有；然而，观察的结果正相反。我从没有见过一只蟋蟀违背普遍的规则。我观察了许多蟋蟀，全都是右前翅盖在左前翅上，无一例外。

我试着用人为的办法来实现自然条件下做不到的事，我用镊子耐心而巧妙地把左前翅放到右前翅上，当然没有死用力气，没有扭伤蟋蟀。好了，一切都进行得很好，翅膀没有脱臼，翅膜也没有褶皱，就算正常的翅膀也不会摆得更好。

如果乐器颠倒，蟋蟀也会唱歌吗？我很希望如此，因为从现象看似乎是这样的。但是，很快我就发现自己错了。它开始显得比较平静，但不久就感到不舒服，便使劲把乐器扳回到原位。我又试了几回，仍然白费工夫；它的顽强战胜了我的执拗，前翅总是恢复到正常状态。这条路是行不通了。

如果我在前翅刚长出来时就进行实验，会不会好一些呢？如今，翅膜已经僵硬，褶皱已经形成，弯不过来了，我应该一开始就摆弄这块布料。这些还有塑性的新器官，如果一长出来就颠倒过来，结果会怎样呢？这值得实验一番。

为此我去找若虫，留意它羽化的时刻。羽化就像是它的再生。这时，未来的前后翅像四个极小的皱薄片，那又短又小、叉开的样子，就像奥弗涅[①]地区干酪制造工人穿的短上衣。如果我不想失去良机，我就要加倍勤奋，我终于看到蜕皮了。5月初的一天上午，11点左右，我看见一只若虫把它破旧的粗衣服扔掉了。这时，刚蜕皮的蟋蟀呈栗红色，只有前后翅是纯白色。

刚刚从外套里出来的翅膀又小又皱，后膀一直都是这种退化的样子，前翅则一点点胀大，张开，伸出；左右前翅的内缘在同一平面上往前长，慢得几乎看不出来，丝毫看不出哪个前翅要盖在上面。后来两个前翅的边缘碰到一起，过一会儿右前翅就要盖在左前翅上了。这时我该进行干预了。

我用一根草轻轻地改变重叠的次序，把左前翅搁到右前翅上。

① 奥弗涅：法国旧省。——译注

蟋蟀挣扎了一下，搞乱了我的计划，我又尽量小心地把它扳回去，唯恐碰伤了它，因为它那娇嫩的器官就像是从又薄又湿的纸上裁下来似的。完全成功了，左前翅盖在了右前翅上面，不过只盖了一点，几乎不到一毫米。随它去好了，事情会自然进行的。

前翅的确如我所希望的那样发育，左前翅一直往前长，终于把右前翅盖了起来。下午3点左右，蟋蟀从淡红色变成了黑色，不过前翅一直是白的。再过两个小时，两个前翅呈现出了正常的颜色。

好了，前翅在强扭的状态下发育成熟了，它们按照我的意图撑开，成型，长大，硬实起来。这些前翅是按照颠倒的次序生长的，这时的蟋蟀是左撇子，它会不会永远是左撇子呢？看来似乎如此，到了第二天、第三天，我的希望就更加增强了，因为前翅仍然是原先的样子，没有丝毫变化。我预料不久就会看到这个艺术家，用它们家族成员从没有使用过的这个琴弓来演奏。

第三天，新歌手初次登台。我听到几声短促的吱咯声，像是机器齿轮没啮合好的响声。它正在调节它的齿轮呢，调节好后，歌唱开始了，它会唱出平常的音调和节奏的。

捂起你的脸吧，愚蠢的实验者。你太相信那根草的魔力了！你以为创造出了一个新式的乐器，其实你一无所获。蟋蟀挫败了你的计谋，它还是拉它的右琴弓，始终拉右琴弓。它付出了痛苦的代价，那颠倒长得硬实的前翅，尽管似乎已经固定成型，可它硬是要它们恢复原位，结果翅膀脱了臼，但它终于把该在上面的放到上面，该在下面的放到下面了。

富兰克林的事例为左手做了最好的辩护，左手跟它的姐妹右手一样值得精心培育。如果两只手都一样灵巧能干，该有多好啊！但是，除了罕见的例外，两只手能够同样有力，同样灵活吗？

不可能，蟋蟀这样回答我们：左边有一个天生的弱点，一个在平衡方面的缺点，这个缺点，习惯和培育在一定程度上可予以改正，但无法使它永远消失。通过一出生就进行饲育，加以定型，把左前翅固定在右前翅上面，可是当蟋蟀想改变时，左前翅仍然会恢复到下面来。至于为什么会有这种天生的劣势，那得由胚胎学来告诉我们。

我的失败证明，尽管借助于技术，左前翅并不能弹奏它的琴弓，那么，它那精密程度丝毫不逊于右前翅的齿条有什么用呢？我们可以把对称作为理由，提出原型图纸需要有重复的说法。我刚才谈到小蟋蟀把蜕下来的皮留在卵壳出口时，由于没有更好的理由，就是这么说的；但是我宁愿承认，这只是一个似是而非的解释，一个说起来好听，但不解决问题的迷惑人的托词。

事实上，白额螽斯、蝈蝈儿等螽斯，有的只有琴弓，有的有镜膜，它们都会展示它们的前翅并对我们说：“为什么我们的近亲蟋蟀有对称性，而我们所有的螽斯却没有呢？”对于它们的反驳，我做不出有效的回答，还是坦白承认我们的无知，谦卑地说“我不知道”吧！一只小飞虫的翅膀，就足以把我们高超的理论驳得无处遁身。

乐器已经讲得够多，现在我们来听听它的音乐吧。蟋蟀总是在暖洋洋的阳光下，在家门口而从不在屋里唱歌，前翅发出“克利克利”的柔和颤声，圆浑，响亮，富有节奏感，而且无休止地继续下去。整个春天的闲暇时光，它就这样自得其乐地歌唱。这隐士首先是为自己歌唱，它的生活充满着乐趣，它赞美照射在身上的阳光，赞美供给食物的青草和给它遮蔽风雨的平静隐蔽所。它拉起琴弓，首先是为了歌颂生活的幸福。

这位独居者也为女邻居们歌唱。说真的，如果有可能在非囚禁的混乱状态下来观察，蟋蟀的婚礼的确会非常奇怪。可是在这里，想寻找机会是徒劳的。因为蟋蟀胆子非常小，我必须等待机会。有一天我会不会等到呢？虽然困难很大，但我并未失去信心。目前，我们还是满足于可能发生的情况和网罩里看到的现实吧。

雌雄蟋蟀不住在一起，都喜欢待在自己家里。会由谁移驾到对方家里去呢？求爱者会去找它的意中人吗？如果在交配时，在相隔遥远的住所之间，声音是唯一的向导，那么不出声的女方就应该去找发出声响的男方。然而，实际情况并非如此。因此，从礼仪角度并综合网罩里的蟋蟀的行为，我设想雄蟋蟀有一套专门的办法，引导它走到不出声的雌蟋蟀家里。

双方什么时候和怎样会面的呢？我猜想是在薄暮时分，天开始黑下来伸手不见五指的时候，在女方家门口那个铺着沙的空旷地，在它宫廷的前庭里。

大约20步距离的夜间旅行，对于蟋蟀来说是个重大的举动。它平常足不出户，对于地形学是外行，长途跋涉后，它怎么找到自己的家呢？再返回它的家大概是不可能的。我担心它会到处游荡，无家可归。它没有时间也没有勇气，再挖一个新洞穴来保护自己，它会悲惨地死去，成为夜间四处巡查的蟾蜍的美味。它夜访雌蟋蟀将使它失去住所，死于非命。这一切它全然不当一回事，它完成了它作为蟋蟀的义务。

我就这样，把旷野里可能发生的和网罩里的真实情况结合起来，概括出了事情的全貌。我在一个网罩里放了好几对蟋蟀。一般来说，我的囚犯用不着为自己挖洞穴。时间在漫长的期待和长久的行动中过去了，蟋蟀在网罩里溜来溜去，并不打算建造永久居所，只是蜷缩在一片生菜叶下。

只要没有爆发交配期本能的争斗，那么这一方净土便充满着和平的气氛。可是，求偶者之间经常发生激烈的争吵，虽然并不严重。两个情敌彼此对立，头上都戴着能够经受夹钳的牢固头盔；它们咬着对方的头顶，扭在一起；战斗结束后，两位斗士站立起来，分开。战败者溜之大吉，战胜者唱起一首豪气冲天的歌曲来羞辱对方，然后降低声调，又围着女方歌唱。

它搔首弄姿，装腔作势，用手指一钩，把一根触角拉到大颚下，卷曲起来，用唾液涂上美容剂。它那长着尖钩、镶着红带的长后腿急不可耐地跺着，猛踢着，它激动得唱不出声来。前翅虽然还在迅速颤抖，但不再发出鸣响，或者只是发出一阵杂乱无章的摩擦声。

但是，这种爱情的表白不起作用。雌蟋蟀跑开躲到草丛里，只把门帘掀开一点点张望，希望被对方看到。

它向草丛逃去，一面窥视着求婚者。

两千年前的牧歌这样动人地描绘道。情人间圣洁的打情骂俏，到处都是一样的啊！

歌声又响了起来，间或沉寂一会儿，或者发出低低的振音。雌蟋蟀被如此的激情所打动，从隐藏的地方出来。男友向它迎上去，猛地掉过头来，转身趴在地上，它朝后倒退地爬行，多次企图钻到雌蟋蟀的身下去。这种奇怪的动作终于成功了，现在交配完成了。一个精子托，一个还不到大头针的头大的细粒悬挂在老地方，来年草地上便会有它们的蟋蟀后代。

随之而来的是产卵。这对蟋蟀住在一起了，过着经常吵架的生活。父亲被打得残废，小提琴也被撕碎。如果是在自由的田野上，而不是关在网罩里，受迫害者就要逃走了。

即使在最和平的昆虫中，母亲对父亲这种近乎凶残的反感，也不免令人深思。刚才还是亲爱的伴侣，而现在如果落入这美女的嘴里，几乎就要被吃光了；在最后的会晤后，只剩下断肢残腿和破烂的前翅。螽斯和蟋蟀，这些古老世界残存的代表告诉我们，雄性是生命的原始机械中次要的齿轮，它必须在短短的时间内消失，以便把空位让给母亲这个真正的生殖者、真正的劳动者。

如果说后来在比较高等的类别，有时甚至在昆虫中，雄性扮演着合作者的角色，那也没有什么好处，只有家族能从中得益。不过蟋蟀还没到这一步，因为它仍然忠于古风旧习。因此昨日亲密的伴侣，今天成了讨厌的家伙，雌蟋蟀要虐待它，把它开膛破肚来品尝美味。

即使雄蟋蟀能够逃脱好斗的伴侣的大颚，它也已经没有用处，很快也会被生活所杀害。6月，网罩里的囚犯全死了，有的是自然死亡，有的是暴卒。母亲们在它们封闭的家中活了一段时间。但是，如果是单身，事情就会以不同的方式进展，雄性会非常长寿。下面请看事实。

听说热爱音乐的希腊人把蝉养在笼子里，听它们唱歌，可是我不相信。首先，身旁长时间响着蝉的刺耳歌声，对于娇嫩的耳朵不啻酷刑。田野的音乐会歌声四扬，希腊人听觉十分敏锐，是无法忍受再去听这样的聒噪的。

其次，绝对不可能把蝉养在笼子里，除非在里面放上一棵橄榄树或一棵梧桐树，而笼子里有了这样的东西是不太适合放在窗台上的。即使如此，在不大的空间里关上一天，喜欢高飞的蝉也会厌倦而死的。

是不是人们把蟋蟀误以为是蝉，就像人们把绿色蝈蝈儿和蝉相混淆一样？把蟋蟀关在笼子里是可能的，我这里就有一只高高兴兴地忍受囚居生活的蟋蟀，深居简出的习性使它天生就有在笼子里生活的本能。只要每天喂它生菜叶，它在不到拳头大的笼子里就能过得很幸福，还会不停地歌唱。雅典的小孩挂在窗口的小铁丝笼子里饲养的，不就是蟋蟀吗？

普罗旺斯以及整个南方的孩子都有同样的爱好。在城里，拥有一只蟋蟀，对于孩子们来说，更是宝贵的财产。他们百般怜爱蟋蟀，而蟋蟀则为他们唱纯真欢乐的田野之歌。它的死会使全家人感到悲哀。

网罩里被囚禁的隐士，这些被迫的独身者，变成了族长。那些草地上的伙伴早已去世，可它们却一直健康地歌唱到9月。它们多活了三个月，成年之后的生命延长了一倍。

这样长寿的原因显而易见，它们在生活中没有消耗任何东西。自由的蟋蟀跟女邻居一起，快快乐乐地耗掉储存的精力；它们越是热情地消耗自己的身子，就死亡得越快。那些被禁锢者则过着非常平静的生活，它们没有因消耗过度的快乐而被迫亏损了身子，所以活得更久。它们没有完成蟋蟀的义务，所以能够一直活到天年。

我对我家附近的其他三种蟋蟀只做了简单的研究，没有了解到什么有意义的东西。它们居无定所，没有地穴，从一个临时隐蔽处流浪到另一隐蔽处，有的隐蔽在枯草下，有的在土块的裂缝里。所有这些蟋蟀的发声器官跟田野蟋蟀的一样，只有细微的不同。它们

的歌声除了洪亮的程度外，彼此都一样。这家族中最小的波尔多蟋蟀在我家门前的黄杨树下鸣唱，它们居然一直进入到厨房阴暗的角落里；它的歌声是如此微弱，必须凝神静听，才能够听得见，并分辨出它究竟躲在哪里。

我们地区没有家蟋蟀，它们是面包店和村屋里的常客。但是，如果说在我们村中，烟囱石板下面的缝隙里听不到蟋蟀的声音，作为补偿，夏夜的田野里，到处都响着北方不太熟悉的悦耳歌曲。春天，在阳光明媚的时刻，田野蟋蟀是交响乐团的成员；夏天，在寂静的夜晚，则是树蟋又叫意大利蟋蟀的天下。一个在白天，一个在夜晚，均分美好的季节。当前者停止歌唱时，后者很快就开始演奏小夜曲。

意大利蟋蟀不穿黑衣，也没有蟋蟀类特有的笨重外形；它细长，脆弱，浑身苍白，几近白色，很适合夜游。它太娇弱，用手指捏着都怕把它捏碎了。它停在各种各样的小灌木上，在长得高高的草上，过着漂泊的生活，很少下到地上来。7月到10月，夜间炎热而又恬静，它从太阳落山时分一直歌唱到大半夜，好似优美的音乐会。

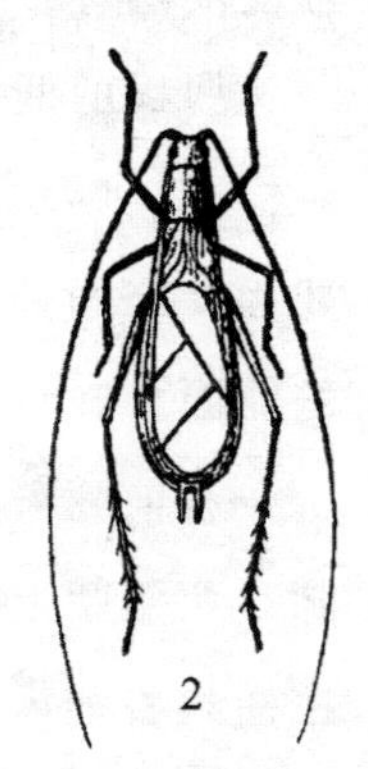

树蟋

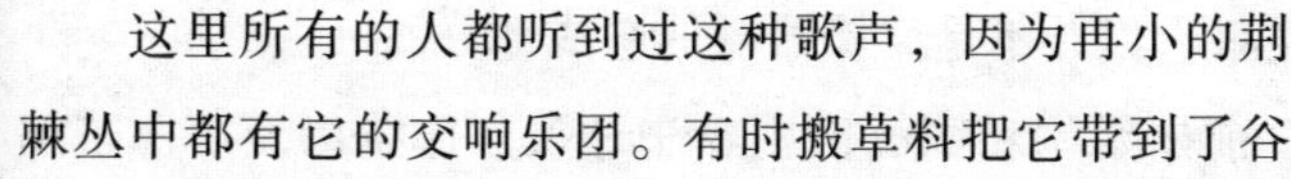

这里所有的人都听到过这种歌声，因为再小的荆棘丛中都有它的交响乐团。有时搬草料把它带到了谷仓里，它迷途不知返，甚至就在谷仓里唱起歌来。可是由于这种苍白色蟋蟀的习性十分神秘，谁也不知道小夜曲是什么蟋蟀唱出的，有的人说是普通蟋蟀唱的，当然完全错了，因为这时节普通蟋蟀还非常小，还不会唱歌呢。

它唱的歌曲是缓慢而柔和的“克里—依—依”“克里—依—

依”，轻微的颤音使得歌声更为动人。听到这歌声，我们就会猜想到，它的振动膜十分细薄而宽阔。树蟋停在草丛上，如果没有什么打扰它，声音就维持老样子；可是有一点点声响，演奏者就改用腹语唱歌。你原先听到它在那里，就在你的身旁；可是突然你听见它到20步外继续歌唱，由于距离远了，便听不清楚了。

你走到那里，却什么也没找到，声音又从最初那地方传来；可是那里也不对，现在声音从左从右，甚至从后面传来。你完全不知道究竟该到哪里寻找，你无法凭听觉朝树蟋歌唱的地方走去。你必须无比耐心和小心翼翼，才能够拎着提灯抓住这位歌手。我就这样抓到了几只，把它们关在网罩里，才对这位我们不知道它在何处唱歌的演唱者，有了一点点了解。

树蟋的两只前翅都是一片宽大的半透明膜片，像白色的洋葱皮一样薄，整块薄膜都能振动。前翅下部浑圆，一条粗粗的纵脉斜穿翅面，与两条横脉相交成丁字形。当树蟋休息时，翅缘便围住身体的侧面。

右前翅叠在左前翅上，靠近臀角有一块厚茧，辐射出五条翅脉，两条朝上，两条朝下，第五条水平辐射，略呈棕红色，翅脉上还横列着细齿，这就是琴弓。前翅还有几条翅脉，没有那么粗，这些翅脉把薄膜绷紧，但并不是摩擦器械的组成部分。

左前翅与右前翅结构相同，区别在于琴弓、厚茧以及由厚茧辐射出去的翅脉，位于上部。左右两把琴弓彼此倾斜交叉。当发出最洪亮的歌声时，左右前翅都高高竖起，就像一片薄纱的大风帆，彼此只是内缘相接触。这时一把琴弓斜着啮合在另一把琴弓上面，相互的摩擦使绷紧的两片薄膜发出振响。

根据每把琴弓是在另一个前翅粗糙的厚茧上，还是在四条光滑

的辐射翅脉上磨锉，声音会有所不同。这可以部分解释，为什么当胆小的树蟋觉得自己不安全时，会让我们产生幻觉，认为歌声似乎是来自他处。

歌声的强弱高低以及由此产生唱歌距离的远近，是腹语者的主要技巧。我发现，产生这种幻象还有一个原因。要使声音响亮，前翅就完全竖起；要压低声音，前翅就或多或少放下。当处于放下状态时，外缘不同程度地压在树蟋柔软的侧部，就相应地缩小了振动部分的面积，从而减弱了声音。

发出叮当声的玻璃，被手指稍稍一碰，就不那么响了，声音被盖住，听不清，好像从远处传来似的。灰白色蟋蟀了解这个音学奥秘，它把振动片的边缘放在柔软的肚子上，使想抓它的人不知道它究竟在哪里。我们的乐器有制振器、有弱音器；意大利蟋蟀的乐器可以与之媲美，而且结构简单，效果良好，超过了我们的乐器。

田野蟋蟀和它同属的昆虫，也把前翅边缘搭在腹部或高或低的部位来减弱声音，然而它们谁也比不上意大利蟋蟀，它能以此产生如此迷惑人的效果。

只要一听到脚步，哪怕最轻微的声音，它就会让我们出其不意地错以为它在离我们很远的地方。它的歌声音质清纯，颤音柔和。它在8月夜深人静时的歌声那么优美，那么清朗，我在别的昆虫身上没有听过。我曾经多少次，在迷迭香花丛中，躺在地上，倾听荒石园里优美的音乐会啊！

荒石园里夜间歌唱的蟋蟀非常多。每一簇开着红花的岩蔷薇都有自己的合唱队员；每一束薰衣草上都有自己的演唱者。那些枝繁叶茂的野草莓树、那些笃薅香都变成了一个个大舞台。所有小生命都在灌木丛里，用清脆动人的声音互问互答；每个歌手不管别人唱什么坎蒂列那[①]，都独自在庆祝自己的欢乐。

在天上，就在我头顶上，天鹅星座在银河中画出大大的十字架；在地上，就在我的四周，蟋蟀的交响乐在抑扬起伏。这些歌唱欢乐的小生命，令我忘记了群星璀璨；天上的眼睛平静而冷漠地瞧着我们，却无法扣动我们的心弦。

科学告诉我们，这些星星同我们的距离，以及它们的速度、质量、体积；科学告诉我们，它们的数目是那么多，我们说都说不上来；它们的面积是那么大，我们听都听得吓一跳；但是科学无法激动我们的一根神经。为什么？因为星星缺乏生命的秘密。在天上有什么？太阳照暖了什么？理性向我们断定，那是一些跟我们的世界相似的世界，是生命以无穷的变化演变着的大地。这种宇宙观十分美好，可是说到底，纯粹是一厢情愿，不是根据明显的事实提出来的，而事实才是每个人看得见、摸得着的至高无上的证据。也许，十分可能，如此显而易见的事，并非都能让人毫不怀疑、不加抗拒地加以接受。

可是，哦，我的蟋蟀们！因为有你们的陪伴，我才感到生命的悸动，而生命是我们这片土地上的灵魂；这就是为什么我身倚迷迭香树篱，只是漫不经心地向天鹅星座瞥上一眼，却全神贯注地倾听你的小夜曲。一个有生命的小不点，一粒能够感受快乐和痛苦的生蛋白，比起庞大的无生命的星球，更能引起我的无尽兴趣。

① 坎蒂列那：中世纪时的一种叙事抒情歌曲。——译注

第十五章 蝗虫的角色和发音器

“孩子们，明天在太阳还不太热以前，都准备好，我们去抓蝗虫。”这个通知使正在吃饭的全家人都激动起来。我的小合作者们会梦见什么呢？蝗虫的蓝翅膀、红翅膀，突然像扇子般张开来；带有锯齿的天蓝色或者玫瑰红的长腿在我们手指间乱踢蹬；粗粗的后腿使它们可以弹跳起来，就像埋伏在草地上的小弹射器弹射弹子一样。他们在睡梦中柔和的魔灯照射下看到的东西，我也在睡梦中见到过；人生以同样的天真无邪，抚慰着儿童和老年人的心。

如果有一种狩猎无需杀戮、危险不大，又老少咸宜，那肯定就是捉蝗虫。蝗虫给了我们多么有趣的上午啊！当老熟的若虫身体已经变成黑色，我的助手们能够在灌木丛中抓到几只时，这个时刻是多么美妙啊！在被太阳晒得焦硬的草坡上远足，多么令人难忘！我将永远记住这一切，我的孩子们也将保留着对捉蝗虫的回忆。

小保尔手脚敏捷，眼睛尖。他搜查腊菊花簇，长鼻蝗虫圆锥形的头就在那里仪态万方地沉思；他仔细查看灌木丛，肥胖的灰蝗虫以受惊雏鸟般的飞跃速度，突然从那里飞出来。猎手失望极了，先是拼命追，然后呆呆地停下来，看着蝗虫像云雀似的远远逃走了。下一次他就会幸运些，我们每次狩猎总会带回几个漂亮的俘虏。

意大利蝗虫

比保尔年幼些的玛丽-波利娜，耐心地侦伺黄翅膀、后腿呈胭脂红色的意大利蝗虫；不过她最喜欢的还是另一种衣着优雅的蝗虫。这种深受喜爱的蝗虫，背部有四条白色斜线，凑在一起形成一个圣安德烈[1]十字架。它的外衣上有几个铜绿色的碎片，就像铜绿色的古代奖章。安娜举着手等着扣下，一边轻轻地靠近，按下，啪！逮住了。赶快用纸袋把蝗虫装起来吧，安娜先把蝗虫的头放到纸袋口上，蝗虫一跳就掉进漏斗里去了。

就这样，一只又一只，纸袋鼓起来了；就这样，盒子装满了蝗虫。在太阳还没有热到难以忍受之前，我们已经拥有许多各种各样的蝗虫。把这些俘虏养在网罩里，如果我善于询问，也许它们会透露一点情况。我们回家了，没花什么力气，蝗虫就给我们三人带来了愉快。

我对捕获的蝗虫提出的第一个问题是："你们在田野里扮演的是什么角色？"我知道你们全都声名狼藉，书本上都说你们是害虫。你们该不该受到指责呢？我斗胆表示怀疑，当然，那些在东方和非洲成为灾星的可怕毁灭者应当除外。

你们全都具有饕餮之徒的坏名声，可是我却觉得饕餮之徒的益处远胜于害处。据我所知，这个地区的农民从来都没有抱怨过你们。他们能够指控你们造成什么损害呢？植物上的芒刺，绵羊啃不动而不肯吃，你们把它啃掉了；你们更喜欢作物间肥沃的杂草；你们吃不结果实的东西，这是其他动物都不吃的；你们有强壮的胃，可以靠根本无法吃的东西维生。况且，当你们出现在田野时，唯一能够吸引你们的麦子，早就成熟收割掉了。即使你们进入菜园觅食，干的坏事也不是罪恶滔天的，只不过几片生菜叶被咬坏而已。

用一畦萝卜地为标准来衡量事物的重要性，这方法不可取，我

---

① 圣安德烈（1749—1813）：法国基督教新教牧师。——译注

们不能舍本求末。目光短浅的人，为了保存几只李子，而要打乱整个宇宙的秩序。如果要他去处理昆虫，那么他谈的只是毁灭。

幸亏他没有，也永远没有这种权力。看看吧，譬如说，被指控偷走了田地上的一点点东西的蝗虫消失了，会给我们造成什么样的后果啊！

9月、10月间，小孩子拿着两根竹竿，赶着火鸡群来到收割后的田里。火鸡发出“咕噜咕噜”声慢步走过的地方，干旱、光秃，被太阳晒焦，顶多只有一簇矢车菊长着最后的几个绒球。这些火鸡在这沙漠般的地方，饿着肚子干什么呢？

它们要在这里喂得肥肥的，好被端到圣诞节的家庭餐桌上，它们在这里长出结实味美的肉。那么请问，它们吃什么？吃蝗虫。圣诞之夜，人们吃的美味烤火鸡，部分就是靠这种不费分文而味道鲜美的天赐美食发育成长的。

当珠鸡这种家禽在农场四周游逛时，它不停地寻找什么？当然是麦粒，但首先是蝗虫，它使珠鸡腋下长出一层脂肪，从而使肉质更有滋味。

母鸡也喜欢吃蝗虫。它非常了解这种精美的食物会促进它的繁殖力，使它更能产蛋。把母鸡放出鸡窝，它一定会把小鸡带到收割后的麦田里，如果能够随意游逛，那么蝗虫便是营养价值很高的补充食物。

除了家禽之外，其他的就更不用说。如果你是猎人，如果你喜欢法国南方丘陵的著名特产红胸斑山鹑的美味，那么你剖开刚打下来的山鹑的嗉囊，你将会找到这种受污蔑的昆虫优质服务的证明。十只山鹑中有九只嗉囊里装满蝗虫。山鹑酷爱吃蝗虫，只要能捉到，它就宁愿吃蝗虫而不吃植物的籽粒。如果这种营养丰富、热量大的美味终年不断，山鹑几乎就会忘了籽粒。

现在，我们来看看图塞内尔热情歌唱的著名黑脚[①]族飞鸟吧，它们中首屈一指的，就是鹏这种普罗旺斯的白尾鸟。9月，它已长得非常肥，一串串烧起来非常好吃。我在捕猎鸟类时，为了了解它们的摄食习性，便把它们嗉囊和胃里的东西记下来。鹏的菜单是这样的：首先是蝗虫，然后是各种鞘翅目昆虫，如象虫、砂潜、叶甲、龟甲、步甲，再其次是蜘蛛、赤马陆、鼠妇、小蜗牛，最后比较少见的，是血红色的欧亚山茱萸和树莓的浆果。

由此可见，这种食虫鸟对野味几乎不挑剔，但只是饿了实在没有更好的食物时，才吃浆果。我笔记本上记下的48例中，只有3例吃植物，而最常吃、吃得最多的是蝗虫，鹏总是挑它能够吞咽下去的最小的蝗虫。

别的一些小候鸟也是这样，晴美的秋天，它们在普罗旺斯短暂停留，在尾巴上堆积脂肪作为粮食储备，以供长途旅行之需。它们全都爱吃蝗虫，蝗虫是它们丰富的食粮；它们在荒地和休耕地上，争先恐后地啄食蹦蹦跳跳的蝗虫，为飞行提供活力。蝗虫是这些小鸟秋天旅行时的吗哪。

人也吃蝗虫。多玛将军曾提到一个阿拉伯作家，他所著的《大沙漠》一书中写道：

蝈蝈儿[②]是人和骆驼的好食物。不管是新鲜的还是储存的，

① 黑脚：原指居住于阿尔及利亚的法国人，此处借喻候鸟。——译注

② 准确些说，是蝗虫（Criquet），不应该跟带尖刀的蝈蝈儿混淆。——原注（下面我们径译为“蝗虫”——译注）

把它的头、翅膀和足去掉，跟古斯古斯[1]放在一起烤或者煮来吃。

把蝗虫晒干，碾碎，拌以牛奶，或者和上面粉，然后加盐，用油脂或者牛油来炸。

骆驼非常喜欢吃蝗虫，我们把蝗虫塞在两层炭之间的大洞里，烤干或者炒好给骆驼吃。

梅丽昂[2]曾经请求真主给她吃一块没有血的肉，真主给她送去了蝗虫。

有人给先知的妻子们送上蝗虫做礼物，她们把蝗虫放在篮子里送给别的女人。

一天，有人问欧麦尔哈里发[3]是否允许吃蝗虫，哈里发回答道："我想吃它满满一篮子。"

从这些事例，我可以毫无疑问地肯定，真主把蝗虫恩赐给人类作为食物。

我不像这位阿拉伯博物学家走得那么远，人吃蝗虫需要非常健壮的胃，而这样的胃并不是人人都有的。我只能说，蝗虫是老天爷赠给许许多多鸟类的食物。我查看的一长串嗉囊就是证明。

其他许多动物，尤其是爬行动物都喜欢吃蝗虫。普罗旺斯小女孩非常害怕的眼状斑蜥蜴，喜欢躲在被骄阳晒成烘箱似的乱石堆里，它那大腹便便的肚子便是证明。我曾多次看到墙上的灰色小壁虎，小嘴里叼着一只经过长时间侦伺才捕到的蝗虫残骸。

---

① 古斯古斯：北非一种用麦粉团加佐料做的菜。——译注

② 圣母玛丽亚。——原注

③ 欧麦尔（586—644），伊斯兰教的第二任哈里发（634年登位），在位期间伊斯兰政权从阿拉伯一小邦发展成为世界强国。——译注

甚至鱼，如果幸运地能吃到蝗虫，也会很高兴。蝗虫的跳跃没有明确目的，它盲目地一跳就随便落到什么地方。如果落到水里，鱼就立刻把淹死者吃掉。这种美食有时是致命的，因为钓鱼者用蝗虫作为美味的钓饵。

用不着进一步列举吃蝗虫的动物，我已经非常清楚它的重要用途。它通过迂回曲折的途径，把没有营养的禾本科植物变成佳肴，转送给食不厌精的人类享用。因此我很乐意像阿拉伯作家那样说："真主把蝗虫恩赐给人类作为食物。"

人们间接地通过山鹑、小火鸡等许多动物的形式吃蝗虫，任何人都不会不赞扬蝗虫的好处，只有一点还说不准，那就是直接吃蝗虫。人是不是讨厌直接吃蝗虫呢?

欧麦尔这个强大的哈里发，野蛮地焚毁了亚历山大图书馆，他的看法不是这样的。他的智力粗鄙，胃也粗糙，所以他说他吃了满满一篮子。

早在他之前，其他人已经对蝗虫十分满意了，不过那是因为当时饮食粗陋。身穿骆驼毛衣服的施洗约翰是希律时代传播好消息的先驱，他和伟大的民众鼓动者约拿[①]，在沙漠中就靠蝗虫和野蜜生存。《马太福音》告诉我们："约翰吃的是蝗虫和野蜜。"[②]

野蜜嘛，我认识，就连石蜂的蜜罐里也可以找到，这种野蜜是完全可以吃的。那么，沙漠里的昆虫呢？我小时候，就像所有的小孩子一样，曾经生嚼蝗虫的腿，觉得挺好吃的，蛮有味道。今天我

---

① 施洗约翰：基督出世的预言者，在沙漠里过着苦行者的生活。他在约旦河为前来忏悔的人们施行洗礼，也曾给基督施行洗礼。希律（前73—前4）：犹太国王。基督耶稣诞生于希律执政时代。约拿：犹太先知，被上帝耶和华选中去民众中宣讲布道。——校注

② 《马太福音》第3章。——译注

们的生活水准提高了，再来尝尝欧麦尔和施洗约翰的菜肴吧。

我曾经抓了一些肥大的蝗虫，裹上奶油和盐，简单地煎一煎，晚餐时大人小孩分着吃。大家并不认为哈里发的佳肴不好吃，它比亚里士多德吹嘘的蝉好吃多了，还有点虾的味道和烤螃蟹的香味；尽管可食的肉非常少，倒也不至于硬得不能吃，甚至可以说滋味鲜美，不过我根本不想再吃了。

我受博物学家好奇心的引诱，吃了两次古代的菜肴：蝉和蝗虫。这两种菜我都不喜欢。这道名菜应该让给大颚粗壮的黑人，让给像著名的哈里发这样好胃口的人。

虽然我们的胃娇嫩，却丝毫不会削弱蝗虫的优点。草地上的这些小家伙，在制造食物的工厂里扮演着重要角色。它们成群结队大量繁殖，在贫瘠的旷野中觅食，然后把无用的东西变成食物，给许许多多消费者享用，其中首先就是鸟，而人又是常常吃鸟的。

肚子需要食物，这种需求毫无商量余地，所以在生物世界里，取得食物是最迫切的。每个动物都把最大量的活动、技巧、辛劳、诡计、争斗，花在取得餐厅里的一席之位上；一般的宴会本应充满欢乐，但是对于许多动物来说，却成了一种酷刑。人远远没有摆脱饿腹争夺的痛苦，反而经常要品尝饥饿的可怕惨状呢。

人这么有创造才能，能够做到摆脱饥饿吗？会的，科学对我们这么说。化学承诺在并不遥远的未来解决食物的问题。化学的姐妹物理为它开辟了道路。物理学已经在考虑让太阳更有效地工作，太阳这个大懒汉，自以为它让葡萄长满琼浆，把麦穗镀上金色，就跟我们把账算清了。物理学将把太阳的热量储存起来，把阳光集中装起，我们想要什么时候用，就让它什么时候发挥作用。

我们用这些储存的能量来生起炉灶，转动齿轮，开动锻锤，捣碎果肉，让滚轮碾磨；于是，由于季节的酷暑严寒而耗资费力的农业劳动，将变成工厂般的劳动，所费不多而效益可靠。

然后又是有许多奇妙反应的化学发挥作用。它以各种手段为我们制造食物，这些食物集中了最精华的养分，完全可以吸收，几乎没有不干净的渣滓。面包将成为一个丸子，牛排将是一滴肉冻。野蛮时代地狱般的田间劳动，将只剩下一个回忆，只有历史学家还会谈及。最后一只羊和最后一只牛，将用稻草包裹起来放在博物馆里，成为从西伯利亚的冰原下出土的猛犸那样的奇珍异宝。

所有这些过时的东西，牛羊、麦粒、水果、蔬菜，总有一天都会消失掉。据说人类的进步要的就是这样；化学的蒸馏釜就是如此断言，它睥睨一切，不承认有什么东西是不可能的。

关于食物的这个黄金时代，我深感怀疑。如果是要获得某种新的毒物，那么科学的创造性的确惊人。我们实验室里就有许许多多毒物。如果必须发明一种蒸馏器，用苹果制造出大量烧酒，使我们成为昏头昏脑的人，那么工业将没有任何限制。

但是，用人工的方法来获得一口简简单单、真正有营养的食物，则另当别论。蒸馏器从来没有蒸出这样的产品。毫无疑问，将来也不会胜过今天。有机物是唯一真正的食物，无法在实验室中化合出来。生命是食物的化学家。

因此，我们将明智地保存农业和牛羊，仍然靠动植物耐心的工作来制备我们的食粮；我不相信粗暴的工厂；我们还是信任细腻的办法，尤其是信任蝗虫的大肚子吧，它们同心协力制造出圣诞晚餐上的小火鸡。这个大肚子装着食谱，始终心怀妒忌的蒸馏器，却永远无法仿制出小火鸡来。

这种浑身蓄满营养成分，为许多土著居民提供食物的昆虫，拥

有乐器来表达它的欢乐。现在我们来看一只沐浴在阳光下，正在休息、消化食物的蝗虫吧！它突然发出声音，重复三四声，休息一会儿，然后又奏起它的乐曲。它用粗壮的后腿，两只并用，在身体两侧弹奏。

声音非常微弱，弱得我不得不求助于小保尔的耳朵，才能够肯定这里的确有声响。这像针尖擦着纸页似的响声，就是它的全部歌唱，近乎寂然无声。

一个如此粗陋的乐器，是奏不出什么好音乐的。蝗虫跟螽斯截然不同，它没有带锯齿的琴弓，没有绷得像音簧似的振动膜。

我们看看意大利蝗虫吧，其他蝗虫的发声器都跟它一样。它的后足呈流线型，每一面有两条竖的粗肋条。在粗肋条周围，排列着阶梯似的一系列人字形的细肋条，内外面的都一样突出，一样清晰明显。更使我惊讶的是，所有肋条都是光滑的。前翅起琴弓作用摩擦后腿的臀区也没有任何特别之处，同其他部分一样有一些粗壮的翅脉，但没有锉板，没有任何锯齿。

这样简陋的发声器试制品，能发出什么声音呢？只有像轻轻擦一块干皱皮膜所发出的声音。为了这微弱的声音，蝗虫抬高、放低它的腿，激烈地颤动，它对自己的成绩十分满意。它摩擦身体的侧部，就像我们在感到满意时搓双手那样，并不打算发出声音来。这就是蝗虫特有的表达生活乐趣的方式。

当天空略有云翳，太阳时隐时现时，我们来观察它吧。太阳露出时，它的后足就一上一下地动起来，阳光越热，动得越厉害，歌唱的时间很短，但只要有阳光，它就一直唱个不停。一旦太阳被云遮住，歌唱就立即停止；等到阳光重现时，再重新开始。这便是热爱阳光的蝗虫表达自己舒适感的简单方式。

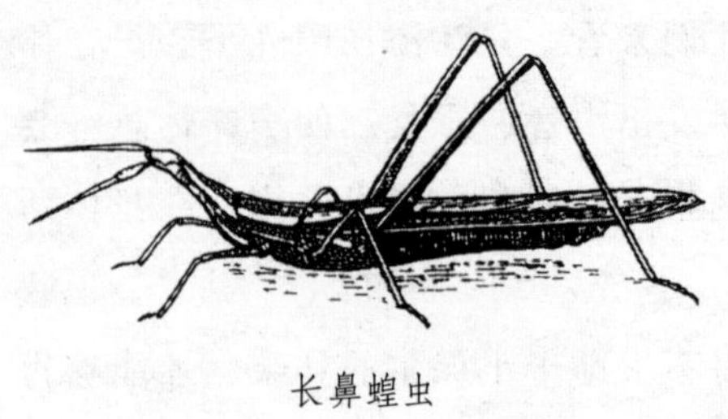
长鼻蝗虫

并不是所有的蝗虫都用摩擦来表示欢乐。长鼻蝗虫的腿非常长，即使太阳晒得暖洋洋的，它也沉闷地不作声。我从没见过它摆动后足作为琴弓，它的腿那么长，除了跳跃外，没有别的用途。

灰蝗虫虽然腿看起来非常长，但也不发声，它用一种特殊的方式来表达高兴。即使隆冬季节，这个巨人也经常到荒石园里来。当风和日暖时，我看到它在迷迭香上张开翅膀，迅速拍打几分钟，好像要飞起来。翅膀虽然拍打得非常迅速，但发出的声音却几乎听不见。

别的一些蝗虫更差劲，比如万杜山顶的阿尔卑斯距螽的伴侣红股秃蝗[①]。在阿尔卑斯地区，遍地长着帕罗草，像盖着银色的地毯，红股秃蝗就在上面溜达，它是地中海植物的客人。洁白的小花白得像周围的雪，玫瑰红的花芽在雪中微笑。红股秃蝗穿着短短的紧身上衣，像花圃里的植物一样鲜艳。

高原地区，阳光没有被密雾遮住，它的衣服显得既优雅又简朴。它的背像淡棕色的缎子；肚子黄色；后腿基节呈珊瑚红，腿节呈天蓝色，非常漂亮，胫节戴着一个象牙色的脚镯。它虽然这么标致，但模样仍然像若虫，仍然穿着非常短的衣服。

红股秃蝗的前翅粗糙，彼此间隔开，好似西服的后摆，长不超过腹部的第一个环节，后膀更短，连前胸都遮不住。初次见到的人会把它当作若虫，但是他错了，它已是发育完全的蝗虫，已经成熟得可

① 红股秃蝗：俗称步行蝗。——校注

以交配了。红股秃蝗至死一直都是这副几乎没有穿衣服的模样。

既然它的上衣剪裁得这么短，难道还有必要指出它不可能鸣唱吗？它的确有琴弓，即粗粗的后腿；但它没有前翅，没有突出的边缘，在摩擦时作为发音的空间。如果说别的蝗虫发出的声音不响亮，那么红股秃蝗则完全不发音。我周围的人耳朵再灵敏，听得再认真也没用；我喂养了它三个月，也没有听见任何声音。这个默不作声的昆虫，一定有其他办法来表达自己的欢乐和召唤情侣。是什么呢？我不知道。

我也不知道为什么红股秃蝗没有飞行器官，始终是笨拙的步行者，而它的近亲，同样生长在阿尔卑斯山的草地上，却拥有非常杰出的飞跃天赋。它有前翅和后膀的原基，这是卵赠给若虫的礼物；然而，它却没有想到发展这些原基加以应用，它一直蹦蹦跳跳，却没有更大的抱负；它满足于步行，满足于做个名副其实的步行蝗虫；其实它似乎是可以拥有翅膀这种高等运动器官的。

从一个山顶越过积雪的斜谷，迅速飞到另一个山顶；从一个草被割光的牧场，轻轻松松地飞跃到另一个没有开发过的牧场；这种好处难道没有什么价值吗？显然不是。其他蝗虫，尤其是居住在山顶的同伴们，都有翅膀而且觉得翅膀非常好。它为什么不去模仿它们呢？把一直裹着而无用的残翅从匣子里抽出来，有极大好处，可是它根本不这么做。为什么呢？

有人回答说："进化停顿了。"好吧，生命在工程进行半途中停顿下来了。这个回答，实际上等于没有回答。我又以另一种形式提出问题，为什么会出现停顿呢？

若虫生下来，它希望发育老熟时能够飞跃。为了保障这美好的未来，它的背上长着四个翼套，套里蛰伏各种宝贵的原基，一切都按正常的进化法则安排好了，可是身体没有实践它的诺言，没有履行它的保证，成年蝗虫仍然没有翅膀，仍然穿着残缺的衣服。

能不能把这归因于阿尔卑斯山艰苦的生活条件呢？根本不能，因为居住在同一块土地上的其他跳跃昆虫，都能从若虫给予的原基长出翅膀来。

人们如此断言，在需要的推动下，经过一再尝试，不断进步，动物终于得到了某种器官。人们对此只以需要来解释，而不承认其他创造性的作用。比方说吧，蝗虫，尤其是我看到在万杜山圆形山顶上飞跃的那些蝗虫吧。它们通过千百年生生不息、默默无闻的劳动，本会从若虫外套的短后摆长出前后翅来的。

对极了，声名显赫的大师们，那么请你们告诉我，为什么红股秃蝗保留飞行器官的原基，而不想超越呢？它在千百年的岁月中，肯定也会受到需要的刺激；当它在岩石中艰苦地跌跌撞撞地行走时，它感到如果能够通过飞行摆脱地心引力，那该多好啊；它的器官所做的一切尝试，都致力于得到一份好彩头，可是所有这些努力，却无法使萌芽状态的翅膀撑开来。

照你们的理论，在需要、食物、气候、习惯等条件完全相同的情况下，有的发育成功，能够飞翔，有的则失败了，始终是笨重的步行者，这种解释岂不是说了等于没说，岂不是相信极其荒谬的事？我不接受这种解释。我宁愿承认自己对此完全无知，而不做任何预测。

我们把这个落伍者搁到一旁好了，跟它的同类比较起来，不知为什么它落后了一大截。在身体的发育中，有后退，有停顿，有跃进，我们尽管好奇，却无法理解。这种现象的缘由是深奥的，面对这个问题，最好的办法是谦卑地躬身引退。

第十六章 蝗虫的产卵

我们的蝗虫会干些什么呢？就技巧而言，没什么了不起的。它们是以炼金术士的身份存在于世上，这些炼金术士在它们肚子这个炼炉中，把用于制造高级产品的材料加以消化和提炼。在夜深人静适宜思考的时刻，我坐在火炉边，翻看对它们的作用所做的笔记，我没有看出它们会以某种方式对思想的觉醒做出任何贡献，而思想则是事物的魔镜。来到世上就是为了生殖繁衍，便是这种被指定来制造食物的昆虫至高无上的法则。

乍看起来，除了那些有时肆虐非洲的种族外，蝗虫没什么引人注目的，它们嚼食随便什么东西，在钟形网罩下面的蝗虫，我用一片生菜叶就可以把它们全都喂饱。至于繁殖，则是另一回事，值得我们观察。

它们在婚姻方面并没有什么古怪的行为。虽然蝗虫在结构上同螽斯非常相似，但是习性却完全不同。蝗虫是和平的，交配中规中矩，没有什么丑闻发生，也不背离昆虫世界所适用的礼法。见识过蝗虫生殖狂热的人，都会看得出来，原始的直翅目昆虫，就发情期的狂热而论，蝗虫不及螽斯。对于这个问题，我很高兴没有什么特别之事值得一提，所以我们不谈此事，直接谈谈产卵好了。

我是在8月末近中午时，观察意大利蝗虫的产卵情况的。意大利蝗虫是我家附近最狂热的跳跃类昆虫，它腰圆背厚，踢蹬有力，前翅短得只能勉强盖住腹部。它们大多穿着近橙红色带灰斑点的外衣，有的漂亮一些，前胸四周有一条淡白色的滚边，一直延伸到头部和前翅。翅膀下部玫瑰红，其余部分无色，后足胫节呈红葡萄酒色。

在和煦的阳光照耀下，母蝗虫总是在网罩边缘选择适合的产卵地，在必要时网纱可以为它提供一个支撑点。它慢慢地使劲把圆钝形的肚子当作探测器，垂直插入沙中，完全埋进去。由于没有钻孔工具，进入沙土是很吃力的。但是，坚忍不拔的精神是弱者强有力的杠杆，它终于钻进去了。

现在母蝗虫半埋在沙中，轻轻地抖动着身子，显然是在随产卵管排卵时的用力，有规则地时动时停，颈部脉搏轻微的跳动使头抬起落下。除了头部的摇动外，它整个身子能够看得见的只有前半部分，而这部分是一动不动的，因为产妇完全专心致志于产卵。这时候常常有一只公蝗虫在附近担任警戒，并好奇地看着正在产卵的母亲。有时还有几只母蝗虫胖乎乎的头正瞧着产卵中的同伴，它们似乎对这件事也挺有兴趣，它们可能在对自己说："很快就要轮到我了。"

一动不动四十来分钟后，母亲猛地挣脱出来，跳到远处。它根本不瞧排下的卵一眼，根本不去扫扫尘把产卵的洞口盖起来，洞口是靠沙的自然流动而闭合。母蝗虫丝毫没有母亲的关怀，它并不是慈母的典范。

另一些蝗虫却不是这么漠不关心地遗弃它所产的卵的，比如有黑条纹的蓝翅蝗虫、吉尔发现的黑面小车蝗虫。这名称不醒目，我们应当注意它们衣服上的孔雀石绿点，或者是前胸上的白色十字架。

这两种蝗虫在产卵时的姿势跟意大利蝗虫一样，肚子垂直埋入土中，一部分身体由于四周坍塌的泥土而看不见了。它们也是久久地一动不动，时间超过半个小时；头轻轻地晃动，表明身体在地下使劲呢。

这两个产妇终于从沙里钻出来了。它们高举后足，扫一点沙在井口上，把沙迅速踩实。它们的胫节呈天蓝色或者玫瑰红，急促地上下挥动就像落冰雹似的，再加上它们用脚爪跺着要夯实的洞口，场面真是蛮好看的。就这样随着腿敏捷的踩动，住宅的入口关闭起来看不见了。产卵的坑消失了，消失得这么彻底，任何一个不怀好意者光靠视力都不可能发现。

不仅如此，那两个压实器的发动机是粗大的后腿，后腿抬高，落下，稍稍刮着前翅的边缘。琴弓的活动产生了轻微的唧唧声，就像蝗虫在阳光下平静地午休时高兴地歌唱一样。

母鸡用欢乐的歌声庆祝刚刚生下来的蛋，向四周宣告自己做母亲的欢乐。母蝗虫也用自己微弱的声音，庄严地庆祝新生命的诞生。它说："我把未来的财宝放到地里了，我把一筐将要取代我的胚胎交给大孵卵器去孵化了。"

在短短的时间内，造窝的地方一切就绪了。于是母亲离开这个地方，吃几口绿叶，恢复体力，并准备重新开始产卵。

我们地区最大的蝗虫是灰蝗虫，身材有非洲蝗虫那么大，可不像非洲蝗虫那样会造成灾难。它性情和顺，生活简朴，不会损害地上的植物。由于关在网罩里容易观察，所以我了解了一些情况。

它在近4月底交配，交配没几天后产卵，产卵的时间持续很久。母蝗虫在腹部末端有四个短短的像钩爪样的挖掘器，分两对排列，跟其他蝗虫产妇一样，只是程度不同而已。上面的那一对较粗，弯钩朝上；下部一对细些，弯钩朝下。弯钩坚硬，尖端黑色，凹陷的一面略成勺状。这就是用来钻洞的鹤嘴镐和钻头。

产妇把它的长肚子弯得与身体成直角，用四个钻头钻进地里，挖起一点干土；然后慢慢地把肚子塞进土里，不过从表面上看不出使劲的样子，它也没有怎么摆动身体，表示在进行艰苦的工作。

母蝗虫一动不动，凝神沉思。钻探机即使钻在松软的土地上，也没有它这样不声不响的，它就像是在牛油中钻探似的，可是它的钻头是钻进坚硬压实的土地中啊！

如果有可能，看看这个四钻头的钻探工具怎么运作挺有意思的。可惜，这些事情是在神秘的地下进行的，没有任何挖出来的土扒到外面来，没有任何东西可以说明地下的工作。肚子轻轻地逐渐埋了进去，就像我们用手指头钻进一块软黏土中一样。

那四个钻头将打开通道，把泥土碾成粉末，肚子则把碎土挤到身旁压实，就像园丁用小铲压土那样。适合的产卵地并不容易寻找，我曾看到母蝗虫把肚子完全钻进土中，接连挖了五个洞，之后才找到合适的地方。不合要求被弃掉的洞，还保持着挖好的原样。这些洞呈垂直的椭圆形，有一支粗铅笔大小，干净得令人吃惊，就连用曲柄手摇钻钻出来的洞都不如它。洞的深度就是蝗虫肚子鼓胀拉长到极限所能达到的长度。

第六次试钻时，它总算满意了，便开始产卵，但是从外表丝毫看不出来，因为母蝗虫一动不动，肚子全部埋了进去，还弄皱了摊开在地面上的长翅膀。产卵持续了整整一个小时。

最后，肚子一点点拔出来，母蝗虫接近了地面，我可以进行观察了。它的产卵管的两片卵瓣不断地翕动，排出一种奶白色起泡沫的黏液，有点像螳螂用泡沫包裹它的卵。

泡沫黏液在洞口形成一个圆形凸顶，鼓得很大，它呈白色，与泥土的深灰色相映衬，十分引人注目。黏液柔软、黏稠，很快就硬化了。做好这个顶盖后，母蝗虫便走开，不再管它产下的卵，等过几天后再到别处产卵。

有时，末端的泡沫黏稠物没有到达地面，只是停在半空中，母蝗虫就立刻用洞口坍塌的土把洞盖住，这样，从外面就根本看不出产卵的地点了。

网罩中的客人一直受到我严密的监视，它们即使用扫下来的沙盖住洞口，也无法瞒过我的好奇心。我知道每一只母蝗虫产卵的准确地点，现在该来看看这些产卵洞了。

我用刀尖挖到三四厘米深处，就轻易地发现了目标。各种蝗虫的产卵洞前端略有不同，但基本结构是一样的，都是由一种凝固的泡沫所形成的囊，这泡沫就跟螳螂窝的泡沫一样，黏结的沙粒给卵包上了一层粗糙的外壳。

对这粗糙的覆盖层、保护墙，产妇并没有直接去建造。矿物质的外壳纯粹靠排出的黏液渗透而产生，黏液随卵一起被排出来，开始是半液态、黏稠的，洞壁被黏液浸透，迅速硬化，变成坚固的套子，而无需专门的技巧去营造。

囊里别无他物，只有泡沫和卵。卵只占据下部，淹没在泡沫外壳中，有秩序地斜放在囊里。

上部或大或小，全是泡沫，松弛不硬。由于这部分在若虫出世时不起任何作用，我把它称为“上升通道”。最后我注意到，所有的卵都几乎垂直地排在地下，上端几乎与地齐平。

现在，我专门来谈谈我在网罩里所看到的产卵情况。

灰蝗虫的卵囊呈圆柱状，长6厘米，宽8毫米。上端若露出地面，则隆起呈瓶塞状，其余部分粗细一样。卵黄灰色，纺锤状，淹没于泡沫中，斜向排列。卵只占整个卵囊长度的六分之一左右，其余是白色的泡沫，非常易碎，外裹沙粒。卵的数目不多，约30来枚，但一只母蝗虫会在好几个地方产卵。

黑面小车蝗虫的卵囊为略带弯曲的圆柱形，下端浑圆，上端平截，长三四厘米，宽5毫米。卵约20多枚，橘红色，点缀着小小的斑点，像网似的十分好看。裹着卵的泡沫不多，但是在这堆卵上面，伸出了一个泡沫构成的长立柱，非常细，透明，很容易渗透。

蓝翅蝗虫的卵囊像个大逗号，隆起的一端在下面，细长的一端在上面。卵盛在下部蒸馏釜状的大肚里，数目也不多，至多30枚，呈非常鲜红的橘红色，但无黑点。在蒸馏釜上面是弯曲锥状的泡沫柱头。

高山之友红股秃蝗的产卵方法，跟住在平地的蓝翅蝗虫相同。它的卵囊更像个形状不对的逗号，尖端朝天。卵约两打，深红色，有深色的细点花边，装饰得十分漂亮。当我用放大镜看到这些意想不到的饰物时，感到十分惊奇。美无处不在，连飞不起来的难看的蝗虫，美也在它那毫不起眼的卵壳上留下了印记。

意大利蝗虫先是把卵放置在囊里，然后，即将把囊封住之际，它改变了主意，因为那里缺少一个部件，没有上升通道。当即将封闭囊口，工程似乎快结束时，蝗虫突然改变计划，将囊口猛地收窄，继续排出泡沫，使卵囊延伸出一个附件，由此造出两层楼的住房。由于外表有一条深缝，两层的分界非常明显。下层椭圆，胚胎就储存其中；上层尖细，像逗号的尾巴，里面只有泡沫。两层之间有一条非常狭窄的过道相连。

蝗虫的技艺肯定还包括建造别的产卵保护箱，它会用各种建筑物来保护它的卵，有的比较简单，有的比较巧妙，都值得我们注意。已知的肯定比未知的少得多，不过没有关系，我从网罩中已经了解了蝗虫卵囊的一般结构，现在我想了解下面储卵的仓库和上面储存泡沫的小塔是如何建造起来的。

直接观察是行不通的，如果我想扒开沙土察看正在产卵的母蝗虫的肚子，那么产妇肯定会跳到远远的地方，什么也不会让我看到。然而，我很幸运，我们地区最特别的蝗虫长鼻蝗虫，把它的秘密告诉了我。长鼻蝗虫是蝗虫家族中，除了灰蝗虫外最大的一种。

它的个子没有灰蝗虫大，但身材的苗条，特别是形状的奇特，则大大超过了灰蝗虫。在烈日炙烤的草地上，没有任何昆虫用它那样的弹簧来跳跃。它的后脚多么特别，多么奇怪，那高跷多么长啊！它的后腿比整个身子都要长。

腿长得不同寻常，可是跳跃成绩却跟长腿不大符合。长鼻蝗虫在葡萄树边略微长着青草的沙地上笨拙地游逛，那高跷似乎使它步履蹒跚，行动迟缓。它的长脚由于太长而成了障碍，它跳起来笨手笨脚，像在画短短的抛物线。不过一旦飞跃起来，由于翅膀非常好，它也能飞一段距离。

还有，它的头很奇怪，呈长锥体，尖端往上翘，所以人们才用“长鼻”来形容它。它的头顶闪烁着两只椭圆形的大眼睛，竖着两根尖而扁平如剑刃般的触角。这两把剑便是捕捉信息的器官。长鼻蝗虫猛地一弯把触角拉下来，用尖端来探测它所关心的东西，它打算大啃一顿的食物。

除了异乎寻常的模样外，它还有一个特点，长长的高跷使它不同于一般的蝗虫。普通的蝗虫秉性和平，即使受饥饿所逼，彼此也相安无事地生活在一起，而长鼻蝗虫则有点螽斯同类相食的习性。在网罩里，食物很充足，它可以很容易地变换食谱，从生菜转到野味，可是它仍然肆无忌惮地啃食衰弱的同伴。

长鼻蝗虫还向我揭示了它的产卵秘密。在网罩里，它从不把卵产在土里，肯定是由于对囚居生活的厌烦，它才会如此反常。我总是看到它在地面甚至在高处[1]产卵。10月初，它攀在笼罩的网纱上，非常缓慢地产卵，排出非常细的泡沫黏液，黏液立即凝固为一条圆柱形的粗带，带上有结节，可随便折曲。产卵约需一小时。卵随意掉到地上，产妇对此漠不关心，再也不去管它。

每次随卵所产生的粗带颜色会有变化，起初是草黄色，然后变暗，第二天成为铁色。最初排出的前面部分通常只有泡沫，只有终端才有卵，卵呈琥珀黄色，包在泡沫构成的卵囊中，数目有20来枚，形状为圆钝的纺锤，长八九毫米。

干瘪无卵的一端，与另一端一样大，说明产泡沫的器官比产卵器先运作，然后再跟产卵器一道工作。

长鼻蝗虫通过什么样的机制，使它的黏性物质发泡，先造成多孔的立柱，然后再造成卵的包裹呢？修女螳螂用它的小勺打蛋白，使之成为发泡的蛋清；但是蝗虫是在体内搅拌黏液，外面根本看不出来，黏质物一排出来就有泡沫了。

螳螂的建筑物虽然是如此复杂的杰作，却无需一种从属于母性的特殊才能，而仅仅是依靠工具的作用，用来盛卵的卓绝的箱子，纯粹是身体作用的结果。长鼻蝗虫更是如此，当它排出香肠似的长绳时，它纯粹是一部机器，一切都是自动进行的。

其他蝗虫也是如此，它们把卵储藏在带泡沫的囊中，并用一条上升通道来保护，没有什么特别的技巧。母蝗虫把肚子埋入沙中，把卵和黏液一齐排出来，一切纯粹靠各个器官的自动配合进行。泡沫材料在外部凝固，并裹上沙砾作为屏障，在里面卵有规则地分层排列于下部，上端则是一个不坚固的泡沫立柱。

---

① 灰蝗虫有时也会有这种反常现象。——原注

长鼻蝗虫和灰蝗虫的孵化都比较早。8月，草地上已经跳跃着灰蝗虫，10月还没结束，我又会看到圆锥形脑袋的若虫。但是，其他大多数蝗虫，卵囊要越冬，来年春天才孵化。这些卵囊都在地下不深处，土是粉状而活动的，如果土质一直不变，就不太会妨碍若虫爬出地面。但是冬天下雨使土板结，变成一块坚硬的天花板。卵是在两法寸深的地下孵化，若虫怎样钻破干硬的地皮，怎样从地下爬上来呢？它们依靠的是母亲盲目的技巧。

蝗虫出来时，它上面不是粗糙的沙和坚硬的土，而是一个垂直的隧道，隧道牢固的砌面使若虫不会遇到任何困难。一条由薄弱的泡沫保护着的道路，就是上升通道，把新生儿带到离地面约一指厚的地方。到了那里，若虫才需要克服巨大的阻碍。

依靠卵囊的延伸部分，若虫爬出地面基本上不费力气。我想观察地下若虫是怎么出土的，便用玻璃管来做实验。当我把卵囊里帮助它们解放的延伸通道去掉时，几乎所有的新生儿都会因为有一法寸土盖住，而精疲力竭地死掉。而当我让窝保持原先的状态，有上升通道时，它们都能够爬到地面上来。虽然这是器官机制的产物，昆虫的智力并没有发挥作用，但我必须承认，蝗虫的建筑物设计得非常巧妙。

小蝗虫依靠上升通道来到离地面不远处后，是怎样解脱出来的呢？它还要穿过大约一指厚的土层，这对于新生儿来说，是项十分艰巨的工作。

在春末的有利时机，我把卵囊放在玻璃管中，如果有必要的耐心，是会求得答案的，蓝翅蝗虫可以很好地满足我的好奇心。6月底，我看到了正在进行的解脱工作。

若虫从壳里出来时呈淡白色，带有浅红的云翳。为了尽量不妨碍蠕动着前进，它孵化出来时像木乃伊，也像螽斯那样，外面包着一个临时的盔甲，把触角和腿紧紧贴在胸部和腹部。它的头深深弯曲，粗壮的后腿和前腿并排在一起。前腿折曲，尚未成形，非常短。前进时，六足略微松开，后腿伸直成直线，作为挖掘的支点。

挖掘工具跟螽斯一样在颈部，那里有一个囊泡像机器的活塞似的规则鼓胀、收缩、颤动、撞击障碍物。颈部这个小小的囊泡非常嫩，却与燧石进行搏击。看到这黏液球费尽力气对抗粗糙的矿石，我不禁油然产生怜悯之情，我便去帮助这个不幸的家伙，把它要穿过的土层稍微弄湿了一点。

尽管有我的参与，工作仍然非常艰苦，经过一个小时，这个不知疲倦者才前进了一毫米。可怜的小虫，这是怎样的苦活啊！它要坚持不懈地用颈子拱啊顶啊，用腰摆啊扭啊，才能够从薄薄的土层中打开一个通道，而这土层我刚刚还用一滴救命的水弄湿了啊！

小虫的努力收效甚微，这充分说明：来到阳光下要花费巨大的劳动；如果没有母亲留下的上升通道，大部分若虫都会死去。

螽斯虽然也有同样的工具，但出土更为困难。它们的卵是赤裸裸地产在土里，没有事前准备好的出土道路。所以，这些没有预见者的死亡率必定非常大，在走出沙土的时候，成批成批的若虫都要死掉。

我因此明白了，为什么螽斯相对少些，蝗虫则非常多，尽管两种昆虫产卵的数目相差不远。蝗虫一窝产20来枚卵，但它不只产一窝，而是两窝、三窝甚至更多，卵的总数跟白额螽斯、蝈蝈儿等差不多。如果说，消费者最喜欢吃小野味，为了满足这种爱好，蝗虫的家族才这么繁荣昌盛，那么，螽斯的繁殖力一样强却日益衰微，难道不该归功于蝗虫的出土小塔这个卓绝的创造吗？

对于这个小虫我还要说两句。蝗虫若虫一连好几天用颈部的挖掘器吃力地挖掘，现在它出来了。它先休息一会儿，恢复精神；然后在搏动的囊泡推动下，撕裂那件暂时外套。破烂的衣裳被后腿褪到后面去，后腿是最后蜕皮的。皮蜕掉了，小虫自由了，它的颜色还很淡，但已具有成虫的形状了。

迄今一直伸成直线的后腿，立即摆好姿势；胫节弯曲在粗粗的腿节下面，这弹簧已经做好运动的准备了。现在弹簧运动，小蝗虫要去闯世界了，它第一次跳跃了起来。我用一片指甲大的生菜喂它，它不吃。它要晒晒太阳让自己成熟起来，然后才吃东西呢。

第十七章 蝗虫的羽化

我刚刚看到一件动人的事，一只蝗虫正在羽化，成虫从若虫的外套下脱身出来。这可真是了不起啊！我观察的对象是灰蝗虫，是蝗虫类中的庞然大物，9月收获葡萄时经常飞到葡萄树上。它身子有一个手指长，这样的身材比另一种蝗虫观察起来更为方便。

若虫胖嘟嘟的很难看，不过已经具有成虫的粗略模样，通常是嫩绿色，也有的是淡黄色、红棕色，甚至披着成虫外衣那样的灰白色。前胸呈明显的流线型，有圆齿和小白点，多疣，后腿像成年蝗虫一样粗壮，肥大的腿上点缀着红颜色，长长的胫节有双面的锯齿。

前翅过不了几天就会大得超过肚子，但目前只是两片不起眼的三角形小翼，内缘和外缘靠在流线型的前胸上，外缘往上翘，像尖尖的挡雨檐。前翅勉强盖住赤身裸体的若虫的背部，就像西服的垂尾，却为了节省布料而被剪短得非常难看。在前翅的遮盖下有两条狭长的带子，是后膀的原基，比前翅还要短。

总之，不久将变得苗条轻巧的大翅膀，眼下还是两块布料节省得不像样子的破衣服。从这些烂玩意儿里会产生什么呢？是无比标致和宽大的翅膀。

现在，我们观察一下它是怎么羽化的。若虫感到自己已经老熟可以蜕皮了，便用后腿的胫节和跗节抓住网纱，前腿曲折，交叉在胸前，没有用来作为翻身背朝下时的支柱。前翅打开三角形小翼的尖角，向两侧张开，露出后翅那两条长带子，后翅竖立在背部中间

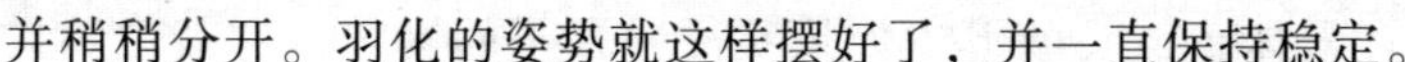

并稍稍分开。羽化的姿势就这样摆好了，并一直保持稳定。

首先必须使旧的外套裂开。在前胸着生前翅的部位，由于反复的胀缩而产生了推动力，同时颈部也开始胀缩。或许在即将裂开的外壳掩护下全身都在胀缩，只不过灵敏的节间膜裸露在外可以让人看出来，其余部分被护身甲遮住则看不出来。

蝗虫身上的血在胸部一涌一退地流动，血涌上来时就像液压活塞一样猛然一击。血液的推力，是身体集中精力而产生的喷射，使外皮沿着一条阻力最小的线裂开。这条线是生命根据精妙的预见性而事先准备好的。裂缝就在整个前胸这个流线体上张开，就像从两个对称部分的焊接处打开来。外套的其他地方都打不开，唯独在这个薄弱的中间点开裂。裂纹往后延伸至翅窝，然后往头上开裂，到达触角窝后，向左右稍稍分叉。

通过这个缺口，背部露出来了，非常软，没有血色，略呈灰白色。背部慢慢鼓胀，越来越隆起，这时它完全从外壳中露出来了。

接着头从外壳里拔出来，外壳仍在原处，丝毫无损。这时透明的大眼睛看不见任何东西，样子很怪。触角的套子没有皱纹，没有丝毫变动，还处于原来的位置，只是垂在变得半透明且没有生气的脸上。

可见，触角在蜕掉这么窄、夹得这么紧的外套时，没有遇到任何阻力，所以外套没有翻转过来，没有变形，甚至连一点皱纹都没有。触角的体积同外壳一样大，一样多节瘤，可是它没有弄坏外壳，轻而易举就蜕出来了，就像一个笔直光滑的东西，从宽宽的外套中滑脱出来一样。在后足蜕皮时，这种机制表现得更为惊人。

现在前足正在蜕掉臂铠和护手甲，它也同样没有撕裂或弄皱外壳，没有改变位置。此时，蝗虫只靠长长的后足的跗节固定在网罩上。它垂直悬挂着，头朝下，如果我碰碰罩子的网纱，它就像钟摆似的摆动。四个小小的弯钩，是它的悬挂支点。

如果后足松开，如果这些弯钩不钩住，这只蝗虫就完蛋了，因为只有在空中，它才能展开巨大的翅膀。但是，后足会坚持住的，在它们从外壳蜕出来前，生命的本能使它们保持僵硬和牢牢不放的状态，以便能毫不动摇地承受将整个身体从外壳中拔出来的动作。

现在前翅和后膀出来了，这是四个狭小的破布条，上面有隐隐约约的条纹，就像撕裂的纸绳一般，几乎不到最终长度的四分之一。

它们非常软弱，因为支撑不住自身的重量，而垂在头朝下的身子旁边。翅的外缘四不靠，它本应向着后面的，现在却朝向倒悬的头部。在不毛的草场上，四片小叶子被暴风雨打得耷拉下来，未来的飞行器官便是这副模样。

为了尽善尽美，蝗虫还必须进行深入的工作。这项工作在身体内部已经在进行：把黏液凝固起来，让不成样子的结构定形；可是在这神秘的实验室进行的事情，从外面一点也看不出来。从外面看，一切似乎都毫无生机。

接着，后腿摆脱了束缚，露出粗壮的腿节，内面呈淡玫瑰红色，但旋即又变成鲜艳的胭脂红。粗大的腿节出来很容易，把收缩的骨头一挣，便打开了道路。

可是，胫节则不然。当蝗虫成虫老熟时，整个胫节上竖立着两排坚硬而锋利的小刺，末端还有四个强有力的弯钩。这是一把真正的锯子，有两排平行的锯齿，而且强壮有力，除了太小，它简直可与采石工人的大锯相媲美。

若虫胫节的结构也相同，它就这样裹在外套里。每个小刺都包在刺壳中，每个锯齿都跟外套的锯齿相啮合，而且浇注得这么精确，即使用画笔刷一层清漆在蜕出后的胫节上，也不如外壳贴得那么紧。

然而，胫节这把锯子脱出来时，紧贴着的长外壳丝毫没有被钩破；如果不是看了又看，我根本不敢相信。被抛弃掉的胫节护甲丝毫没有损坏，末端的弯钩和双排锯齿都没有钩坏外壳，外壳是那么薄，我一口气就可以把它吹破，可是，尖利的耙子在里面滑动却没有任何抓痕。

我根本没有料到会有这样的结果。当我看到带有棘刺的武器时，我想象胫节外壳会一块块自己掉下来或者被擦掉，就像坏死的表皮。事实出乎我的预料，而且太令人意外！马刺和刺棘轻而易举地从薄膜模子里出来了，这些马刺和刺棘能够使胫节成为能够锯断一根嫩木头的锯子；脱下来的破烂衣服仍在原地，靠爪状的外皮钩在网罩的圆顶上，没有一点皱褶和裂缝，用放大镜也看不出上面有任何用强力硬剥下来的痕迹。外壳蜕皮前是什么样子，蜕皮后仍然不变。

如果有人叫我们把一把锯子，从紧紧裹着钢锯齿的薄膜套子里拔出来，又要丝毫不扯坏薄膜套子，我们一定会哈哈大笑，因为这显然不可能。可是，生命对这种看似不可能的事情嗤之以鼻，生命有办法在必要时实现荒谬的事情。蝗虫的足就是如此。

如果锯子从紧紧裹着的套子里出来时，胫节就是那么硬，那就非把套子扎碎不可，否则它是无法出来的。它必须绕过这个困难，因为胫甲是唯一的悬挂带，绝对必须保持完好无损，才能够提供牢固的支撑，直至它彻底解脱出来。

正在谋求解放的腿无法行走，它还不够坚硬，软弱无力，非常容易弯曲。只要我把网罩倾斜下来，便会看到已经蜕皮的部分，因受重量的影响，随我的意而弯曲。但是，它很快便坚固起来，只要几分钟便足够硬了。

外套仍然遮住的部分，胫节肯定更柔软，处于一种极具弹性甚至液体的状态，因此它几乎就像液体流动一样通过艰难的通道。

这时胫节上已经有锯齿，但是不像日后那样尖利。我用小刀尖替一只胫节去掉部分外壳，把小刺从紧裹着的模子中拔出来。这些小刺是锯齿的原基，是柔软的肉芽，稍稍受力便会弯曲，一松开又恢复原样。

小刺在出壳时往后卧倒，随着胫节把皮褪掉而直立、坚固起来。我所看到的，不是单纯地去掉护腿套，露出在盔甲内已经成形的胫节，而是一种诞生的过程，速度之快，令我深感困惑。

螯虾的钳在蜕皮时，把两个手指柔软的肉从坚硬得像石头般的旧外套中脱出来，差不多也是这样，但细腻精确的程度差得多。

胫节终于自由了，它们软软地折放在腿节的骨沟里，一动不动地成熟。腹部也蜕皮了，精细的外套现出皱纹，慢慢往后蜕，直至末端。这时除了腹部末端还卡在外壳内，蝗虫全身都露出来了。

它垂直地头朝下，靠已经空了的胫节护甲的钩爪钩住。在如此细腻、如此漫长的羽化过程中，那四只弯钩一直没有松开，因为蜕皮必须十分细腻而且谨慎。

蝗虫一动不动，悬挂在破衣服上，它的肚子鼓胀得大大的，显然是储存在体内的液体胀大了。前后翅不久就要用上这些汁液。20分钟内，蝗虫一直在休息，恢复体力。

然后，胸部一使力，倒悬者直立起来，用前足跗节抓住挂在头上的旧壳。用脚钩住高空秋千倒挂着的杂技演员，直立起来时，也不会使这么大的劲。翻了这个筋斗之后，其他的就根本不算什么了。

依靠它刚刚抓住的支撑物，蝗虫稍稍往上爬便遇到了网纱，这网纱相当于在野外羽化时所使用的灌木丛。它用前面四只足抓住网纱，这时腹部末端完全解脱了，它最后一挣，旧壳就掉到地上了。

我对旧壳的掉落很感兴趣，我想起了蝉蜕如何顽强地顶着冬日的寒风，没有从支撑它的小树枝上掉下来。蝗虫的羽化方式跟蝉差不多，可是，为什么蝗虫的悬挂点这么不牢固呢？

只要拔身的动作没有结束，弯钩就一直钩住。一旦蝗虫拔身而出，外壳便会摇晃，旋即掉到地上，可见它的平衡极不稳定。这再一次表明，蝗虫是多么丝毫不差地从外套里脱身而出的啊！

由于找不到更确切的词，我使用了“拔身”这个字眼，其实并不精确。这个词意味着剧烈的动作，可是由于支撑物不稳定，这里没有激烈的动作，如果使劲用力，蝗虫就要掉下来，那么它就完蛋了，它就会在地上干枯而死，或者飞行器官无法打开，始终是一些无用的破布。蝗虫并不是拔身出来的，而是小心翼翼地滑出外套，仿佛有一根柔软的弹簧把它弹出来似的。

我再回头谈谈前后翅。它们在羽化之后，没有丝毫明显的进步，始终残缺不全，几乎就像小绳头，布满竖立的细条纹。它们要到若虫完全羽化并恢复正常姿势后，才最后展开。

我们前面看到，蝗虫翻转过来头朝上，这个重新竖立的动作，足以使前后膀恢复到正常的位置。原来它们因为重量所致，非常柔软地弯起来，自由的一端朝着颠倒的头部；如今，同样由于重量的作用，它们改正了姿势，处于正常的方向。弯弯的花瓣没有了，颠倒的方向没有了，但丝毫没有改变它们毫不起眼的外表。

后翅完全展开后成扇形，一束轮辐状的粗翅脉横穿其中，使翅膀可以张开和折叠。竖脉之间排列着无数横纹，翅脉纵横交错，形成一张带矩形网眼的网络。前翅粗糙而且小得多，也有一张翅脉网。

当前后翅形状像小绳头时，根本看不出脉相，只看得见几条皱纹、几条弯弯曲曲的小沟，颇似织物巧妙地折叠成体积最小的包裹。

翅膀的展开从前胸开始，最初什么也看不出来，过了不久，显现出一块半透明的纹区，上面有清晰而标致的网格。纹区一点点扩大，慢得连放大镜都看不出来，而末端胖乎乎的小绳头则逐渐缩小。我瞪大眼睛注视着正在展开的翅膀，但是什么也没有看出来，就像在一滴水中看不出任何东西一样，但是稍等一会儿，网纹就清清楚楚地显现出来了。

根据初步观察，我似乎看到翅脉是由可结晶液体突然凝固而成；由于突如其来，结晶过程就好像显微镜的载玻片上盐的溶化似的。可是不然，事情不应是这样的。生命在创造过程中，不会这样突如其来。

我把一只发育一半的翅膀折下来，用高倍显微镜察看。这一次，我得到了满意的结果。在看似正在逐步结网的部位，其实网络早就存在，我非常清楚地辨认出了已经壮实的纵脉，看到了还很苍白且不突出的横脉。我在翅膀的腋区找到了翅脉，还把它摊开了呢。

因此，我相信，这时候翅膀并不是在织布机上，依靠电力带动梭子而生产出来的一块布料，而是一块已经完整织好的布料。它只需要展开并且变硬，就完美了，就像蒸汽熨斗在衣服上熨一下就行了。

经过三个多小时，前后翅完全展开了，像大羽翼一般竖立在蝗虫的背上，并且像刚展开的蝉翼那样，无色或者嫩绿色。想起它们最初那种不起眼的包裹样子，如今展开得这么大，我不禁赞叹不已。这么多材料怎么能够都找到安置的地方呢？

小说里谈到一粒种子里装着一位公主的全部衣服，蝗虫的小肉粒更加惊人。小说里的草籽为了发芽，必须不断繁殖最终才能收获办嫁妆所需的大麻，而蝗虫用一枚小肉粒，却在短短的时间里，生出宽大漂亮的翅膀来。

这个竖立成四张扇子、了不起的翅膀慢慢地坚硬，出现了颜色。第二天，颜色便达到了要求的程度。后膀第一次折合成扇子平放到位；前翅则把外缘弯成一道沟贴到身子的侧部。羽化结束了。现在，大蝗虫将在欢乐的阳光下进一步壮实起来，把外衣晒成灰白色。让它去享受它的欢乐吧，我们再稍微回过头来看一看。

我们前面看到，在紧身甲顺着背部中线裂开后不久，四个残缺不全的小蝇头便从外套里脱出来。包含着前后翅膀及其翅脉；脉相即使尚未完备，至少从总体看，无数翅脉已经确定。为了打开这个可怜的包裹，把它变成丰满的翅膀，只需要用压力泵把液汁注入已准备好的小槽里。凭借事先铺好的管道，注射进去的涓涓细流使翅膀张开了。

但是，这四片薄纱还包裹在外套里的时候，究竟是什么样子呢？若虫的三角形小翅是不是一些模子，按照它们那弯弯曲曲折叠着的皱襞模样，把未来的翅膀折叠定型，从而编织出未来的翅脉呢？

如果摆在我们面前的是真正的模子，那么我们就能停止思想不再深思，并对自己说，用模子浇铸出来的东西跟凹模一样，这很简单嘛。然而，我并没有停止思考，我更进一步思忖：模子这些错综复杂的结构，又是从哪里来的呢？别追溯得那么远吧，对于我们来说，这一切都尚未弄明白，还是专注于可以观察到的事实吧。

我把一只老熟若虫的翅膀，放在放大镜下观察。我看到上面有一束呈扇形辐射的粗翅脉，粗翅脉之间，有一些苍白的细翅脉，还有无数非常短的横脉，更加细嫩，弯曲成人字形。翅脉纵横交错，构成了翅脉网。

这就是未来前翅的简陋雏形，跟成熟的器官多么迥异啊！作为翅膀构架的翅脉，若虫与成虫的分布形式完全不一样，若虫翅膀的脉相根本不及成虫的复杂。简单的变得复杂，粗糙的变得尽善尽美。后翅也是如此变化的。

如果把羽化前后的翅膀摆在一起，我们就会看得非常清楚：若虫的小翅并不是一个简单的模子，按它的模样来制作未来的翅膀。

不是的，在雏形中没有人们所期待的包裹状薄膜，这个包裹一旦打开，它的组织是那么大，结构是那么复杂，会使我们大吃一惊的。或者应该这么说，这薄膜就在雏形中，不过处于潜在状态。在成为真物前，它是虚拟的存在，目前尚是一无所有，但存在着发生变化的可能。它存在于雏形中，就像橡树存在于橡栗中一样。在前后翅的外缘有一个半透明的小肉球，放大许多倍后，可以看到几个含糊不清的锯齿雏形。这很可能就是生命调制材料的工场。在神奇的网络上，根本看不见任何可预见的东西，可是网络上的每一根翅脉将来都有自己确定的形状和精确的位置。

可见，这是比模子更巧妙、更高级的结构，才能够将一个小肉球铺成薄纱，并把脉序组成走不出的迷宫。在这个结构里，有标准的平面图，有理想的施工说明书，给每一个原子规定了精确的位置。在材料尚未重组之前，外形已经勾勒出来了，供塑性液流流通的道路已经设计好。我们建筑物的砾石，是根据建筑师设计的施工说明书，先想象怎样垒砌，然后才落实。

蝗虫的翅膀，从粗陋的外壳中生长出来的漂亮的花边状薄翼，让我们看到了另一种建筑师，他画出平面图，让生命根据图纸去造物。

生物的诞生有万千方式，比蝗虫更令人叹为观止，引起了我的深思；但是，一般来说都难以觉察，因为它们被时间的帷幕遮住了。时间缓慢而神秘地流逝，如果我们没有坚忍不拔的毅力，就无法看到最令人惊讶的场面。可是，蝗虫的羽化却异乎寻常地快，快得我们必须时时刻刻留意，而事情往往在你认为不可能的时候却发生了。

谁想无需枯燥乏味的等待，便能略窥生命以何等难以想象的方式发生作用，他只需要观察葡萄树上的蝗虫。种子的发芽，叶芽的舒展，花朵的开放，都非常缓慢，不让好奇的我们看到，而蝗虫却把生命发展的过程显露出来。我们无法看到一株草是怎么生长的，却能够看到蝗虫的前后翅的生长。

一个小不点经过几个小时就变成漂亮的翅膀，看到这个卓绝的魔术，真令人惊讶。啊！生命真是卓尔不群的艺匠，它开动织布梭来编织蝗虫这种毫不起眼的昆虫的翅膀。普林尼早就谈到过，葡萄树蝗虫在这个不为人所知的方面，向我们展示了多么强有力、多么聪明、多么完美，却讲不清、道不明的生命力啊！

这位老博物学家这一次一定会得到很好的启发！我再重复他的话吧：“葡萄树蝗虫在这个不为人所知的方面，向我们展示了多么强有力、多么聪明、多么完美，却讲不清、道不明的生命力啊！”

我听说有一个博学的研究者认为，生命只是物理力与化学力的斗争，他殚精竭虑地希望，有一天能够用人为办法来获得进行生命重组的材料，获得行话所说的“原生质”。如果我有这种权力，我会立刻满足这个雄心壮志之人的愿望。

好吧，就照这样做吧；你以各种材料去准备原生质吧。你经过深思熟虑，深入研究，以无比的耐心，终于实现了你的愿望，你不过是从仪器中提取出了一种容易腐烂、经过几天就发臭的蛋白质黏液；总之，提取了一种脏兮兮的东西。你怎样处理你的产品呢？

你是不是要把它组织起来呢？你是不是将赋予它活的结构呢？你是不是要用注射器把这原生质注射到两片不会搏动的薄层之中，以便获得哪怕是一只小飞虫的翅膀呢？

蝗虫其实也是这样进行生命重组的，它把原生质注射到小翅膀的两个胚层之间，于是那里便生长出翅膀来，因为这些物质有原型作为指引，在演变进程的迷宫中，根据先它而存在、事先已经制定的施工说明书进行重组。

在你的注射器里，有没有这个协调形状的原型，这个事先存在的调节物呢？没有。那么好吧，把你的产品扔掉吧，生命绝不会从这样的化学废物中诞生出来。

第十八章 松毛虫的产卵和孵化

这种松毛虫已经有一部记录它的自然史，由雷沃米尔执笔撰写。但是，在当时的条件下，这位大师写成的这部自然史，有它无法避免的缺陷。研究对象用大型旅行马车从远隔千里的波尔多，从荆棘丛生的荒野中运来，离开原来生活环境的昆虫，只能向这博物学家提供极其简单、缺乏生物学细节的研究资料；而详尽的资料正是昆虫学研究的主要诱人之处。研究昆虫习性，需要在昆虫生活的地区进行长期观察。在这些地方，我们跟踪研究的对象，生活在适合它的天性的环境中。

雷沃米尔用来进行实验和研究的对象，来自法国西南部，对巴黎的气候环境十分陌生，因此，他不可能了解到许多有趣的事实。这就是他当时的研究现状。后来他对另一种外来的昆虫蝉进行研究时，情况亦然。但是，他从荆棘丛生的荒野中收集到的虫窝，其价值仍然不小。

环境给我提供的条件十分有利，我对松树上成串爬行的毛虫的生活史重新进行了研究。如果研究对象不符合我的要求，当然不会是昆虫的错。在荒石园里，种着几棵树，在丛生的荆棘中，几棵茁壮挺拔的松树巍然矗立，其中有阿勒普松和奥地利黑松。这些松树与荒野的松树毫无二致。在过去的年月里，松毛虫占领了这些树木，在上面编织大丝袋。松针所遭到的破坏，就像经历了一场大火似的，令人切齿痛恨。为了保护松针，我每年冬天都不得不用一根分叉的长板条严密检查，彻底清除松毛虫窝。

松毛虫蛾

贪得无厌的小虫，如果我听任你为所欲为，很快松树就将变得光秃秃，而我就再也听不见松树的喃喃细语了。今天，我想为我的烦恼索赔，我们来缔结一项契约吧！你要讲述一个故事，讲给我听吧，讲一年，两年，或者更久些，直到我差不多把全部情况都了解清楚。你放心吧，哪怕这些松树会为此受苦受难，境遇悲惨。

契约签订了，松毛虫安然无事，我很快就有了对观察来说，颇为必要的条件。我很宽容，将三十多个毛虫窝安在离我家门几步远的地方。如果这批毛虫窝还不够，附近的松树会提供必要的补充。然而，我最偏爱的，还是荒石园里的毛虫群，晚上我可以提着提灯去观察它们的夜间习性。有这样的财富天天在我的眼前，在我想要的时刻，在自然条件下，松树上成串爬行的毛虫的历史，必定会充分地、完整地展现出来。

我首先观察的是松毛虫的卵，雷沃米尔没有见过。8月上旬，仔细观察与视线同高的松树枝，稍加注意，我很快就会发现，在叶丛中，一些微白的小圆柱把郁郁葱葱的青枝绿叶弄得斑斑点点。这就是松毛虫卵，一个圆柱就是一个母亲产下的卵群。

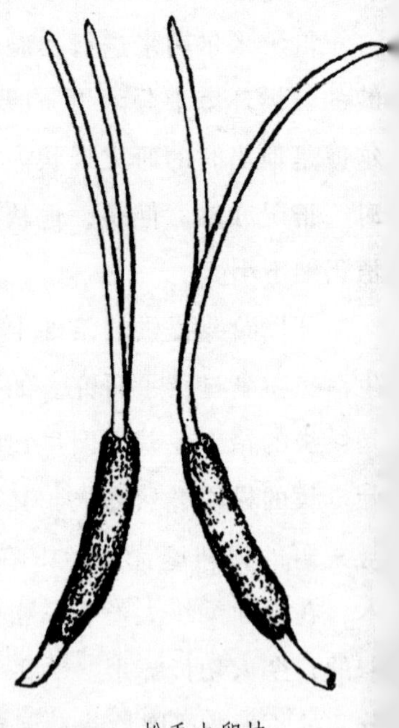
松毛虫卵块

松树的松针成双成对地聚在一起。一对叶子的叶柄被像笔套似的圆

筒所包裹。圆筒长3毫米，宽4～5毫米，外表如丝般柔软光滑，白中略带橙黄色，覆盖着鳞片。鳞片像屋顶上的瓦那样层叠，排列得虽然相当整齐，却毫无秩序，外观跟榛树没有开花的柔荑花序差不多。

这些鳞片近乎卵形，半透明，白色，底部略呈褐色，顶部呈橙黄色。鳞片下端短尖，略微细小，散乱；上端比较宽大，好像被截去了一段，牢牢地固定在松针上。微风吹来也好，画笔反复擦拭也好，都不能使这些鳞片脱落。如果从下到上轻轻扫拂套筒似的圆柱，鳞片就像受到反向摩擦的浓毛那样竖起，并且一直保持这种状态；而朝反方向摩擦，它们就恢复原状。此外，触摸起来，鳞片像丝绒那样柔和。它们精确地一片贴放在另一片上，形成一个保护卵的屋顶。在这些柔软的瓦片的庇护下，一滴雨水、一颗露珠都不可能渗透进去。

这个防护层是如何形成的，显而易见。松毛虫蛾母亲脱去身体的一部分，来保护产下的卵。它模仿供给我们鸭绒被的鸭子埃德尔，把自己蜕下的皮壳，为它的卵做成一个暖和的套子。对于松毛虫蛾这个十分奇怪的特点，雷沃米尔已经推测过。我在此引证雷沃米尔的一段话：

雌毛虫蛾在身体尾部有一块发光片，我第一次看见时，它的形状和光泽就引起了我的注意。我手拿一根大头针去碰触它，查看它的构造。大头针的摩擦产生了一个令我惊奇的小小景象，我看见大量闪闪发光的小碎片分离出来。小碎片到处散落，有的好像向上投射，有的则向旁边投射，其中最坚固的那片，随同一些小片轻轻地掉到了地上。

那些我称为小碎片的物体，都是极薄的薄片，同蝴蝶翅膀上的鳞片有些相似，但要大得多。毛虫蛾尾部惹人注意的那块板片，是一个鳞片堆，一个奇妙的鳞片堆。毛虫蛾好像是要用这些鳞片来覆盖卵；但是，松毛虫蛾却不想在我的住处产卵，因此，它们没有告诉我，它们是否用这些鳞片来覆盖它们的卵，也没有告诉我，堆集在尾部的鳞片是用来做什么的。这些鳞片并不是无条件地给它们，白白地放在那里不派用场的。

是啊，大师，你说得对。这样厚厚实实、整整齐齐的一堆小碎片，并不是徒然长在松毛虫蛾尾部的。难道会有某种毫无目的、不派用场的东西吗？你不这样认为，我也不这样认为。任何事物都有它存在的理由。是的，你推测这些在大头针尖下飞起的鳞片，可能是用来保护卵的。你这样推测，想法的确不错。

我用镊子尖果然取出了有鳞片的绒毛，卵出现了，像白色珐琅小珠子一样。卵互相紧紧地挤靠在一起，形成九个纵列。我数了其中一列，共有35枚卵。这九排卵几乎一模一样，圆柱上卵的总数大约300枚。一个毛虫蛾母亲有个多大的家庭啊！

一个纵列的卵同邻近两个纵列的卵精确地交替，没有任何空隙。多像珍珠工艺品，多像一件精致玲珑、巧夺天工的手工艺品啊！然而，把它同玉米粒排列优美的玉米棒相比，可能更加准确。它像个微型的玉米棒，但排列的几何图形更漂亮。由于卵互相挤压，卵“穗”上的颗粒略微呈六角形，互相牢牢地粘在一起，无法隔离开来。卵块如果受到破坏，就一片片、一块块脱离松针。这些小块总是由好些卵组成，一种像漆似的黏胶把雌蛾产下的小珠子连接起来。防御性鳞片宽阔的基部就固定在这片漆上。

在风和日丽的时候，观看毛虫蛾母亲怎样制造这种整齐美观的

作品，又怎样在卵刚刚产下还具有黏性时，用一片片从尾部脱离的鳞片为卵制作屋顶，真是饶有趣味。目前，暂时只有这个产品的构造，说明这项工作的进展情况。显然，卵不是呈纵列，而是呈环状产下的。这些环叠合起来，让卵粒交替排列。雌蛾从叶鞘开始，自下而上，一环一环地产卵，最早产出的是下面圆环的卵，最晚产出的是上面圆环的卵。鳞片全都纵向排列，而且由朝向叶鞘的一端固定，鳞片的排列，没有不同的方向。

如果用思考的目光审视眼前这座漂亮的建筑，不论老少，不论质朴无华或者心智高超，看见这个娇小可爱的毛虫蛾穗子，我们都会说真漂亮。给我们留下深刻印象的，不是像珐琅那样美丽的珍珠，而是如此整齐的几何图形。人们说，这是由完美的秩序支配头脑不清的卑微者所创作的作品，这个评价是严肃的。一只瘦弱的毛虫蛾也遵循和谐的规律。

如果米克罗墨加斯想要再次离开西里乌斯[①]的世界，访问我们居住的行星，他会在我们中找到美吗？伏尔泰[②]让我们看到米克罗墨加斯这样做：他用项圈上的一颗钻石为自己制作放大镜，以便看看一艘在他的大拇指上搁浅的三层甲板船；他想和全体船员谈话，便用一片指甲碎屑弯成一张顶篷，把船覆盖起来，充作聋子的助听器；再用一根小牙签细长的尖端接触小船，将另一端升高几千托瓦兹[③]，接触巨人的嘴唇，充作受话器。从这场有名的对话中，我可以得出这样的结论：要正确地评判事物，观看它们的新面貌，换个星球是

---

① 米克罗墨加斯：伏尔泰哲理小说中的主人公，类似英国作家斯威夫特的小说《格列佛游记》中的主人公格列佛。西里乌斯：天狼星。——译注

② 伏尔泰（1694—1778）：法国启蒙思想家、作家、哲学家。——译注

③ 托瓦兹：长度单位，约等于1.95米。——译注

最有效的。

很可能这个天狼星人对人类艺术之美的概念相当贫乏。对他来说，我们的雕塑艺术杰作，甚至出自菲狄亚斯[①]之手的杰作，也不过是大理石或者青铜的玩偶，并不比儿童的橡胶玩具更值得注意。我们的风景画被评价为讨厌的绿色太多的蹩脚画，我们的歌剧音乐被说成是耗资巨大的喧闹噪音。

这些东西属于感觉的领域，具有相对的美学价值，其价值取决于评价它们的标准。当然米洛斯岛的维纳斯和贝尔维德宫的阿波罗[②]是绝妙的雕塑，但是，要欣赏这些雕塑还需要特殊的眼光和见解。米克罗墨加斯看见这些雕塑，怜悯人类体态的纤弱。对他来说，美是有别于我们那青蛙似的肌肉组织的东西。

我们可以指点他看看缺乏毕氏定理的风车。这个定理是埃及贤哲语录的传播者毕达哥拉斯[③]推导出来的，主要论证直角三角形的基本特性。如果出于偶然，与表面现象相反，米克罗墨加斯这位好心的巨人其实一无所知，那么我们就向他解释风车的意义吧。一旦大脑开了窍，他就会完全像我们一样，发现那里有美，有真正的美；当然不是在外形上，外形是讨厌而不易辨识的笔迹，而是在三种长度之间永恒的关系中。他会完全像我们一样，赞赏使体积均衡的几何学。

有一种严肃的美，属于理性的范畴，放诸宇宙皆如此，无论这

---

① 菲狄亚斯：希腊雅典雕塑家（活跃于前490—前430）。——译注

② 米洛斯岛：希腊岛屿，维纳斯的塑像以“米洛斯的维纳斯”（即断臂维纳斯）最为著名。维纳斯：罗马神话中爱与美的女神。贝尔维德宫：梵蒂冈收藏艺术珍品的宫殿。阿波罗：希腊罗马神话中司阳光、智慧、音乐、诗歌之神，即太阳神。——校注

③ 毕达哥拉斯（约前580—约前500），古希腊哲学家、数学家，是西方最早提出勾股定理的人，还曾用数学研究乐律，初步探讨了美与数的关系。——校注

些天体是多是少，或白或红，或黄或蓝。这种普遍的美就是秩序，世间万物都制作得恰如其分。这是一句伟大的话，它的真实性随着对事物奥秘的探索而逐渐显露出来。这种秩序，普遍平衡的基础，是一种盲目机制所产生的不可避免的结果吗？正如柏拉图[①]所说，它被纳入了永恒的几何学规则中吗？它是至高无上的美学家的美吗？而这样的美是万物存在的理由。

为什么花瓣弯曲得那么匀称？为什么金龟子鞘翅的雕镂花纹那么优美雅致？这种细部的优雅，与它暴力行为中的粗野相容吗？这个精美的圆雕饰物，是艺术家辛勤的熔炼炉渣，用电动锻锤雕刻而成的。

以上种种微不足道的思考，衍生自即将诞生松毛虫的卵穗。一旦人们想深究事物最小的细节，一个科学调查无法答复的为什么，就会马上产生。世界之谜当然可以在实验室这个获得细小道理之外的地方得到解释。让米克罗墨加斯去探讨哲理吧，我们还是回到平凡的观察上来。

在漂亮地穿缀珍珠的技艺方面松毛虫蛾有竞争对手，天幕毛虫蛾就是其中一个。这种蛾子的幼虫由于它的服装而为人所知。它的卵像手镯那样聚集在性质迥异的树枝周围，主要是苹果树和梨树。谁第一次看见这种优美的工艺品，都会自然而然地认为，它出自一个巧夺天工的珍珠女的纤纤细指。我的儿子小保尔每当看见这种小巧玲珑、精美可爱的手镯时，都会不由得睁大惊奇的眼睛，喊出一声惊讶的“啊”来。秩序的美，使他那闪烁着质朴之光的思想，不得不接受它。

---

① 柏拉图（前427—前347），古希腊哲学家，柏拉图学派的创始人。苏格拉底的弟子，亚里士多德的老师。——译注

天幕毛虫卵的环饰因为短些，而且没有套子，使人想起另一种圆柱体。这种圆柱虽然剥除了鳞片覆盖层，但卵的排列依然雅致。要补充类似的例子很容易，有些蛾子用这种方式，有些用那种方式，但始终都用一种完美的技艺，将卵排列得整齐美观。时间不多，我们还是言归正传，专注于松毛虫蛾吧！

松毛虫卵9月开始孵化，有的卵块早些，有的卵块晚些。为了便于追踪新生幼虫最初的劳动情况，我在实验室的窗上放置了几根载着卵的松枝，树杈的根部浸在一杯水中，让枝杈在一段时间内，保持必要的新鲜。

约上午8点，在阳光照射窗子之前，小小的松毛虫离弃了卵壳。当卵正在孵化时，我如果稍稍掀起卵块的鳞片，就会看见一些黑色脑袋正在轻咬、弄破、推开已经撕碎的天花板。小家伙们慢慢露出身子，在圆柱表面上触目皆是。

孵化以后，从外观看，有鳞片的圆柱与以前住满居民时一样整齐、新鲜。只是在把小碎片稍微掀起时，我才看清里面根本没有小虫子居住。卵壳仍然排列得整整齐齐，这时它像一个个稍稍打开的、略微有些半透明的白色小杯，只是少了无边圆帽状的盖子，这个盖子已经遭到新生幼虫的破坏，撕裂了。

这些瘦弱的小生命约一毫米长，还没有很快就会装扮上身的鲜橙黄色，身子淡黄，长满纤毛。纤毛有的短些，呈黑色；有的长些，呈白色。脑袋黑得发亮，大小与身体相称，直径是身体的两倍。大颚从开始起就有一股猛劲，能够去咬啃不动的食物，与这个大脑袋十分协调。脑袋大，顽强地装着角，这就是新生幼虫的主要特征。

这些大头动物已经装备妥当，时刻准备啃咬坚硬的松针，它们

几乎一出生就开始进食。幼小的松毛虫在摇篮的鳞片中间，漫无目的地游荡一会儿后，大部分都去到摇篮里的松针上；这些松针是它们出生地那个圆柱体的轴心，远远地伸出圆柱。另外一些小毛虫则前往邻近的松针。它们在各处的松针上入席就座，顺着叶脉在松针上啃出一条条凹纹。

三四条吃得饱饱的小毛虫，排成直行，一道行走，但很快又迅速分开，各自随心所欲地乱逛。这是未来排成行列行进的学习期。我只要稍稍打搅它们一下，它们就摇晃身体的前半部，像断断续续放松的弹簧似的，轻轻摇头。

当阳光照射到饲养着幼虫的窗子角落时，这个小家庭的成员在体力充分恢复后，退向它们出生的双叶基地，乱糟糟地聚集起来，开始吐丝制作帐篷。它们的工作就是选择相邻的松针，织一个精细的丝球。它们开始织出一张稀疏的网，在晌午烈日当空，日照最强的时刻，松毛虫便躲在这个丝帐下睡午觉。下午，阳光从窗口消逝后，这个虫群就离开隐藏处，在半径只有大拇指长的范围内，结成小队向四周分散开，然后再开始吃草。

从孵化起，松毛虫就表现出将随着年龄的增长而发展，但不会再增添的才能。卵破裂不到一个小时，松毛虫就变为成串爬行者和纺纱工。它在恢复体力的时刻，也是个避光动物。我很快就发现，它要到晚上才去叶丛牧场。

这个纺纱工十分瘦弱，但非常勤劳，它在24小时内制作的丝球就有榛子大，它在两周之内制作的丝球则有苹果大。但是，这还不是越冬的大房子，不过是个临时的隐藏处，很薄，建筑材料不很昂贵。在温暖宜人的季节，松毛虫没有更多的要求，丝墙里的松针，是小屋的小梁和桅杆，在桅杆之间张挂着丝线。这座小屋同时提供食宿，幼小的松毛虫放开肚皮啃咬小屋的小梁。良好的起居条件，使小虫子可以免于外出；在它们这个年龄，外出是危险的。对这些瘦弱的小虫子来说，吊床也是食品橱。

支撑丝屋的松针被蚕食到叶脉后就干枯了，很容易脱离枝杈，球形丝罩变成风一吹就倒塌的破烂房屋。这时毛虫家庭就动手搬迁，到别处去搭新帐篷。新帐篷的使用时间和第一顶差不多同样长。它们就像阿拉伯人一样，随着骆驼毛帐篷周围的牧草被吃光耗尽而搬迁。这些临时棚屋多次重新修建，重建的地基越来越高，这个原来被圈围在曳地树枝上的虫群，最后到达了上面的树枝，有时甚至到达树梢。

初龄幼虫的毛呈浅白色，十分浓密，竖起来很丑很难看。几个星期后，第一次蜕皮，幼虫长出了浓密漂亮的毛。在背部表面，除了前三个体节外，不同的体节都装饰着一幅由六块裸露的醋栗色小板拼成的镶嵌画，在皮肤的黑底上突显出来。四块较大的小板，两块在前，两块在后，组成一个四边形，四边形两边各有一块近乎点状的板，小板四周圈围着鲜橙黄色的毛栅栏，毛呈辐射状，差不多倒伏。腹部和胸侧的毛比较长，微白。

在这件深红色细木镶嵌工艺品的中央，矗立着两簇很短的纤毛。纤毛聚集成平平的毛冠，像金色的小点在阳光下闪闪发光。这时，松毛虫的身体长2厘米，宽4毫米。这就是松毛虫的中年服装。雷沃米尔不知道这套服装，正如他也不知道松毛虫幼年的服装一样。

第十九章 松毛虫的窝和社会

11月，寒冷来临，修造牢固的冬季住所的时刻来到了。在松树的高处，松毛虫选择了一个松针密集的枝梢，用一张扩散的网把枝梢覆盖起来。这张网使毗邻的松针稍稍向内弯曲，接近中轴，叶梢隐没在编织物中。松毛虫就这样圈围起一个半丝半叶，能够防御恶劣天气的居所。

12月初，丝屋有两个拳头大或者更大，将近冬末，它最后建成了，臻于完美时，体积达两升。丝屋呈粗糙的卵形体，下部逐渐缩小，延伸到包裹着支撑住所的松枝鞘里。

每晚7点到9点之间，如果天气允许，松毛虫就离开虫窝，下到裸露的松枝上。这里是住所的轴心，道路十分宽阔，松枝有时如瓶颈般粗大。松毛虫乱七八糟地下来，总是慢慢吞吞，常常是第一批毛虫还没有散开，最后一批就同它们会合起来了。松枝就这样挨挨挤挤地覆盖着一层松毛虫。这个毛虫共同体逐渐分成小组，分散到邻近的枝杈上，有滋有味地啃食松针。在这条路上爬行时，没有一条松毛虫不让纺丝器工作，宽阔的下行路在毛虫回归时，便成了上行路。由于松毛虫长年累月、日复一日地来来去去，这条路上便覆盖着大量连续的线，好似一个鞘。

显然，每条松毛虫夜间外出，经过、再经过时在路上留下的双线鞘，并非只是个为了返回时便于找到虫窝而放置的指示器，如果是这样，放置一根带子就足够了。这个支撑物的用途可能是加固建筑物，使这座建筑有深厚的根基，并且与毫不动摇的稳固的松枝连在一起。

建筑群的上部包括鼓凸成卵形的居室，下部包括柄、蒂和围绕着支撑物并把抗力添进其他系杆抗力中的鞘。

每个没有因毛虫的长期居留而变形的虫窝中央，都露出一个不透明的白色大壳，四周围有半透明的薄纱套子。中央大壳由密集的线织成，房间的隔墙是一块厚厚的莫列顿呢。大量没有被触动的绿叶作为围墙，隐没在里面，墙的厚度可能达到两厘米。

圆屋顶上半开着一些圆孔，数量和位置千变万化，直径有普通铅笔大小。这些圆孔是住所的门，松毛虫就从这些门洞进进出出。在这个白色大壳的周围，露出一些没有被啃咬的松针。从每根松针梢都发散出一些线，形成优美的秋千曲线。这些线松弛地交织在一起，形成一张轻柔的帷幔，一个养护得很好的宽阔游廊。

那里有宽广的平台。白天松毛虫去到那里，在阳光下小睡，一条虫靠在另一条身上，背部弯成圆圈。平台上空张着的网是床顶华盖，既减弱日光的照射，又防止松毛虫在美梦中被微风吹落树下。

我用剪刀沿着经脉把虫窝刮开，打开一扇宽大的窗户，检查虫窝内的布置。首先给我留下深刻印象的是，圈围着的松叶丝毫没有被触动，仍然茁壮繁茂。住在临时帐篷里时，幼小的松毛虫啃咬直至毁灭丝罩里的松叶。天气恶劣时，它们不离开隐蔽所，几天内食物橱都装得满满的，它们幼弱的身体需要这种条件。身强力壮后，它们前往冬季营地劳动，这时就尽量小心不去触动食物橱。为什么它们那时会犹豫不决，顾虑重重呢？

理由显而易见，这些松针是住所的屋架，如果受损很快就会干枯，北风一刮，就会立刻脱落。丝囊被拔离地基，就会倒塌。相反，松针不受损伤，始终壮实，就可牢固地支撑住所，防御冬寒的

侵袭。在风和日丽的季节，牢固的支柱对临时帐篷来说，没有什么用处；但对长期的居所来说，却必不可少，因为后者会受大雪袭击，被寒风吹刮。松树上的纺纱工对这些危险了若指掌，不管饥饿多么紧迫难熬，它们都不会锯掉房屋的小梁。

我在剪开的虫窝内部，看见一条稠密的绿叶形成的柱廊，或多或少地罩着丝一般柔软光滑的鞘。破皮屑和一串串干粪在鞘上悬空晃动。这个内部既是垃圾场，又是破衣物出售地，十分恶心。总之，它与美丽的围院极不相称。虫窝四周是厚厚的莫列顿呢和弄乱的松针形成的高墙，里面没有房间，没有用隔墙分开的单间，房屋是独一无二的。绿叶柱廊层层叠起，高高低低，呈卵球形，像一座迷宫。松毛虫乱七八糟地聚集在柱子上，它们正在休息。

我将丝叶错综复杂的屋顶掀掉，阳光从拱顶穿越外出通道，射入虫窝里。包裹着虫窝的网上没有特别的孔，松毛虫穿越这张网，只须稍微排开稀疏的丝线。内部的围院，这座密密实实的壁垒有门，外部薄薄的丝网则没有。

约上午10点，松毛虫离开夜间的房间，来到美丽的阳光照射的平台上。平台在由松针梢支撑着的游廊下面，松针梢之间隔着一段距离。毛虫天天在平台上午睡，一动不动，互相堆靠，身子浸透暖气，十分舒适惬意，相隔很久后才懒洋洋地摇摇头，表示它们心满意足。夜里，在六七点钟之间，熟睡的毛虫醒来了，动来动去，彼此分开，随心所欲地在虫窝的表面散开。

这景象的确令人心醉神迷。鲜艳的橙黄色斑纹在一大块白色丝绸上，波浪似的起起伏伏。松毛虫们或上升，或下降；有的横向闲逛，有的排成短短的纵列，结队行进。每条松毛虫一边庄重而豪迈但又毫无秩序地行进，一边把始终挂在唇上的丝线，粘贴在所经之处。

它把细细的一层丝铺在先前的那层线上，增加居所的厚度，用新的支撑物加固住所。邻近的绿叶被网抓绊住，遮没在丝屋中。虽然这些松针只有尖端不受拘束，但从这一点辐射出了扩大纱网，把纱网连接得更远的曲线。每天晚上，在两小时内，如果天气许可，虫窝的表面熙熙攘攘、热闹非凡，加固加厚住所的工作进行得热火朝天，毫不松懈。

松毛虫这样未雨绸缪，对冬天的严寒十分警惕，难道是它们预见到自己的未来了吗？显然不是。如果说几个月的生活经验教会了松毛虫什么，那么这经验告诉它们的就是，家门口就有美味可口的松针饭，还有就是在虫窝的平台上、在阳光下甜美地昏昏欲睡。直到现在还没有任何迹象告诉它们，寒凉刺骨、连绵不断的冰霜雨雪和凶猛吹刮的狂风是什么滋味。可是，这些对冬天的苦难一无所知的昆虫警惕提防，似乎对严冬为它们准备了些什么一清二楚。它们干劲十足地修建住所，这股热情劲似乎在说："松树摇动它那积霜的枝形大烛台时，我们在这里互相紧紧挤靠着睡觉，是多么舒服惬意啊！我们勇敢地劳动吧！"

是的，松毛虫，我的朋友，让我们勇敢地劳动吧！大人和小孩，人和虫，我们坚持不懈地劳动吧，好让我们能够安安稳稳地睡大觉。你们昏昏沉沉地睡，准备变成虫蛾。我们睡到临终，睡到生命中止，获得新生。

我想在无需提灯照明且气候暖和的条件下，跟踪观察松毛虫的生活习性，去了解在荒石园深处的松树上发生的事；于是，我在暖房里放置了半打虫窝。这间暖房十分简陋，装着玻璃，虽然比外面暖和不了多少，但至少可以遮风避雨。每个虫窝都由充作屋架的松

枝固定在沙土上，约两拃高。幼虫像接受分配的口粮那样，接受一束小松枝，细枝被啃食后，我又马上重新补充。每天晚上，我提着提灯查看这些寄宿者，就这样我获得了大部分资料。

劳动之后是休整。松毛虫从窝里下来，在小屋梁的银白鞘上添加几根丝线，去到旁边的新枝上。这些身披橙黄色浓密纤毛的虫群，三三两两排列在每根松针上，一行紧挨一行，把绿油油的细杈都压弯了。这景致多么迷人啊！

同席就餐者全都一动不动，头向前伸，静悄悄地啃咬，安详而宁静，黑色的脑袋在灯光的照耀下闪闪发光。在下面，在沙土上，落下雨点般的细粒，这是消化快速而灵巧的胃的残渣。第二天早晨，地面将会消失在从肠里冰雹般落下的一层绿东西之下。是的，这是一幅值得一看的图景，是一幅远远胜过蚕那粗陋营房的图景。我们不管老幼，都对它产生了浓厚的兴趣，晚上的聊天往往都以去看看暖房里的松毛虫结束。

松毛虫的晚餐一般要延续到深夜，最后吃得饱饱的，才返回窝里，有时早些，有时晚些。它们感到自己盛丝的壶装得满满的，于是在窝面上再纺织一会儿。这些勤劳的织工小心翼翼，生怕穿过那块白色丝绸时，忘记在上面添加几根丝线。当整个虫群都回到窝里的时候，已经是凌晨一两点。

作为饲养者，我的任务是每天更换已经被啃咬到最后一根针叶的小松枝；而作为博物学家，我的责任是了解松毛虫的饮食会变化到什么程度。我从观察野外的松毛虫窝了解到，松毛虫在普通松树、海洋松树和阿勒普松树上爬行，但从来不在其他针叶树上爬行。然而，据化学分析，似乎所有具树脂芳香的树叶都合它的口味。

曲颈瓶里混合着菜肴的时候，我们应该注意仔细观察。我们要让它制备黄油加蜡烛油脂、土豆加白兰地。一旦确定它制作的产品相同，我们便要拒绝它那些令人厌恶的东西。科学技术生产的毒物多得令人吃惊，却永远不会给我们可食用的东西。尽管没有经过加工的物质，在很大的程度上属于科学技术的领域，但是，既然这种物质像象胃所要求的那样，必须是通过生命的劳动化合而成，是可分开且无限细分的，那么它就避免了科学技术的方法和手段。胃的需求不能用试剂去进行定量。细胞和纤维的物质可能用人工方法获得，但是，细胞和纤维本身永远不可能这样获得。这就是用曲颈瓶供应松毛虫饮食的症结所在。

松毛虫让我们确信，困难是无法克服的。我相信化学资料，向松毛虫提供生长在荒石园里的各种松树代用品：冷杉、紫杉、侧柏、刺柏和柏。松毛虫啃咬这些代用品吗？尽管这些树有含树脂的酒香味，它们也不去啃咬。它们宁肯饿死，也不去碰触。只有一种针叶树雪松例外，这些寄宿者吃雪松叶，没有显露丝毫厌恶情绪。为什么是雪松而不是其他树呢？我不知道。松毛虫的胃同我们的胃一样谨小慎微，自有它的奥秘。

现在我转向了其他实验。我想了解虫窝的内部结构，于是在虫窝中部打开一道缝隙。由于劈开的莫列顿呢天然回缩，裂缝在虫窝中部微微张开，有两根指头宽，上下两部分都缩成纺锤体。面临这样的灾难，纺纱工会做些什么呢？当松毛虫在圆屋顶上成堆打盹时，我就在白天操作。这时房间里空无一人，我可以大胆地用剪刀剪裁，不致冒杀死一部分居民的危险。

我的破坏活动没有弄醒熟睡的松毛虫，整天都没有一条松毛虫在缺口上出现。它们这样漠不关心，似乎是因为还没有意识到危险。今天晚上，虫窝里再度热闹起来的时候，则另当别论。这些松

毛虫不管智力多么有限，肯定会注意到这个会让冬天致命的穿堂风毫无阻拦地自由吹入的宽大窗户。我想，它们有大量用来堵塞缺口的丝，会匆匆忙忙在这个危险隙缝的周围，把它堵塞起来。我这样推测，却忘了虫子的忧郁愁闷。

黑夜来临了，松毛虫仍然完全无动于衷。帐篷的缺口没有引起任何不安，它们在窝的表面上来来去去。它们干活，像平常那样纺线，行动方式没有变化，没有丝毫变化。行进中，几条毛虫偶然到达了裂缝深渊边缘。可是，它们毫不匆忙，毫不焦虑，毫无把裂口两边合起来的尝试。它们只寻求越过困难的通道，继续闲逛，就像在一件未经触动的纺织品上行走。它们在身长所及的范围内，尽量远地把线固定起来，好好歹歹越过了危险通道。

深渊越过了，它们不受干扰，沉着冷静，在缺口边上继续行进，不稍停息。现在，另一些松毛虫突然到来，它们像使用人行小桥那样，使用已经扔投的丝线，穿过裂口，不加理睬，并且还在那里留下自己的丝线。就这样，隙缝下面有了一张纤细的薄纱。这张薄纱几乎感觉不到，刚好够这块移民地上的交通往来。随后几个晚上，它们也一样在这张薄纱上来来去去，裂缝终于被一张薄薄的蛛网似的丝网闭合起来。我观察到的就是这些。

冬末，不再有什么事了。我用剪刀剪开的窗子仍然半开，被精打细算地用罩布盖住，像黑色的纺锤竖在虫窝表面。在这块有裂缝的织物上没有一处织补的地方，没有一片莫列顿呢添加在裂缝之间，重新把屋顶修建完整。如果意外事件发生在露天，而不是在玻璃屋顶的掩蔽下，愚蠢的纺纱工就有可能冻死在有裂缝的屋子里。

这项实验我重复了两次，结果都相同，证明松毛虫没有意识到注所有裂缝的危险。这些能干灵巧的纺织工，就像没有意识到工厂里线轴的线断裂了那样，也没有意识到它们的劳动产品已被损坏。如果它们将浪费于不必要之处的丝用来修补损坏之处，在那里编织与室内其他墙壁一样厚实牢固的布料，就能很容易地把住所紧紧关闭。

但是情况并非如此。它们继续宁静地从事平常的劳作，像昨天也像明天那样纺织。它们让已经坚固的更加坚固，让已经厚实的更加厚实；谁也没有想到去堵塞会引起灾难的缝隙，在这个空当放置一根丝，再添上填塞裂缝的织物。它们没有这样做，昆虫的技艺不会重复已经干过的事。

我已经多次阐述幼虫的这一心理特点，尤其是大孔雀蛾幼虫的愚蠢。当实验者将茧尖的多重网截去一段时，这条幼虫把剩余的丝耗用在不太要紧的工程上，而不去修理对保护隐居者来说非常必需的锥形丝屋。它沉着镇定，继续劳动，就像没有发生过任何特别的事似的。松树上的纺织工，对待它那破裂的帐篷也是如此。

啊，我的松毛虫，你的饲养者又来烦扰你了。但是，这次是为了让你得到好处。我很快发现，住在冬季丝屋里的居民，虫数常常多于住在幼小松毛虫编织的临时掩蔽所里的居民。我也观察到，这些虫窝发展到最后，体积大小悬殊，最大的相当于五六个小的。差异的根源在哪里呢？

当然，如果所有的卵都成熟得很好，一个虫蛾母亲一次产卵所麇集的鳞片圆柱，就足够让一个大丝囊住满毛虫。三百粒珐琅珠子似的卵要孵化，在人口过快大量繁殖的家庭，总会产生重建平衡的大量损耗。正如蝉、蟑螂和蟋蟀所证明的，如果即将加入这个家庭的青少年成千上万，被选定的必然是大大精简的虫群。

松毛虫是形形色色的贪馋者利用的另一个有机物工厂，它们一

旦孵化，数量就会减少。鲜嫩的一口食物，使几十个幸存者留在小球状的薄网周围，在这张网里度过秋天晴美的日子。但是很快，松毛虫就必须考虑过冬的牢固帐篷了，那时家庭人丁兴旺是有好处的，因为力量产生于联合。

我猜想，应该有个容易合并几个家庭的办法。松毛虫把它们的丝带作为在树上行走迁徙的向导，它们循着这条带子返回时，在上面转急弯，因而可能遇不到这条带子，而是遇到不分轩轾的另一条条子，那条带子是通向附近某个虫窝的路。迷路者老老实实在上面行走，不管它是谁铺设的路，它们就这样到达了一个陌生的住所。我猜想，它们在那里会受到和平友好的接待，到底会发生什么呢？

它们行走时，途中的偶发事件会把几个虫群聚集起来。这些虫群合并起来后，会形成足以从事大规模工程的强大城邦，协调一致的薄弱力量会产生强大的行会组织。在其他景况仍然悲惨可怜的虫窝附近，出现人口稠密、体积庞大的虫窝，就是最好的说明。第一批虫窝是组合各处纺织工的利益，所组成的联合企业的劳动产物，第二批虫窝则属于被道路上的厄运遗弃的孤立家庭。

被陌生的带子牵引而突然到来的毛虫，在新家是否会受到盛情接待，还尚待了解，用暖房里的虫窝进行实验较为容易。晚上，在放牧毛虫群的时刻，我用整枝剪剪下住满了一窝居民的细枝杈，放在邻近的虫窝的粮食垛上。在这些松针上松毛虫同样满谷满坑，大大超载。我的操作很简单，把驻扎着第一个虫窝的那簇青枝绿叶整个取走，插在挂着第二个虫窝的那簇枝叶附近，让两簇枝叶的边缘略微混杂。

在地主和搬迁者之间，没有发生任何争吵龃龉，大家彼此继续平静地吃草，就好像什么事也没有发生似的。撤离时刻到来时，大家都毫不犹豫地向窝里走去，就像始终生活在一起的姊妹。睡觉前大家都纺织，把被子弄厚一些，然后拥进寝室。第二天，第三天，如果有需要，我就重复同样的操作，收纳迟到者。我毫不费力地就让第一个虫窝彻底空出，把里面的松毛虫倒进了第二个窝里。

我还可以做得更好些，采用同样的流放方法，我把三个工厂里的工人添到一个纺织厂去，使这个工厂增大了三倍。我之所以这么做，并不是因为在忙乱的搬动中出现了混乱，而是因为我看不到实验会有什么限制。松毛虫多么宽厚地接受新加入的居民啊！纺织工人越多，纺织得越多。这是一条十分正确的规律。

我再补充一句：搬迁的松毛虫对它们先前的居所，没有丝毫依依不舍的离愁别恨，它们在别人家里就像在自己家里一样。它们没有进行任何尝试，返回我用妙计把它们驱赶出来的虫窝。它们没有那样做，并不是返程距离使它们灰心丧气，空弃的住所距离最多不过两拃远。如果为了研究的需要，我想让荒凉的虫窝再度住满，我就不得不又求助于流放。这个行动将来也总会取得成功的。

2月，在偶尔晴朗的日子里，松毛虫能够在沙土坡道和暖房的高墙上，排成行进长列时，我不进行任何干预，就可以观察两个毛虫群的合并，我只需要耐心地注视一支行进中的松毛虫纵队的一系列动作变化。我看见这支纵队走出虫窝后，有时由于道路的偶然改变，而被引导去到别的窝里。从此以后，外来的松毛虫也和其他松毛虫，以同样的名分成为这个社会的一员。同样，当松毛虫夜晚在松树上游逛时，起初的弱小群体会扩大，并且达到大型建筑工程所需要的纺织工数额。

“一切都归于大家。”松树上成串爬行的松毛虫这样说。它吃松针时，从不为邻居吃了几口这个问题进行争吵。它就像进入自己

的居室那样进入别人的家，而且总是受到友好的接待。不管它是不是这个部落的成员，都在这个群体的宿舍和饭厅里有一席之地。别人的窝就是它的窝，别人的牧场就是它的牧场。同老伙计或者偶然遇到的新同伴相比，它的那一份口粮既不多也不少。

“我为人人，人人为我。”松树上成串爬行的毛虫这样说。每天晚上它耗用自己那一小笔丝资本，来扩大或许仍然崭新的避难所。如果单枪匹马，它能够用那束微薄的丝干什么呢？几乎什么都干不成。但是，在纺织厂里，纺织工数以百计，每条松毛虫都用自己微不足道的丝纺织公共布料，织出一条厚实的大被子，能够抵御严冬的酷寒。每条松毛虫既为自己劳动，也在为别的毛虫劳动。别的松毛虫用同样的干劲，也为每条松毛虫劳动。啊！这些不了解“产权即斗争之源”为何物的松毛虫啊，这些严格实践完美共产主义的理想主义者，这些生活艰苦的隐居者，多么令人羡慕啊！

松毛虫的这些习性引发了我的思考。一些慷慨大度、心地开阔的人，幻想多于理性，向我们提出把共产主义当作医治人类灾难最有效的良药。这种主义在人类中行得通吗？他们指出，在这样的社会组织里，大家也许会忘掉生活中的一些野蛮粗暴行为。这样的社会，过去有，现在有，而且永远都会有；可是，普及这样的组织可能吗？

松毛虫能够向我们提供宝贵的资料。我们不要为此感到脸红！我们的物质需求虫子也有，虫子和我们一样，会为了在生命之宴上取得自己那一份而进行斗争，它解决生存问题的方式我们不应该不屑于研究。我们应该问问在松毛虫当中盛行聚居苦修的原因。

第一个必然的答复是：粮食问题，这个世界可怕的捣乱者，在松毛虫那里被消除了。既然肚子肯定能够不斗争就填饱，和平就会普降社会。一根松针，甚至不足一根松针，就足够松毛虫食用。这根松针总是在大颚下，取之不尽用之不竭，几乎就在住所门槛上。有胃口时，松毛虫外出呼吸新鲜空气，排成长列，行进一会儿，然后不经过艰苦搜寻，不进行忌妒眼红的敌对斗争，就在筵席上就座。供应丰盛饭菜的食堂从来都不缺少，因为松树粗大、慷慨，从一个夜晚到另一个夜晚，它们只须去稍远的地方入席就餐。因此，在粮食问题上既不愁现在，也不愁将来，松毛虫几乎像呼吸般，轻而易举就可以找到吃的机会。

大气以无须人们恳求的慷慨大度，用空气养活上帝所有的创造物。动物在自己不知情，没有做出努力和没有使用技能的情况下，宽裕地得到自己必不可少的那一份空气。相反，吝啬的土地只在痛苦地受到强迫后，才让出它的财富。土地太贫瘠，无法满足各种需求，就把食物的分配工作交给激烈的竞争。

这一口必须获得的食物，引起了消费者之间的斗争。瞧瞧同时碰到一截蚯蚓的两只步甲吧！它俩谁吃这片肉呢？战斗，激烈的战斗，凶残的战斗，将做出决定。这两只饥肠辘辘的动物，要相隔很久才能吃到东西，在它们之间，共同生活是不可能的。

松树上成串爬行的毛虫摆脱了种种不幸。对它来说，土地就像大气那样乐善好施、慷慨大度，它花在饮食上的力气并不比呼吸更多。我还可以列举其他一些完美的共产主义例证。在素食的生物种群中，大家聚集在一起，是因为粮食极其丰富，不须劳动寻找。相反，在肉食制度下，获得猎物困难重重，于是聚居苦修制被戒除。对单个人来说，自己所得的份额都太少，同桌就餐者来干什么呢？

松树上成串爬行的毛虫既不知道缺粮为何物，也不了解什么是家庭。家庭是另一个无情竞争的根由。力求获得肥缺显职，只是生

活强加给各种斗争的一个方面；另一方面，还必须在可能的范围内，为自己的后代准备好一席之地。由于保存种群比保存个人更加紧要，因此，为未来进行的斗争，比为现在进行的斗争更加激烈。所有的母亲都把子孙的兴旺发达当成头等大事，只要自己的一群孩子身体健康，就让别的都死亡吧。人人为自己，这就是法则，野蛮凶残的生存斗争强加于人的法则。保护未来，这就是法则。

因为存在着母性及其职责，共产主义便不再可行。乍一看，某些膜翅目昆虫似乎肯定了相反的道理，例如棚檐石蜂。棚檐石蜂成千上万地在同一片房瓦上筑巢，母亲们在那里修建宏伟的大厦。这是个真正的共同体吗？绝对不是。

这是一座城市，这里只有邻居，没有合作者。每个母亲捏制自己的蜜罐，积攒自己儿女的家产。每个母亲不为别的，只为自己的家庭，殚精竭虑，精疲力竭。啊！如果某个母亲只不过停落在一个不属于它所有的蜂窝边缘，就会引起冲突。宅子的女主人就会对它猛烈推撞，让它明白它这样做是不能容忍的。这时它必须尽快逃跑，不然就会爆发一场战斗。在这里，财产所有权是神圣的。

家蜜蜂虽然合群，群居性更强，但在母性利己主义方面并不例外。每个蜂箱只有一只雌蜂，如果有两只就会爆发内战，其中一只就会死于另一只的匕首下，或者移居他乡，一大群蜜蜂将会追随它而去。蜂箱里蜜蜂数量多达两万，虽然都有能力产卵，却放弃母亲身份，过着独身生活，以便养育这个只能有一个母亲的神奇家庭。在这里，共产主义在某些方面占主导地位；但是，对绝大多数蜜蜂来说，母亲身份却消亡了。

胡蜂、蚂蚁、白蚁等各种群居昆虫，也是如此。共同生活使它们付出了昂贵代价，成千上万只昆虫停留在不完整状态，变成寥寥几只具有性能力昆虫的卑微助手。母性既然是普遍的固有特性，于是在石蜂中个人主义就重新出现，尽管它们具有共产主义的外貌。

松毛虫免除了种族的维持延续。它没有性别，或者毋宁说，它隐晦地准备使性别成为不明确的原基事物，像所有还不是自身、有朝一日会成为自身的事物一样。当母性，成熟年龄盛开的花，像花一般怒放时，个人财产所有权，必然和由它而引起的竞争、争夺一道出现。松毛虫现在尽管和平，却也会像其他昆虫一样，出现利己主义不能容忍异己的行为。松毛虫蛾母亲将离群索居，唯恐失去自己将在上面产卵的松针。雄蛾扑动翅膀，为争得它们垂涎的雌蛾而相互挑战。在温厚宽容者中间，这场斗争并不严重，但这毕竟是一幅交配期经常发生的致命打斗的微弱景象。爱情通过战斗支配世界，它也是激烈竞争的根源。

松毛虫几乎无性，对爱恋十分冷漠，这是共同和平生活的主要条件。可是，这还不够。共同体完美的谐和，需要全体成员拥有均等的力量、才能、口味和劳动本领。这些也许也支配其他昆虫的条件，在这里几乎全都具备。松毛虫在同一个虫窝里，成百也好，上千也好，彼此之间毫无区别。

所有的松毛虫身材相同，力气相同，服装相同；它们的纺织才能相同，干劲相同，都把小丝壶盛装的丝耗用于集体福利。必须劳动的时候，没有一条松毛虫不干活，懒懒散散，拖拖沓沓。除了对完成职责的满足外，它们没有什么别的刺激。在风和日丽的季节，每天晚上，它们都同样地辛勤纺织，夜以继日积极劳动，直到用尽白天储得满满的丝腺里的最后一滴丝液。在松毛虫部落中，没有能干的，没有愚蠢的；没有强大的，没有弱小的；没有节食的，没有贪食的；没有勤劳的，没有懒惰的；没有节省的，没有浪费的。这条虫干的，别的虫也干，都用同样的干劲去干，干得不好也不差。这真是个平等世界！但是，唉，这可是松毛虫的世界呀！

如果我们人类适合向松毛虫学习，它就会向我们表明，平均主义和共产主义理论是空虚无用的。平等是个多么漂亮的政治标签啊！仅此而已。这种平等在哪里？在人类社会里，我们能够找出两个在精力、健康、智慧、劳动本领、预见能力，以及在其他构成繁荣兴旺的重大因素的才能天赋等方面，都完全相同的人吗？我们要在哪里才看得见，像两条松毛虫那样完全相似的东西呢？哪里也看不见啊，不平等就是我们的命运！

一个声音，不管怎样重复都始终一样，无法形成和谐。要突显和谐的甜美动听的价值，需要不同的声音，有弱的，有强的，有深沉的，有尖锐的，甚至还需要刺耳难听的不谐和。人类社会正是由于相异事物的聚集、会合、竞争，才变得和谐。如果平均主义的梦想得以实现，我们将下降到松毛虫社会的单调状态，艺术、科学、进步、发展，都会在平庸且枯燥无味的宁静中永远沉睡。

而且，这种普遍的平均化实现后，我们将距离共产主义更远。为了实现共产主义，正如松毛虫和柏拉图的教导，必须消灭家庭，必须有不做任何努力就能得到的丰富食粮。当获得一口面包还十分困难，还需要艰苦劳动的时候，当家庭还是我们深谋远虑的神圣动力的时候，“人人为我，我为人人”，这种慷慨大度的理论，是绝对行不通的。

其次，如果取消为自己和亲人每天努力地挣面包，我们会从中得到好处吗？这是非常可疑的。如果这样，我们将可能废除人间的两大乐事：劳动和家庭。这两者是唯一能给予生命某些价值的乐趣；如果这样，我们将可能扼杀让我们变得伟大的东西。这种野兽般的亵渎行为产生的结果，可能是松毛虫式的人类法伦斯泰尔[①]。松树上成串爬行的毛虫，就是这样向我们现身说法的。

① 法伦斯泰尔：法国空想社会主义者傅立叶（1772—1837）所幻想建立的社会的基层组织。——译注

第二十章 松毛虫的行进行列

商人丹德诺[①]的绵羊群，跟着被巴吕储狡黠地扔到大海里的那一头羊走，前赴后继地冲下水中。拉伯雷说，这是因为绵羊，这种世界上最愚蠢、最荒谬的动物天性如此，不管头羊往哪里走，它们都会紧紧地跟随。松毛虫，不是由于愚蠢、荒谬，而是由于需要，比绵羊更加盲从。第一条松毛虫爬到哪里，其余的松毛虫也排成整整齐齐的行列爬到那里，中间毫不间断。

它们排成一行，像一条连绵不断的细带子，每条毛虫都与前后的同伴头尾相接。领头开路的松毛虫，随兴之所至，东爬西爬，画出一条复杂交错而蜿蜒曲折的路线，其余的松毛虫也一丝不苟，依样画葫芦，连古代由希腊人派往圣殿的代表组成的宗教仪式行列，也没有协调得这样好。啃噬松叶的毛虫被称为“松树上成串爬行的毛虫”[②]，这个名字就是这样得来的。

如果说松毛虫终生都是走绳索的杂技演员，那么它的特点就被补充完全。它只在绷得紧紧的绳索上行走，只在边前进边铺设的丝轨上行走。领头的松毛虫随机应变，不断吐出丝来，把丝固定在它东转西转、随意行走的道路上。这条线路细得用放大镜也无法看清，只能依稀辨别出来。

第二条松毛虫来到这座纤细的步行桥上时，就用它的丝把桥加厚一倍，第三条毛虫把它加厚两倍，其他松毛虫也都用它们的纺丝

---

① 丹德诺：法国作家拉伯雷所著《巨人传》中的人物。——译注
② 原意为宗教仪式队伍成员。——译注

器给桥涂上胶。当松毛虫队伍鱼贯爬行之后，就留下一条狭窄的带子。这条带子是松毛虫经过之后留下的痕迹，晶莹的白色在阳光下闪烁。松毛虫修筑道路的方法，比我们的方法更加耗费资财。它们铺路不用石子，而用丝绸。我们用碎石铺路，用沉重的磙子把路面碾平；它们则在路上铺设柔软的绸缎轨道。这是一项攸关众虫利害的工程，每条松毛虫都为它献出自己的丝。

这样豪华奢侈有什么好处呢？难道松毛虫不能像其他毛虫那样爬行，不使用价值昂贵的材料吗？我从它们前进的方式看出了两个理由。松毛虫是在夜间去吃松针，在沉沉的黑暗中，它们爬出位于枝梢的窝，循着裸露的松枝下到下一根还没有被啃噬的松枝。随着啃噬者啃光了上面的针叶，下一根松枝的位置就越来越低，松毛虫便爬到这根还没有被触动的小松枝上，分散在绿色的松针丛中。

吃完晚餐后，夜更寒冷，现在该回到家里去躲藏起来。沿直线走，这段距离并不长，还不到两臂长。但是，步行者无法跨越这段距离，必须从一个十字路口下降到另一个十字路口，从松针下降到小枝，从小枝下降到大枝，从大枝下降到主干，再从主干经过一条同样不断左弯右拐的小路，爬回上面的住所。这条路漫长曲折，千变万化，靠视觉来带路是不行的。松毛虫在头的两侧有五个单眼。用放大镜看，这些单眼很小，很难辨认出来，它们不可能看得很远。此外，在夜间没有光亮，漆黑一团，这种近视的透镜又有什么用呢？

在这个问题上，考虑松毛虫的嗅觉毫无助益。松毛虫有没有嗅的本领呢？我不知道。我虽然不能做出定论，但是我至少可以肯定，它的嗅觉很迟钝，绝对不适于为它带路，几条饥饿的松毛虫可以做证。这些饿了很久的松毛虫，经过一根小松枝的时候，没有露

出任何贪婪和停留的迹象。是触觉在向它们提供信息，尽管饥肠辘辘，只要嘴没有偶然碰触到牧场，就不会有一条毛虫驻足停留。它们不向嗅到的食物爬去，它们只在挡道的小枝上停留。

排除了视觉和嗅觉，还剩下什么来引导它们回到窝里去呢？只剩下它们在路上吐丝结成的细带子。在克里特岛的迷宫中，忒修斯如果没有阿里阿德涅给他的一团绳子，他就会迷路[①]。松树上那一大堆乱七八糟的松针和米诺斯迷宫一样，错综复杂，无法走出，在夜里更是这样。松毛虫于是借助那一小根丝线，在松针丛中爬行前进，而不至于迷路。在撤离时刻，每条松毛虫都可以轻而易举地找到自己的那根丝线，或者邻近的一根丝线。这些彼此相邻的丝线，被不同的虫群陈列成扇形。这个散开了的部落，渐渐在那条共同的带子上集合起来，排成直行。这条带子的起源地就是虫窝，这个饱餐了一顿的商队，循着这条带子，肯定又会爬上它们的庄园。

白天，甚至在冬季，当天气晴好时，松毛虫有时进行远程探险。它们从树上下来，在地上冒险，结队行进50步。外出不是为了觅食，因为出生地的松针还远远没有被吃光耗尽，已经被啃食的小枝在庞大的叶群中几乎算不了什么；而且，黑夜还没有结束，它们就要彻底戒绝饮食。这些远足者除了进行保健散步，或者为了朝圣而探察周围地区，也许还为了查看以后将隐藏变态的沙地，此外就没有其他目的。当然，在大规模的移动中，松毛虫没有忽略起引导作用的小带子，这条带子比任何时候都更加不可或缺。所有的松毛

---

① 希腊神话故事，克里特岛国王米诺斯在地下建了一座迷宫，关押牛首人身的怪物米诺陶洛斯，雅典人每年必须送去七对童男童女作为怪物的食物。为除掉怪物，忒修斯去到克里特岛，在米诺斯的女儿阿里阿德涅给的一把剑和一团绳子的帮助下，杀死怪物，顺利地走出了迷宫。——校注

虫都贡献出纺丝器的丝。每次前进时，谁也不会前进一步而不把挂在唇上的丝线固定在路上，这成了一条不变的规律。

如果结队行进的队列相当长，带子就变得足够宽大，容易寻找。然而，在返回途中，它并非不费周折就可以找到，因为行进中的松毛虫从来不完全转过身子，它们绝对没有在细带上转过180度的大弯。

为了再走上原来那条老路，松毛虫不得不像画一条鞋带似的行进。它们的首领随兴之所至，任意决定带子的弯曲程度和宽窄长短。首领在摸索中前进，行动是那么飘忽游移，虫群有时不得不风餐露宿。但是，事情并不严重，松毛虫集合起来，蜷缩成团，互相身体靠着身体，一动不动，第二天再重新探路。或早或晚，这个弯弯曲曲的队伍总会幸运地遇到导路的带子。一旦第一条松毛虫步上了丝轨，就不再有丝毫犹豫，众松毛虫于是迈着急促的步伐向窝里前进。

这些用于铺设道路的丝，用途是明显的。为了免受严冬劳动时，必然会面对的寒风冰冻的袭击，松毛虫为自己织造隐蔽所，它将在那里度过天气恶劣不得不停工的闲日子。这时，松毛虫孤孤单单，丝腺里只有微薄的资源。它在受到猛烈的北风吹打的松枝梢，艰难困苦地保护自己。修建一个经得起风吹雪打、冰雾袭击的牢固住所，需要成千上万条松毛虫的通力合作，于是大伙将微不足道的个人力量合在一起，修造宽敞持久的建筑。

工程历时长久。每天晚上，只要时间允许，它们就必须加固、扩大丝屋。因此，在天气恶劣的季节，松毛虫劳动者的行会必须存在，不得解散。但是，如果没有特别的安排，每次夜间外出都会导致这个行会解体。在这个饱腹欲念产生的时刻，个人主义就会抬头，松毛虫四散分开，在周围的枝杈上离群索居，每条松毛虫都独自啃食它的那份松针。以后，它们怎样重新聚集，重新结为群体呢？

是每条松毛虫留在路上的丝线将虫群聚集起来。有了丝线引导，任何松毛虫，不管走得多远，都会回到同伴那里，从不迷路。松毛虫从一簇细枝，从四面八方赶来，分散的队伍很快就重新集合起来。丝线比道路更好，它是群体的绳带，是维持共同体成员紧密团结的网。

在或长或短的行进行列的前头，都走着领头松毛虫。我称它为首领，虽然“首领”这个词用在这里不很得体，但没有更好的词，不得不退而求其次。的确，这条松毛虫同其他松毛虫并没有什么不同，它排在队伍最前面纯属偶然。在松树上成串爬行的毛虫中间，队长是临时军官，现任总指挥。过了一会儿，如果发生意外，队伍拆散后按不同的次序重新组合，总指挥又变成了另一条虫子。

领头松毛虫的临时职务，使它摆出一副特殊姿态。当其他松毛虫排得整整齐齐，被动地跟随它的时候，它这个队长，摇摇摆摆，动来动去，突然把身体前部一会儿伸向这里，一会儿伸向那里。在行进时，它似乎在了解情况。它的确在探测地形吗？它在选择最利于通行的地点吗？或许它的犹豫不决，仅仅是由于尚未行经之处缺乏一根引导丝线吗？它的部属跟随它，十分宁静，足间的细带子使它们非常放心。而这位领队却没有这种支持，惶恐不安。

从它那像滴柏油般黑色发亮的脑袋，我能看出些什么呢？从行动看，它的确有那么一点能力，能够在经过尝试后，辨识过分粗糙不平或者过分滑溜的地面、或是不具承受力的粉状地点，特别是别的远足者留下的丝线。我和松毛虫的交往告诉我，关于它们的心理状态就止于此，或者说几乎止于此。真正可怜的脑袋！可怜的虫子！它们的共和国的保护者是一根丝线！

行进行列的长短千变万化。我看见过在地上操演的最美的行列有12米长，有将近300条松毛虫。这些毛虫排列得像条波浪形的带子，正正规规，整整齐齐，哪怕只有两个队列，秩序也十分完美，第二队列紧紧跟随着第一队列。从2月起，在暖房里松毛虫排列成各种大小的队列。我可以向它们设下什么陷阱呢？我只想到了两个：取消领队和弄断丝线。

取消行进行列的领队，没有引起任何惹人注意的变化。如果事故没有引起什么麻烦，行进行列就丝毫不会改变速度。第二条松毛虫一旦成为队长，马上就了解那个职位的责任。它选择，它领导，更确切地说，它犹豫不决，摸着石头过河。

丝带断了，也无关紧要。我把接近行列中央的一条松毛虫取走，为了不震撼松毛虫队列，我截去这条松毛虫占有的那一截带子，并且抹除它剩下的最后一点丝线。这样一截断，行进行列就有了两个互不依赖、各自独立的首领。后面那个行列很可能同前面那个行列会合，它同前面的间距很短。如果这样，一切就恢复了原状。

然而，我经常看见，两个部分不再合二为一，形成两个截然不同的行进行列。它们都随心所欲地游逛，越走越远。但是，不管怎样，两个行列的松毛虫不断流浪漂泊，或早或迟都会在截断处找到引路带子，都知道返回虫窝。

这两个实验普普通通，没有多大意思。我又想出了另一个很有概括意义的实验。我打算在破坏连接并可能改变道路的带子之后，让毛虫画个封闭的圆圈。当把火车头引向另一个分岔的扳道岔没有起作用时，火车头会继续循着既定的线路前进。松毛虫总是感觉前面的丝质轨道上没有阻碍，没有一处有扳道岔。它们将保持在同样

的线路上吗？它们将坚持走一条永远不会到达目的地的路吗？那么，该如何用人工的方法铺成这个圆圈，这个一般情况不会出现的圆圈呢？

我的第一个想法是，用镊子夹住火车尾部的丝带，一点不抖动地让它弯曲，然后把它放在行进行列的行首。如果充当开路先锋的松毛虫加入这个行列，事情就办成了。其他松毛虫将亦步亦趋，忠实地跟随它前进。在理论上这项操作轻而易举，实践起来却困难重重，不会有什么有价值的成果。这根带子极其纤细，稍稍带起一些粘住的沙粒，就会在沙粒的重压下断裂，即使不断裂，不管我怎样谨慎，后面的松毛虫都会感到振动，它们会蜷缩成一团，甚至舍弃带子。

更大的困难是，松毛虫行进行列的领队，拒绝接受放在它前面的带子，它对带子被截断的一端疑神疑鬼。它辨认不出原来那条没有断裂的路，一会儿朝着偏右的方向前进，一会儿朝着偏左的方向前进，它巧妙地溜开，摆脱窘境。如果我试着干预，把它带回我选择的道路上，它就拼命拒绝，缩成一团，一动不动。很快整个行进行列就一片混乱。我不再坚持下去，这个方法不好，尝试起来很费劲，而是否会成功还令人怀疑。

必须尽量少干预，并且设法得到一个自然的封闭圆圈。这可能吗？是的，可能。我没有进行任何干预，就看到一个行进行列出现在一条完美的环形跑道上面。这个结果引起了我的高度注意，我认为这是由于偶然的环境条件所致。

在安置虫窝的沙土层坡道上，有几只盆口圆周为1.5米的大花盆，种着棕榈树。毛虫常常攀爬花盆的盆壁，一直攀升到突出的盆沿上。这个场所非常适合松毛虫列队行进。或许是因为盆沿十分稳固，在这个表面上，不必担忧在地上活动时成堆的泥沙崩塌物；也或许是因为有个便于在攀升疲劳后休息的水平位置。环形跑道是现成的，我只需要等待实现计划的有利时机到来。但这个时机无法预料。

1896年1月的最后一天，快到晌午时，我突然看见一大队松毛虫在窗台上行进，开始向它们喜爱的花盆盆沿走去。它们鱼贯而行，慢慢攀爬巨大的花盆。它们到达盆沿后，排成整齐的行列前进。这时，另一些松毛虫也陆陆续续来到，把队列拉长。我等待松毛虫编织的这条细带子再度闭合，等待那个始终沿着环形软垫行走的领队，回到进入的地点。环形路轨在一刻钟内铺成了，这条闭合的环行路画得多么好啊，非常接近圆圈！

现在，我必须排除攀升纵队的其余成员。从理论上讲，过多的队员到来，会扰乱良好的秩序。清除所有的丝质羊肠小道，不管新的还是旧的，也一样重要，因为它们可能把盆沿同地面连接起来。我用一支大画笔把多余的松毛虫扫掉，再用一把粗刷子细心擦抹花盆盆壁，使松毛虫在路上铺设的丝线统统消失。做完这些准备工作后，一个奇怪的景象将呈现在我眼前。

在这个连续不断的环形行进行列中，不再有领队，在每条松毛虫前面都有另一条松毛虫。在丝线引导下，每条松毛虫亦步亦趋，紧紧跟随前面的同伴。丝线是集体的劳动成果。在整条链条上，每条松毛虫后面都紧紧地跟随着另一条松毛虫，没有一条松毛虫担任总指挥，更准确地说，没有一条松毛虫任凭心血来潮，改变跑道路线。大家都循规蹈矩，绝对服从和相信原本应当为它们开路，实则被我用妙计取消了的向导。

毛虫在盆沿上一开始行进，就铺设丝轨，这条轨道很快被在跑

上不断吐丝的行进行列转变为一条狭窄的带子。它最后回到起点，没有任何分支，因为我的画笔已经把分支刷掉，破坏了。在这条封闭且骗人的羊肠小道上，这些松毛虫会干些什么呢？它们将转圈闲逛，永无休止，直到精疲力竭吗？

古老的烦琐哲学谈到比利当的驴子[①]。这头有名的蠢驴置身于两份燕麦之间，这两份使人垂涎欲滴的食物，重量相同，方向相反，它因不知该吃哪一份而饿死。这头可敬的牲畜遭到了诽谤，它并不比其他驴子愚蠢，在现实中，它会大嚼那两份燕麦，以此来回答理论的陷阱。我的这些松毛虫会有一点聪明才智吗？经过再三考验之后，它们会懂得冲破让它们始终陷在其中，找不到出路的封闭环行圈吗？它们会决定从哪边偏离吗？偏离是唯一能得到那份燕麦的方法，那份燕麦就在那里，就在附近，就在只有一步之遥的绿枝上。

我认为会这样。但是，我错了。我思忖："过些时候，一小时，也可能两小时，行进行列将转弯；松毛虫将会察觉它们走错了路。它们将抛弃错误的道路，在某处，不论哪个地方下降。"当离开毫无阻碍的时候，它们却留在那里，忍饥挨饿，任凭风吹雨打，我认为这是不能容许的愚蠢行为。但是，事实却由不得我不相信。现在我来详细谈谈吧。

1月30日，将近中午，风和日丽，松毛虫队列开始环形行进。它门步伐整齐规范，每条松毛虫都紧跟在前面那条松毛虫的后面。这根连续不断的链条排除了变换方向的向导，每条松毛虫都机械地持续行进，就像时针忠实于钟面的圆周一样。没有领队的队列不再有自由，不再有意志，变成了机器的齿轮。这种情况先持续了几个小

---

① 比利当（1295—1358）：法国经院哲学家。比利当的驴子是他提出的假设。——译注

时，然后又持续了几个小时。成功大大超过了我大胆的怀疑，我惊叹不已，更准确地说，我惊得发呆。

现在，重复的环行使最初的轨道变成了一条两毫米宽的漂亮带子，我看见带子在花盆淡红的底色上闪光。这一天结束了，跑道的位置没有任何变化，请看一个令人吃惊的证据。

轨道不是一条平坦的曲线，而是一条歪斜起伏的曲线。曲线在某个点上弯曲，并且略微下降到盆沿背面后，又在不远处折回盆沿上。我下这个结论，理由很充分。从一开始，我就用铅笔把这两个弯曲点标在花盆上。而且，整个下午以及随后几天，直到这场荒谬的法朗多尔舞[①]跳完，我总是看见松毛虫的细带子，在第一个弯曲点下降到盆沿背面，在第二个弯曲点又上升回到盆沿上。第一条线一旦铺设好，要走的路就不可变更地决定了。

虽然道路恒定不变，速度却不是如此。我测量松毛虫走过的路程，计算出它们平均每分钟走9厘米；当然，间中有或长或短的停歇，有时速度放慢，特别当气温逐渐下降时，速度会更缓慢。到了晚上10点，行进只不过是屁股在懒懒散散地东摇西摆、起起伏伏而已。由于寒冷，由于疲乏，毫无疑问也由于饥饿，可以预见，它们会再次停下来歇息。

就餐的时刻到了。松毛虫成群结队地从暖房的窝里出来，吃我种在丝囊旁边的松枝。因为天气暖和，荒石园里的松毛虫也出来了。排列在花盆盆沿上的那些松毛虫，本来也会欢天喜地聚餐的。它们走了十个小时，食欲旺盛，本来也会吃得津津有味的。一大片美味的松枝差不多全都苍翠欲滴，要去到这一大片绿油油的牧场，

① 法朗多尔舞：法国南部阿尔勒的传统舞蹈。复活节前，当地人身穿传统服饰，在普罗旺斯笛和小鼓伴奏下集体起舞。——校注

只要下降就行了。但是，这些可怜的松毛虫却不知道这样做。它们对那根带子唯命是听，盲目服从。十点半，我离开了这些饥肠辘辘的虫子，我相信黑夜会带给它们好主意，明天一切都会好起来的。

这是我的过错，我以为它们那受到苦难煎熬的胃，似乎会使它们茅塞顿开，我太相信它们了。天一亮，我就去看望它们。它们还像昨天晚上那样排列着，但是一动不动。天气有些返暖，它们摆脱麻木状态，复苏之后，又走动起来。就像我昨天看见的那样，环形队列又重新开始行进。它们行动起来像机械那样死板固执，不多做一分，不少做一分。

那天夜间十分寒冷，寒气忽然降临。荒石园里的松毛虫晚上预先做了预报。尽管根据表面现象，我迟钝地感觉到晴好天气会延长，但是这些松毛虫却拒不外出。拂晓时分，种着迷迭香的小路闪着霜光。这是今年出现的第二次严寒冰冻，荒石园的大池塘全部结冰。暖房里的松毛虫会做些什么呢？我们去瞧瞧吧。

它们全都关在窝里，闭门不出。当然，花盆盆沿上那些顽固的松毛虫除外。这些毛虫没有隐藏处，似乎度过了一个非常艰苦难熬的夜晚。我看见它们乱七八糟地聚集成两堆。它们这样堆集在一起，互相紧紧挨靠，可以少受些冷冻。

有时，灾难和不幸倒是好事。夜晚的严寒把松毛虫组成的环状群体冻裂成两段，或许获救的机会将由此出现。对每个复活后重新开始行进的毛虫群来说，不久就会找到领队。这个领队不需要跟随在它前面的松毛虫，将会有某些行动自由，并且能够使这个队列偏离原来的道路。的确，我们回想一下吧，在通常的行进行列中，第一条松毛虫履行着侦察兵的职责。如果没有发生什么骚动不安，其他松毛虫就总是保持在队列里。这时，领头的松毛虫就专心致志履行它的领队职务，不断朝着某一个方向弯下头，探测情况，寻找，探测，选择。即使是在已经走过并且装饰着带子的路上，负领导责任的松毛虫也继续探索。因此，我相信，在花盆盆沿上迷路的松毛虫会有机会获救。

我继续耐心地监视。这两群松毛虫从麻木中恢复过来后，渐渐排成两个不同的行列，这样就有了两个行进的领队。它们自由行动，独立自主，会走出着魔的圆圈吗？从它们那东摇西摆、惴惴不安的黑色脑袋看，有段时间我认为会。然而，不久后我就醒悟了。这根链条的两段又会合起来，扩大原来的队伍，圆圈恢复了，临时领队又成了普通部属。松毛虫又整天转着圆圈，列队行进。

第二个夜晚，万籁俱寂，满天星斗，但仍然十分寒冷。白天，花盆上的松毛虫，这些没有遮蔽、露宿风餐的毛虫，聚集成堆，向决定命运的带子两边大量漫涌。我看见这些冻僵的松毛虫醒来了。一条松毛虫临时越出已经开辟的道路，它在新地方冒险，犹豫不决，踌躇不前。它去到盆沿的边缘，下到花盆的泥土里；除了六条毛虫紧随其后，不再有别的追随者。也许这支队伍的其他成员，还没有从夜间的麻木中恢复过来，懒得行动。

由于这个小小的延迟，行进行列恢复了正常状态。松毛虫在丝路上行走，圆圈形行进行列变成了有缺口的圆环。虽然有这个缺口，可领头的向导却没有做任何革新尝试。一个走出魔圈的机会出现了，可是，这个向导却不知道加以利用。

至于那些进入花盆的松毛虫，它们的命运并没有怎么改善。它们爬到棕榈树顶，饥肠辘辘，寻找牧场。它们在那里找不到什么合口味的东西，于是循着在路上留下的丝线返回，攀爬花盆的凸边，又找到行进行列，插到里面，不再忐忑不安。圆环又完整了，圆圈

又开始转动。

那么，这些松毛虫什么时候会得到解脱呢？有这么一个传说，一些可怜的灵魂被符咒附体，永无休止地绕圈跳舞，直到一滴圣水解除了地狱的魔法，才得以解脱。好运会把一滴什么样的水，抛洒在这些松毛虫身上，解除它们的圆圈，把它们引回窝里呢？我只看到两个能驱散魔法，将松毛虫从圈子里解脱出来的方法。这两个方法都是艰苦的考验。痛苦和灾难会产生好处，真是奇怪的因果关系。

第一个方法是寒冷引起蜷缩。这时，松毛虫会乱七八糟地聚集起来，一些堆在路中，更多的堆在路旁。在路旁的松毛虫中，或迟或早会出现某个革命者。它不屑再走老路，它将开辟新路，把队伍重新带回老家。我刚刚便看到了一个例子。七条毛虫进入花盆内部，攀登棕榈树。不错，这是一次没有取得成果的尝试，但毕竟尝试了嘛。要完全成功，只须走对面的斜坡就行了。两次中能有一次好运，就已经够多了，下一次成功的可能性会更大。

第二个方法是走路走得精疲力竭，肚子饿得衰竭不堪。这时，腿部受伤的毛虫心力交瘁，会停下来。在这条有气无力、支持不住的松毛虫前面，行进行列仍然缓慢继续行进。于是，队伍紧缩，出现了空隙。造成队伍断裂的那条松毛虫苏醒过来，再次行走，成为领队。它的前面什么都没有，它只须稍微有一点要求解放的意志，就可以让大伙走上一条或许将使它们得救的小路。

总之，要使处于困境中的松毛虫队伍摆脱困境，它必须与现在的做法背道而驰，越出常轨。这个行动，取决于行进行列领队的任性，只有它能够向左或者向右偏离。而圆环不断，就不会有这个领队。最后，圆圈断裂了，这独一无二的好机会，是由于混乱导致停顿的结果；而停顿的主要原因，又是过度疲劳或者过度寒冷。

使松毛虫摆脱障碍从而得到解脱的意外事故，特别是疲劳产生的事故，经常发生。在同一天，移动的圆周多次分成两个或者三个圆弧。但是，圆弧很快又连接起来，事态没有发生任何变化。将拯救松毛虫脱困的大胆革新者，还没有受到启发。

像前几个夜晚一样，第三个夜晚也非常寒冷。第四天也没有发生什么新鲜事，我只指出一个细节。昨天我没有揩擦那几条松毛虫进入花盆时留下的足迹，这些足迹在环形路上有个结合点。松毛虫找到了这些足迹，一半毛虫循着这些足迹，到花盆泥土里去游览，攀爬棕榈树，另一半则留在盆沿上，继续在老轨道上游逛。下午，迁移的团伙同另一伙毛虫会合，环圈完整了，事情又回到老样子。

现在是第五天，夜晚的严寒更加凛冽，但仍然没有侵袭暖房。继严寒之后，静寂无声的万里碧空上，出现了美丽的太阳。它的光芒一旦把暖房的玻璃照得温暖些，聚集成堆的松毛虫就苏醒过来，恢复在花盆盆沿上的活动。这一次，漂亮的队列紊乱起来，出现了混乱。这显然是即将到来的解放的先兆。昨天和前天探路的松毛虫，在花盆里铺满了虫丝。今天，一部分虫群循着它走，从它的源头走起。这群虫子走了一个短短的之字形后，便抛弃了这条路。其余的松毛虫依然循着原来的带子走。从这个分叉路口起，产生了两个差不多近似的行列，在盆沿上朝着同一个方向行走，彼此之间距离很近，时合时分，始终有些紊乱。

疲劳和倦怠加剧了混乱。腿受伤的松毛虫越来越多，它们拒绝前进，行进行列的断裂现象成倍增加。队列分裂成几个截段，每个截段都有自己的行列领队。这些领队的身体前部时而东伸，时而西伸，以便探测地形。一切都似乎预示，即将发生使松毛虫得救的解体。可是，我的希望又一次落空了。黑夜来临之前，所有松毛虫又

排成一个队列，无法遏止的回旋恢复了。

炎热和寒冷一样突如其来。今天是2月4日，是个美丽温和的日子。暖房里十分热闹，大批松毛虫形成许多花环似的图形，走出虫窝，在坡道的沙土上像波浪似的上下起伏。在那上面，在花盆盆沿上，松毛虫组成的圆环，不时分裂成几个截段，接着又结合起来。我第一次看见一些大胆的松毛虫领队，炎热使它们极度兴奋，砖石盆沿边上的一对假铁钩阻碍了它们，它们身子腾空，扭来扭去，探测范围大小。随着团伙停留，它们多次重复尝试。它们的头突然摆动摇晃，屁股扭个不停。

一个革新者决定从轨道上溜开，它钻滑到盆沿背面，四条松毛虫跟随在后。其余的则始终对那个欺诈骗人的丝轨深信不疑，不敢模仿大胆的革新者，继续循着前一天走的老路前进。

从总链条分离出来的这个短短的小链子，大力摸索，在盆壁上长时间迟疑不决。它们下降到盆壁的一半处，然后又歪斜着再往上爬，插入队列，与行进行列会合。这一次在花盆下，在两手宽的地方，虽然有我刚刚为了引诱这些饥肠辘辘的松毛虫而放置的一束松枝，但我的企图还是失败了。嗅觉和视觉都没有告知这些松毛虫任何信息，它们虽然已经接近目标，却又爬上去了。

不要紧，尝试不会没有用。一些丝线已经铺在路上，将为新的行动充作奠基工程，解脱之路有了第一块里程碑。的确，三天后，即实验的第八天，花盆上的松毛虫时而各自分离，时而结成小群，时而形成长串，循着标着里程的小路，从花盆盆沿上下来。夕阳西下时，拖在最后的松毛虫也回到了窝里。

现在我稍微计算一下，松毛虫待在花盆盆沿上的时间为7×24小时，由于某条松毛虫疲劳而停顿，特别由于在夜间最寒冷的时刻休息，我从宽计量，扣除一半行进时间，还剩下84小时在行走；那么，松毛虫平均每分钟走9厘米，总行程为453米，差不多半公里。对这些碎步奔跑者来说，这是惬意的散步。花盆的圆周，即跑道的周长正好1.35米，那么，松毛虫在这个始终没有结果的圆圈里，始终朝着同一个方向走了335次。

虽然我已经充分了解到，稍微发生一点意外，昆虫就表现得浑浑噩噩，极其愚昧，但是，这些松毛虫仍然令我惊讶不已。我寻思，松毛虫因为下降时遇到困难和危险而被阻留的时间，是否和因为不开窍、不顿悟而被阻留的时间同样长。事实回答说：“下降和上爬同样容易。”

松毛虫身体灵活，善于绕过物体的突出部分，从下面钻过去。它循着垂直线或者水平线，背朝上或者背朝下，行走起来同样轻而易举。此外，它把丝线固定在地上后才前进。脚下有这样一个紧贴的支持物，身体处于什么位置和姿势，都不必担心跌落。

八天中，我通过亲眼观察得到了这个证明。我再说一遍：跑道并不在同一个平面上，而是两次起伏弯曲，在花盆盆沿的某处突然下降，接着又在稍远处折回。因此，在环圈的一段，松毛虫的行进行列在盆沿的背面行走。这种颠倒翻转的位置和姿势还算方便，也不太危险，这个位置和姿势，所有松毛虫在每一圈都要从头到尾重复一遍。

在花盆盆沿上会失脚踏空，也不能成为理由，因为在每个拐弯的地方，松毛虫都灵巧地绕过了。困苦不堪、饥肠辘辘、居无掩蔽、夜里冻僵的毛虫，顽强地坚持留在成百次走过的丝带上，是因为缺乏劝告它们舍弃这条带子的理性之光。

经验和思考与它们无缘。半公里长和三四百圈行程的考验，什么也没有教给它们。它们要回到虫窝，需要偶然的环境和条件的帮助。如果没有夜间扎营时的混乱，如果没有因极度疲劳而停顿引起的混乱，如果不把几根丝线扔投到环行道路之外，松毛虫就会死在那条狡诈的环形带子上。在这些漫无目的地放置的奠基工程上，爬来了几条松毛虫。它们迷路了，按照老习惯，它们准备下降。最后，由于一连串偶然得到的帮助，它们完成了下降。今天，渴望在动物界底层找到理性起源的时髦学派，我向你们推荐松树上成串爬行的毛虫。

第二十一章 松毛虫的气象台

1月，松毛虫第二次蜕皮。这次蜕皮，松毛虫有了一些十分奇异的器官，可容貌却不像过去那样富丽了。蜕皮的时刻来到，松毛虫乱糟糟地堆积在虫窝的圆顶上。如果天气暖和，它们就日日夜夜坚持待在那里，一动不动。它们彼此接触和堆在一起，所引起的互相阻碍，似乎使它们产生了耐受力，并找到了有利于治愈表皮擦伤的支撑点。

第二次蜕皮之后，松毛虫背部中央的毛呈暗橙黄色，并夹杂着大量的白色长毛。这种褪色的服装添加了引起雷沃米尔注意的特殊器官，这位大师对这些器官的作用感到十分困惑。在原先被醋栗色的镶嵌画占据的地方，松毛虫的八个体节现在被一条宽大的横向狭长切口劈开，那狭长的切口像厚厚的嘴唇，按照松毛虫的意志全开、半开或者闭合，并不留下明显的痕迹。

从张开的口子里长出一个表面细腻的无色驼背形隆起，似乎这只虫子要把它体内盛藏的柔嫩物体向外展示，并且让它在空气中伸长。松毛虫的内脏就这样穿过像解剖刀切开的皮肤，成为局部鼓泡。隆起的前部是两个黑褐色的大点，后部着生两根橙黄色纤毛，好似平面羽饰，羽饰在太阳光下闪着艳丽的光辉。羽饰周围辐射状的长白毛，几乎平平地摊开。

这个局部鼓泡敏感万分，稍受刺激，它就缩回，消失在黑色表皮下面，形成一个深深的卵形火山口。这是一种巨大的气孔，气孔很快合拢唇瓣，关闭起来，完全消失。唇瓣四周胡须似的白色长纤

毛，随着唇瓣的收缩、辐射、倒伏，然后像被风从下面刮起的庄稼那样重新竖立，并且聚集起来，像横向的鸡冠状头盔，与松毛虫的背垂直。

白色纤毛重新竖立，突然改变了松毛虫的外貌。橙黄色闪闪发光的纤毛消失了，埋藏在黑色的皮肤下面。重新竖立的白毛好似蓬乱的鬣毛，服装的颜色变得更加灰暗。

很快宁静恢复了，狭长的切口又开启，半张开，敏感的驼背再度显现。如果突然发生了骚乱，它就又很快消失。我随心所欲，用种种不同的方式刺激松毛虫迅速地交替打开和关闭背部的切口。一阵轻微的烟草味，会立刻使气孔半开，露出驼背隆起。据说，这时松毛虫会警惕起来，并且启动它的特别情报器官。局部鼓泡会很快收缩进去，第二阵烟草味又会把它引出来。但是，如果烟太多，太呛人，松毛虫就会扭曲肢体，不打开它的器官。

我用一根稻草秸轻轻碰触一个裸露的驼背，这个被碰触的乳突立刻像蜗牛的角那样收起、缩进，露出一张打开的唇瓣，随即又关闭起来。通常被稻草秸碰触的那个体节如何动作，其他或前或后的各个体节也都模仿，全都渐渐关闭自己的器官。

一般说来，松毛虫安安静静休息时，它背上的狭长切口是张开的。它行走时，切口时而打开，时而关闭。由于经常开放和关闭，切口的两边合拢，缩回皮下，折裂了好似胡须的橙黄色纤毛，火山口底部因此积存着碎毛屑。毛屑由于有倒刺，很快结成絮块。如果切口开放得有些突然，中央隆起的鼓泡，就把废毛屑向外抛投到松毛虫身体的两侧。稍微一吹，废毛屑就会被扬起成金色微粒。对观察者来说，这种微粒十分令人厌恶。稍后我将谈到人们可能患的瘙痒症。

这些奇怪的气孔，其作用仅仅是收集毗邻的毛丛，并且把它捣碎吗？这些皮肤细嫩，在气孔隐藏处的底部鼓胀升起的乳突，承担把碎毛堆扔投到外面去的职责吗？这个奇怪的器官独特的功能，是靠损耗浓密的毛来制备引发瘙痒的粉末，作为防御手段吗？没有任何情况说明。

当然，松毛虫并未防备要隔很久才会用放大镜观察它们的好奇者。松毛虫为它们的热情爱好者，比如昆虫中的告密广宥步甲、鸟中的杜鹃感到忧虑吗？我也同样表示怀疑。以松毛虫为食的消耗者，需要有个特制的胃。这个胃无视引起痒痛的毛，并且还可能在这些毛的刺痛中，找到类似开胃酒般的刺激。如果一切都仅仅限于拔去自己的毛丛，以便把刺激性粉末撒进我们眼睛里，那么我就无法理解，为什么松毛虫在自己的背部劈开这样多的狭长切口，肯定还有别的原因。

雷沃米尔谈到这些已经有人简略研究过的气孔。他把这些孔称为气门，倾向于把它们当成特殊的呼吸孔。大师，情况并不是这样。没有任何昆虫在自己的背上开空气入口，而且我用放大镜也没有发现任何同内部相通的闸口。呼吸在这里没有用处，谜底应该到别处寻找。

从这些打开的小孔升起的驼背，是一块柔软苍白而且裸露的薄膜，使人联想到内脏的局部鼓泡，似乎松毛虫通过伤口，把它细嫩的内脏暴露在空气中。这个部位异常敏感，用画笔尖轻轻碰触，马上会使其隆起缩回，再度关闭围墙，即使用坚固的东西使它发痒也不能让它打开。我用一颗大头针尖收集到一滴水，我把这滴水给了敏感的驼背。哪怕稍微碰触一下，这个器官就收缩，关闭。蜗牛的触角把视觉和嗅觉器官收进螺壳时，退缩得也并不比它更快。

一切都似乎肯定，这些可以自行决定，根据松毛虫的意志出现或消失的局部鼓泡，是感觉器官。松毛虫为了了解情况，取得信息，露出这些器官。它把这些器官掩藏在皮肤下面，以便保存灵敏的感觉能力。然而，这些器官能够感知、接收什么呢？这是个难以回答的问题。只有松毛虫的生活习惯，能够引导我们在这个问题上进行探索。

整个冬季，松毛虫都在夜间活动。白天，当风和日丽时，它们主动来到虫窝圆顶，堆在一起，待着不动。在12月和1月苍白的阳光下，在露天睡午觉的时刻，没有一条松毛虫抛弃住所。在夜还不很深沉，将近9点时，它们开始行走，排成行进行列，队形混乱，去啃吃毗邻松枝的松针。它们在叶丛中长时间停留，夜深以后才回窝。这时温度已经急遽下降。

在隆冬严寒时节，在一年中最冷的几个月中，松毛虫极为活跃。它们不知疲倦，夜以继日地纺织，每天晚上都把一块新丝绸加到它们的丝帐篷上。只要天气许可，它们都涌到毗邻的松枝进食。它们身体粗胖起来，不断更新纺织的丝绞。

有个例外情况引起了我的注意。别的昆虫在严寒季节无所事事、嗜眠好寝、麻木迟钝；可是对松毛虫来说，这个季节却是热气腾腾、辛勤劳动的季节。当然，条件是天气的恶劣不超过某个限度。如果北风过猛，就会刮走这个虫群；如果严寒刺骨，就有霜冻威胁；如果降雨下雪，如果浓雾弥漫变为寒冷的毛毛雨，松毛虫就会谨慎小心留在窝里，躲在防水挂毯里。

哪怕能够稍稍预见到这种种恶劣天气都好啊！松毛虫惧怕这样的天气，一滴雨水就会使它惶恐不安，一片雪花就会使它非常激怒。在变幻莫测的天气中，黑夜里去牧场是危险的，因为行进行列离去很远，而且又走得很慢。这个虫群回到住所前，万一天气骤变——在气候恶劣的季节，这种情况屡见不鲜——它就会受到伤害。松毛虫在冬夜的长途旅行中，为了解天气情况，具有某些气候方面的才能吗？我现在就谈谈，我脑子里怎样会冒出这样的猜测。

我在暖房里饲养松毛虫的事，不知怎样泄露了出去，我因此小有名声，村子里的人都在谈论这件事。护林人，破坏性昆虫不共戴天的敌人，他想看看我这些有名的松毛虫怎样摄食。自从他在交给他监护的松树林里收集和毁灭毛虫窝的那一天起，这个护林人就对松毛虫一直保持着引起灼痛感的回忆。我们约定当天晚上会面。

他在约定的时间来了，由一个朋友陪着。我们在炉火前聊了一会儿，最后，时钟敲响了9点，我们三个人点起提灯，来到暖房。他们渴望见到人们议论纷纷被称为奇迹的景象，我肯定会满足他们的好奇心。

但是，但是……这是怎么回事呀？暖房里竟然没有一条松毛虫出来。在新配给的定额口粮松枝上，没有一条松毛虫。昨天和前几个夜晚，它们出来时数不胜数，今天却一条也没有出现。这仅仅是来饭厅迟到了吗？还是因为现在没有胃口？难道它们守时的习惯出了差错吗？我们耐心地等候，10点了，没有动静；11点了，仍然没有动静。当我们决定放弃，确信这次观察会无限拖延下去时，已是子夜时分。谁是傻瓜？我是第一个。我惭愧万分地送客出门。

第二次我隐约地看到了失败的原因：夜里和早上下了雨。已经下的那场雪不是今年的第一场，却是最大的一场，弄白了万杜山的圆形山顶。难道是松毛虫对大气的突然变化更敏感，预见到会发生什么事而拒不外出吗？它们预感到会下雨降雪吗？可是，没有任何迹象预示会下雨降雪啊！究竟它们为什么不外出呢？我继续观察，想弄清楚这是不是偶然。

从1895年12月13日这个值得记忆的日子起，我的松毛虫气象台就成立了。我没有一件珍贵的科学仪器，甚至连一只简单的气压计都没有，因为厄运的星宿继续对我穷追不舍。这个星宿和我过去学习化学，用烟锅[①]当坩埚，用茴香粒小玻璃瓶当曲甑时，同样脾气粗暴。我所能做的就是，每天晚上察看暖房和荒石园里的松毛虫。在天气有时坏得连狗都不能外出时，荒石园深处的差使真是苦不堪言。我把松毛虫的行动、外出和隐居记录下来，同时记下白天和夜间观察时天空的状况。

我还把《时报》每天向全欧洲提供的气象图，添进这个登记簿中。如果我想得到更加准确的材料，就请求阿维尼翁师范学校，在出现巨大干扰时，把他们气象台的气压记录寄给我。这些就是我掌握的唯一的资料。

在谈论获得的结果之前，我再次说明，我的松毛虫气象机构有两个台站，一个在暖房里，另一个在荒石园里的露天松树上。前一个不受风吹雨打，我更加喜爱，它向我提供了更有规律的、连续性较好的材料。虽然总的情况顺利、良好，但露天的松毛虫却经常拒不离开虫窝外出。只要吹来一阵震撼松枝的狂风，或者一点在虫窝网上形成珠滴的湿气，它们就总是待在家里。暖房里的松毛虫摆脱了这两种危险，只需要注意更高等级的大气环境；细小的变化它们注意不到，只有重大的变化才会给它们留下印象。这么好的条件将使观察者走上寻求解答问题的正确道路，因此玻璃罩下的移民地是我的笔记和记录的主要来源。当然，我也将露天移民地的证据加进

① 烟锅：烟杆前端装填烟丝的铜斗。——校注

记录里，但并非始终顺顺当当，没有麻烦。

暖房里的松毛虫对我有些什么表示呢？12月13日，它们拒绝让我邀请的护林人观看它们的生活情况。夜里将下的雨不可能使它们忐忑不安，骚动起来，因为它们被遮护得严严实实。将染白万杜山的雪，它们根本不予理睬。这些都是早先发生的事，而且，雨也好，雪也好，都还没有降下。如此看来，它们12月13日有那样的表现，肯定是因为产生了异乎寻常、影响深刻、波及面大的大气现象。这一点，《时报》的气象图和阿维尼翁师范学校的公报都告诉了我。

我们地区处于巨大的低气压之下，英伦三岛出现了气温骤降现象，正向我们这里蔓延，这个季度以前还没有发生过这种情况，13日到达我们地区，并一直持续到22日，而且或多或少有所加强。在阿维尼翁，13日，气压计的刻度突然从761毫米下降到748毫米，19日降得更低，降到744毫米。

在这十来天里，荒石园松树上的松毛虫一次也没有外出。不错，天有不测风云，气候变幻无常，这些天有骤然降下的细雨，有阵阵干旱而猛烈的北风，但更常见的却是晴空万里、气候温和的白天和黑夜。谨慎小心的隐居者不会上当受骗。低气压持续，暴风雨即将来临，因此，它们足不出窝，蛰居家中。

在暖房里，情况稍稍有所不同，松毛虫外出，但多数时间仍然是隐居窝中。松毛虫似乎先受到气候反常的震撼，但接着又放下心来，恢复劳动；它们待在这样的居所里，不受外面的雨、雪、猛烈干旱的北风的吹打侵袭，什么也感受不到。当然，如果恶劣气候的威胁加深，它们就再度停止干活。

的确，气压的变动和这个虫群的决定是相当吻合的。如果气压

计的水银柱略有回升，松毛虫就外出；如果下降一些，松毛虫就留在住所。在19日这天晚上，气压较低，为744毫米，因此，没有一条松毛虫在外面冒险。

由于风雪同我设在玻璃罩下的移民地没有关联，不起什么作用，于是，我设想，因为气压会产生很难准确地确定的生理方面的影响，所以气压是主要的影响因素。至于温度，在适当的范围内，可以略而不谈。这个严冬酷寒时节在露天劳动的纺织工，十分坚强勇敢。不管严寒多么砭人肌肤，只要不结冰，劳动或者就餐的时刻到来，它们就排列成队，鱼贯而行，去虫窝的表面或者在毗邻的松枝上就餐。

我再举另一个例子。根据《时报》的气象图，一个中心位于圣吉内尔群岛附近，在阿雅克修海湾入口处的低气压，19日向我们地区延伸，最低为750毫米，将刮起一场带来风暴的北风。这一年的第一次严重冰冻出现了。荒石园里的大水池整个冻结，冻冰有几个指头厚，酷寒的天气持续了五天。当然，在遭受狂风吹打的松树上，荒石园里的松毛虫没有离窝外出。

我还注意到，虽然在暖房里，松枝不会危险地摇撼，也没有刺骨的严寒，但松毛虫也不在窝外冒险。25日，暴风停止，在这个月余下的日子以及2月的大部分时间，气压计维持在760～770毫米之间。在这个漫长的时期，松毛虫每天晚上都惬惬意意外出，特别是暖房里的松毛虫。

2月23日和24日，松毛虫又一次突然隐居起来，没有明显原因。在玻璃罩遮护的六个窝中，只有很少几条松毛虫待在外面的松枝上，而以前我每天晚上都看见，树簇被这六个窝里不可胜数的松毛虫压弯。我受到这个预兆的警告，就在笔记里写道：“某个强低压即将到达我们地区。”

情况的确如此。两天以后，《时报》的公报报告说：最低气压750毫米，22日来自比斯开湾；23日南下阿尔及利亚；24日传至普罗旺斯海岸；25日马赛下鹅毛大雪。这家报纸说：“船只的横桁和船桅的倒支索都被染上了白色，外观十分奇异。马赛居民极少目睹这样的景象，他们的想象飞到了斯匹次卑尔根群岛和北极。”

我的那些松毛虫前夜和上前夜拒不外出，肯定就是因为预感到了这次狂风；25日以及随后几天那猛烈冰冷的北风，中心在塞里昂。我还观察到，暖房里的松毛虫在低气压临近时才会动起来。低气压引起的第一次焦虑不安一旦平息，在25日以及随后几天的暴风雨中，松毛虫也外出，好像什么特别情况都没有发生过似的。

根据我的观察，可以得出这样的结论：松毛虫对大气变化非常敏感，能够预感对外出来说十分危险的暴风雨。在冬季严寒的夜晚，这是一种卓越的才能。

松毛虫对恶劣气候的嗅觉，很快就赢得了我们一家子的信任。如果必须去奥朗日购买食品，我们就在前一天晚上请教松毛虫，根据它的预测前往或者留下。它的权威判断从未使我们上当受骗。为了同样的目的，我们这些天真率直的人，从前询问粪金龟，它是另一个夜间的勇敢劳动者。但是，这种有名的食粪虫由于囚居在网罩中，有些气馁，看来也没有什么特殊的感觉器官，况且它们是在秋天温和的晚上活动，因此不能同松毛虫一较高低。松毛虫在一年中气候最恶劣的时期很活跃，而且种种情况都肯定，它拥有能够感知大气剧烈变化的器官。

在从动物身上取得预报方面，乡野的人非常聪明。猫在壁炉的炉膛前，用沾着唾液的脚爪反复涂抹耳朵背，预示寒冷将重新降

临。雄鸡在违反惯例的时刻啼鸣，预报晴好天气将复归。珠鸡顽固地发出像锯木般吱吱嘎嘎的刺耳声，表示将要下雨。母鸡单足站立，羽毛蓬乱，头缩进脖子，是因为感觉到凛冽的冰冻即将来临。树上的绿蛙，这个可爱的雨蛙，在暴风雨即将来临时，把喉咙鼓得像尿泡，并且大声叫喊，根据普罗旺斯农民的说法，它们是在喊："要下雨啦，要下雨啦！"这种农村气象学是许多世纪的经验积累所留传下来的遗产，就算同学者的气象学相比，也并不逊色。

我们自己难道不是活的气压计吗？老兵在天气即将变化时，会抱怨身上那些光荣的老伤；有的人虽然没有伤，但会失眠，做噩梦；有的人，我是说那些思想的侏儒，将无法用麻木的脑子思考。每个人都用自己的方式，接受酝酿着狂风暴雨的气候的考验。

昆虫，所有生物中最敏感的造物，会逃脱这种产生强烈感受的作用吗？这难以令人相信。作为一种有生命的气象仪器，昆虫应该位居所有生物之冠。如果我们会辨识，那么，在天气预报方面，昆虫同我们实验室里那些毫无生气的仪器，比如水银柱、软管等同样准确无误。所有的昆虫在不同的程度上，都具有一种普遍的易感性。这种易感性同我们的类似，并且在没有明确器官协助的情况下起作用。有几种昆虫，由于它们的生活方式而更具有天赋，它们可能装备着特殊的气象器官。看来松毛虫就属于这类昆虫。当它的体节在背部有漂亮的醋栗色镶嵌画时，这是它穿的第二套服装。这时，它和其他昆虫的区别，似乎是它的易感性更加敏锐。除非这种镶嵌画有一种别处没有听说过的能力，情况才有例外。现在，虽然这个夜间纺织工仍然装备较差，但是它在这种装备下度过的季节，差不多总是温和的。真正可怕的夜晚，要到1月才开始。到那时，为了在长途旅行中保护自己，松毛虫便裂开自己的背部，形成一系列小孔。这些孔洞半开，以便不时呼吸空气，并且提醒自己注意狂风。

因此，在没有获得新资料以前，我认为，松毛虫背上的狭长切口是气象仪器，是感受大气遽变的气压计。对我来说，要超越具有充分根据的猜测和怀疑走得更远，是不可能的。进一步探索这个问题，我缺少不可或缺的仪器，我不过是提醒人们注意这件事而已。对这个奇怪的问题彻底深入的研究，还是留给那些在设备等方面更完善的人吧！

第二十二章 松毛虫蛾

3月，受驯化的松毛虫不断结队行走。很多松毛虫离开暖房，让房门敞开。它们开始寻找下一步变态的合适场地。这是它们最后成群移居，永远抛弃虫窝和松树。这些圣地朝拜者已经垂垂老矣，浑身微白，背上稍稍有些橙黄色的毛。

3月20日，我整个上午都在密切跟踪观察一群松毛虫的活动。这个队列3米长，有100多个移民。队列顽强地行进，在满是尘土的地上，像波浪般起起伏伏地前进，留下一条痕迹。然后，队列分成屈指可数的几个小组。小分队聚集起来休息，臀部突然摆来摆去。在时间长短不一的休息以后，它们排成独立的行列，又开始行进。

没有确定的方向，有的前进，有的后退，有的向右，有的向左；没有任何行进规则，没有任何明确目标。某个队列走完一段钩形路后又往回走，然而，总是朝向暖房的墙。暖房朝南，吸收了更多暖和的阳光。松毛虫唯一的向导似乎是日照，发热最多的地方，是最受喜爱的地点。

经过两小时的行进和反向行进，已经分成小分队的松毛虫行进队伍全都到达了暖房墙角。每个小分队有20来条松毛虫。暖房墙角的土地虽然被一些禾本科植物丛稍微固定了一下，仍然满是灰尘，十分干燥，容易挖掘。行进行列的带头松毛虫用大颚探路，在路上划出一道道痕迹，探测地形。其他松毛虫对它们的领队非常信赖，百依百顺地跟在后面，没有别的企图，第一条松毛虫的决定会被所有松毛虫采纳。在选择身体变态地点这件十分严肃的事上，没有个人的主动积极性可言；只有一个意志，那就是领队的意志。可以说，整个行进行列只有一个头脑。这个行进行列可以比拟为，由一只巨大的环节动物的体节形成的链条。

终于找到了一个合适的地点，领头的松毛虫停下来，用额头推，用大颚挖。其他松毛虫仍然排列成行，一条条到达建筑工地，也在那里停下。这时松毛虫队列解散，然后又聚集成堆，挤来挤去。它们在这里恢复了自由，所有的背部都乱糟糟地动来动去，所有的脑袋都埋到尘土里，所有的足都在翻耙，所有的大颚都在挖掘，这只环节动物的身体分成了独立的劳动小分队。

一个坑穴挖成了，松毛虫渐渐把自己埋在里面。过了一些时候，挖松的土地开了裂纹，松毛虫便微微抬起，盖上小堆泥土，然后休息。最后，松毛虫下到三指深的地下。这就是松毛虫在粗硬的土地上所能做的一切。在可以搬动的泥土上，挖掘工程会进一步向前推进。暖房的坡道上布满了细沙，我挖出了埋在两三分米深处的松毛虫茧。我不能肯定掩埋的深度是否只能到此为止。总之，掩埋是集体行动，松毛虫结成为数或多或少的小队各自挖掘，并且根据土质的差异，埋的深度各不相同。

半个月后，我去挖掘了松毛虫的埋伏地，我找到了一堆茧。茧的外观十分可怜，被丝线阻留的泥屑弄得脏兮兮的。它们脱去粗糙的外壳后，倒也不乏标致之处。茧呈椭圆球形，狭小，两端尖尖的，约25毫米长，9毫米宽。这些球体的丝十分纯细，呈暗白色。在目睹松毛虫耗用大量虫丝来修建虫窝之后，这时发现茧的内壁并不坚硬，我不免感到惊奇。

松毛虫在修建冬季营地时，是用料阔绰的纺织工。可是，当结茧时刻到来时，它们那细颈小瓶里的丝已经耗尽。它们被迫只使用最起码的必需品，它们的丝很少，只得用泥土覆盖层来加固单薄的茧。这不是虫蛾的技艺。虫蛾把沙粒放置在丝一般柔软光滑的网状结构里，并且把收集到的材料都用来制作一个牢固的小匣子。松毛虫的技艺十分简陋粗糙，一点也不精巧细致，只会把附近的泥土碎屑松松地黏合起来。

如果环境需要，松毛虫还懂得省去泥土。我偶然在沙土里找到一些非常洁净的茧，不过，这种情况极其罕见。在精致的白塔夫绸织物上，没有一鳞半片粗糙不雅的异物。我把钟形罩下的松毛虫，放到一个仅仅盛有几根松枝的瓦钵中时，得到了几个这样的茧。然而，还有更好的呢，我将一大批松毛虫及时关闭在一个既没有沙土也没有任何器材的大盒子里，它们就在裸露的墙壁上织茧。出现这些例外，是由于松毛虫缺乏自由行事的环境，但丝毫无损松毛虫的生存规律。如果泥土的硬度合适，松毛虫为了身体变态，埋在地下的深度有一拃长。

这时，观察者的脑海里必然会产生一个奇怪的问题：松毛虫蛾是怎样从松毛虫的地下墓穴里出来的呢？粗硬的土地不能够用俗艳浮华的装饰品，用饰有精美鳞片的大翅膀和触角的宽大羽毛饰去冲撞呀！除非蛾子出土时浑身弄得皱巴巴，衣衫褴褛，以致别人都认不出它了，它才可能顺利地出来。然而，情况并不是这样，远不是这样。此外，蛾子这样瘦弱，它是怎样使硬土壳破裂的呢？稍微下一点骤雨，原先的尘土就会变为硬土壳。

7月末和8月，蛾出现了。毛虫入土是在3月，在这个季节，雨少不了会突然降临，把土地压实，一旦水分蒸发，土地还会变硬。虫蛾如果没有特别的装备和穿戴，就永远无法打开一条通过障碍的出路。受环境所迫，它必须拥有穿孔的工具和极其简单的服装。我在这些思考的指引下，做了几次将会揭开谜底的实验。

4月，我收集了大量松毛虫茧。我把10～12只茧放在几支不同口径的试管底部，试管里盛满泥土，泥土经过筛滤，稍稍有些潮湿，而且多沙。我把泥土压紧，但压得有节制，不会损坏试管底部的茧。8月，压实的圆柱里泥土起初还湿润，接着因为水蒸发而凝结起来，翻转试管也不会流出一滴水来。在钟形罩里，一些茧裸露着，它们将会告诉我掩埋在泥里的茧无法显示的情况。

它们的确向我提供了很有意思的资料。松毛虫蛾从茧里出来时，有包裹着它们的服饰，外观呈圆柱形。翅膀是在地下穿越的主要障碍，它像狭窄的肩带一样贴在胸部，触角是另一个严重障碍，它还没有张开羽毛饰，并且沿着胸侧突然转弯，以后将会变得很浓密的毛从前到后倒伏，只有脚是自由的，相当活跃，而且有劲。拥有这样的装备，虫蛾就能够清除妨碍活动的泥土，穿过泥土，上升到地面。

不错，任何虫蛾在脱离茧壳的时刻，都有这种十分狭窄的木乃伊似的装备。松毛虫蛾在地下的羽化，因此具有一种特殊的能力。其他虫蛾一旦从茧里出来，就匆匆忙忙展开翅膀，无法自由延迟翅膀的羽化时间，松毛虫蛾却因为具有一种特殊的天赋，能够根据当时的环境条件，坚持蜷缩成一个包裹。在钟形罩下面，我看见一些出生在地面的松毛虫蛾，在解开肩带展开翅膀之前24小时，在沙土上爬行，或者钩悬在松枝上。

延迟对松毛虫蛾来说，显然是必要的。从地下上升到露天，它必须挖掘一条长长的隙缝，这项工作十分耗时费力。它在冒出地面之前，尽量不展开自己的服饰，如果服饰展开，就会妨碍它行动，衣服就会被揉皱，会有十分糟糕的褶痕。因此，这个圆柱形木乃伊一直坚持到完全解脱。如果偶然提前获得自由，最终的羽化也只能在平常的时间完成。

松毛虫蛾在狭窄地道中的外出装束，那套必不可少的齐膝紧身外衣，我已经了解清楚。可是，穿孔打洞的工具在哪里呢？脚虽然可以自由行动，但仍然不够。它们在旁侧抓搔，扩大井的直径，但它却无法成功地根据自己头上的垂直线挖掘出路。这个工具应该在身体前部。

我把手指尖放在松毛虫蛾头上，一触摸就会觉察出一些粗糙不堪、凹凸不平的东西。放大镜更清楚地告诉我，在松毛虫蛾的眼睛和更上方，有四个或者五个横向的小薄片。小薄片一层层排列成梯级，坚硬，呈黑色，顶端被剪削成新月形。最长的和最有力的是上面那一片，它位于虫蛾头部中央，这就是钻头架子。

为了在花岗岩上挖掘隧道，我们在钻头顶端装上金刚钻。为了进行类似的操作，松毛虫蛾这个活钻头，在自己额上装插一排尖利而经久耐用的月牙形工具，这是真正的曲柄手摇钻的钻头。雷沃米尔没有怀疑它的用途，他仔细察看了这些奇妙的工具，称它们为带鳞片的阶梯。他说："这个带有鳞片阶梯的脑袋，对松毛虫蛾有什么用途呢？这一点我不明白。"

大师，我的试管将告诉我们。湿气的蒸发，使沙土圆柱变成一个整块。一些好运的虫蛾穿过这块硬土，从试管底部上升，有几只沿着试管壁行走，我因此能够跟踪观察它们的活动。我看见它们竖直圆筒形的身子，用额头敲打，先朝一个方向，接着又朝另一个方向摆动。我看得很清楚，曲柄手摇钻交替在黏结的沙土里钻孔，土屑从上面倾注下来，立刻被虫蛾的脚向后压。在拱顶上钻出多大一点空间，虫蛾就向地面前进多长一段距离。第二天，长25厘米的圆柱体，就被一条垂直的地道穿通了。

现在想了解整个操作过程吗？那就把试管翻转过来吧。我刚才说过，管子里的东西已经凝成一块，倒不出来。但是，从虫蛾钻挖的地道里，倾倒出了被钻头上新月形工具弄成碎屑的沙土。虫蛾的劳动成果是一条圆柱形地道，有铅笔那样粗，非常干净，向下延伸到底部。

大师，你感到满意了吗？现在你看到带鳞片的阶梯的用途了吗？难道你不认为，为了进行一项特定的劳动，虫蛾因此而配制精良的工具吗？我赞同这种看法，因为我像你一样，认为至高无上的理性在万事万物中，把目的和手段协调配合起来。

但是，让我对你说，我们被认为是落后分子。我们认为世界受某种智慧支配，这个观念不再跟得上事物的发展趋势。秩序、均衡、和谐，统统都是空话，宇宙是在可能的混乱中的一种偶然安排。白的可能成为黑的，圆的可能成为多角的，整齐的可能成为无定形的，和谐的可能成为不一致的，偶然性决定一切。

不错，当我们稍稍满意地停留在一些完美的奇迹上时，我们是老顽固。今天还有谁关心这些毫无意义的琐事呢？所谓的严肃科学，为人赢得荣誉、利益、名声的科学，不过是用价值非常昂贵的仪器，把昆虫切割成很细的圆形小薄片。我家的主妇正是这样切胡萝卜的，除了做一道普通菜肴之外，没有别的奢望，而且她还不一定总是成功。在生命的问题上，当人们把一根纤维一劈为四，把细胞锯成薄片的时候，他们会更成功吗？人们看不到，谜仍然同过去一样晦涩神秘。啊，亲爱的大师，你的方法多么可取啊！特别是你的哲学，是多么高明，多么充满活力，多么于人有益啊！

现在松毛虫蛾终于到了地面。这样棘手的行动，要求它缓慢地展开它的翅膀包裹。它张开它的羽毛饰，它膨胀它的浓毛。它的服装很简朴，前翅灰色，有几根有棱角的褐色翅脉，后翅白色；胸部有浓密的灰毛；腹部有鲜橙黄色的绒毛；最后一个体节有淡金色的光泽。乍一看，这个体节似乎裸露，其实并非如此。这一节没有和其他体节相同的毛，而在背部表面有鳞片。鳞片聚集得很好，很密，好似一块连续不断的天然金块。

我把针尖搁在这个精巧的金块上，稍一触擦，就有大量鳞片脱落；稍有风吹，这些鳞片就飞舞起来，并且像云母片那样闪闪发光。鳞片呈长椭圆形，稍稍凹下，下半部呈白色，上半部呈金黄色。鳞片看上去很像矢车菊头状花序的花瓣，只是面积较小些。这就是虫蛾母亲为了遮护它所产的卵，将要脱掉的金色绒毛。以后尾部的金块将被层层剥去，做成像玉米棒那样排列的虫卵屋顶。

我想看看这些优美的瓦片的置放情况。瓦片苍白色的一端被一点树胶固定，有色的那一端是自由的。环境没有给我提供什么帮助。松毛虫蛾生命十分短促，整天无所事事，待在下部树枝上一动不动，只在黑夜才活动。交配和产卵都在夜间进行，第二天一切都已完结，虫蛾的生命已经终结。在这样的环境下，借助提灯昏黄的光线，跟踪虫蛾母亲在荒石园里的松树上劳动，情况不会令人满意。

我同钟形罩下的囚徒打交道，也没有更幸运。几个囚徒产了卵，但是总在夜深人静的时刻。这些时刻使我丧失了警惕。要更好地了解虫蛾母亲置放鳞片的精细操作，一支蜡烛的光线和强睁开的睡眼是不大适宜的。对这看不清的事，我还是略而不谈吧。

最后，我用几句林业行话来结束这一章：松树上成串爬行的毛虫，是一种贪得无厌的家伙。它不损害松树梢受鳞片和含树脂的漆保护的叶芽，却把松树枝剥得精光，整株松树变得光秃秃的。松树的生命力所在的松针，一直被剥光到叶柄。该怎样进行补救呢？

我向镇上的护林人请教，他对我说，一般的做法是拿一根柄上装着长竿的枝剪，从一棵松树走到另一棵松树，把虫窝打落地上烧掉。这种方法操作起来十分困难，因为松毛虫的丝囊往往很高。此外，这种方法并非没有危险。剪枝工受到松毛虫毛尘的袭击，立刻会感到奇痒难挨，这种讨厌的苦刑使工人拒绝继续干下去。我的意见是，在松毛虫窝出现之前采取行动比较好。

松毛虫蛾飞翔力很差，它不能高飞，几乎就像蚕蛾那样动来动去，在地上打转。即使在最佳起飞状态中，它也只能达到松树几乎曳地的树枝。在这些树枝上寄放着卵，高度最多两米。幼小的松毛虫从一个临时宿营地到另一个临时宿营地，越爬越高，一层层地到达松树梢，在那里织造永久性住所。了解了松毛虫的这个特点，剩下的就不言而喻了。

8月，开始巡查松树下部的树叶吧，检查很容易进行，这些树叶与人的身体同高。靠近松树细小的枝梢，很容易看见松毛虫蛾一次产的卵群。卵群呈鳞片状，好似戒指上的宝石基座，厚度和色泽使它们在暗绿中十分显眼。把卵连同载负它们的松针一齐采摘后，用脚踩碎，这是防患于未然的简单办法。

我在荒石园里，就是这样处理那几棵松树的。对成片的森林，特别在花园和公园里，能够同样行事吗？在这些地方，整齐的叶群是树木的优点之一。我再补充一句：剪去所有曳地的树枝，把针叶树裸露的树干部分保持在两米高，这样就比较保险。下部的树枝是松毛虫蛾在沉重的飞翔时，唯一可以到达的部分。没有这些阶梯，松毛虫就无法在松树上居住。

第二十三章 松毛虫引起的刺痒痛

松树上成串爬行的毛虫有三套服装。青年服装是一层薄薄的、乱蓬蓬的密毛；中年服装是三套服装中最华丽的，中年的松毛虫，各个体节装饰着金色的枝状物和醋栗色光秃板镶嵌画；而老年服装呢，体节因为狭长的切口而裂开，切口打开、闭合肥厚的唇瓣，时而咀嚼，时而弄碎橙黄色纤毛，当切口鼓胀成局部鼓泡时，纤毛就变成了被抛到两边胸侧的细线团。

松毛虫穿上最后一套服装时，我摆弄它，甚至只是逼近观察它，都令人十分不快。我突然了解到的这一点，远远超出了我的期望。

整个上午，我毫不犹豫地拿着放大镜，俯下身子观察这些虫子，以便了解那些狭长切口的功能。24小时内，我的眼皮和前额发红，比被荨麻刺开的小伤口更疼痛和恶痒难耐，我被弄得痛苦不堪。我下楼来吃午饭时，家人见我一副可怜相：眼睛鼓胀发红，脸也辨认不出来了。他们围着我，十分不安，问我遇到了什么事。为了让一家人放心，我不得不向他们讲述我的险遇。

我毫不犹豫地讲述那些成堆的橙黄色碎纤毛给我带来的惨痛不幸。我呼吸吹气，在打开的小囊袋中寻找这些纤毛，把它们一直吹扬到离我的脸很近的地方。我的手冒冒失失，这里揩揩，那里抹抹，试着减轻痒的感觉；但是，在弄散引起痒感的灰尘时，疼痛得更加厉害了。

不，在对松毛虫背部的探索研究中，并非什么事都乐观美好。为了从这起意外事故中恢复过来，我晚上必须休息。不过这起事故倒也不严重，我仍然继续预先策划好的实验。

那些由背上的狭长切口表示进口的小囊袋，堵塞着散乱的或者结成块的碎毛屑。当囊袋微微打开时，我用镊子尖从里面收集到一点碎毛摊放在手腕上或者前臂内侧，在皮肤上摩擦。

不须等待就得到了结果，像被荨麻刺伤一样，皮肤很快发红、浮肿，好似苍白的透镜，疼痛并不太厉害，但十分令人烦恼。第二天，瘙痒、红肿、透镜状浮肿全部消失了。但是，我不能说实验完全成功了，对松毛虫来说，毛粉尘的效能似乎取决于某些巨大变化。

有时我用整条松毛虫，或者用它的皮，或者用镊子尖收集到的碎毛涂抹在自己身上，并没有引起任何不快。刮擦的粉末似乎根据某些我不可能辨清的环境条件而变化无常。

从不同的实验中，可以明显看出，松毛虫纤细的毛被是发痒的原因。松毛虫背上那些嘴唇似的器官半开、闭合，不断磨碎这个毛被，损坏自己的纤毛。这些狭长切口在边缘拔去自己的毛时，产生引起痒痛的粉尘。

这个事实得到证实后，我又进行了更进一步的实验。3月中旬，当松毛虫已经移居地下的时候，我想起要打开几个虫窝。为了进行研究，我渴望把窝里最后的居民收集起来。我的指头不小心拖带了丝屋，丝是牢固的材料。我用手指把这个住所撕成碎片，搜查、剖开、翻转这些碎片。

我对事情总是那么漫不经心。我再一次，而且是结结实实地吃了满不在乎的大亏。实验刚刚结束，我的指尖就真的痛起来，特别在指甲边比较敏感的部位，痛得更加厉害，好似化脓般阵阵刺痛。

这一天其余时间以及整个晚上，疼痛没有停止，弄得我十分苦恼，无法入睡。经过24小时的剧痛后，第二天疼痛才平息下来。

我的这次新险遇是怎么回事呢？我并没有摆弄这些松毛虫呀，而且这时毛虫窝里毛虫很少。我没有看到脱落的旧皮，松毛虫不在丝囊里蜕皮。当松毛虫脱掉第二套服装，脱掉那套镶嵌画服装的时刻到来时，它们成堆聚集在外面的窝顶上，把混杂着丝线的破衣服弄成一堆留在那里。还剩下什么可以解释被我摆弄的虫窝使我不快呢？

还剩下弄碎的毛，橙黄色老纤毛。如果不聚精会神地仔细察看，这些毛就是肉眼看不见的灰尘。松毛虫长期在窝里乱动，它们来来去去，在前往牧场和返回寝室时，都会碰擦墙壁。它们静止不动或者往来行路，都不停地开关背上那个搜集信息的切口。这些嘴唇似狭长的切口关闭时，像轧钢机那样一台在另一台上滚动，突然咬住毗邻的毛被，把它拔掉，研磨为细粒。切口底部于是立刻上升，把这些细粒扔到外面。

成千上万使人产生剧痛的小碎片于是扩散开来，慢慢进入整个窝内。蛱蝶的袍子灼烧身穿这件袍子者的血管，松毛虫的丝织品，另外一种有毒的布料，则灼烧摆弄它的人的手指。

令人憎恶的纤毛一直保存恶毒的危害性。在虫窝里，很多茧染上了僵蚕病，茧内的蛹坚硬，可能是状态不佳的迹象。我必须从窝里挑拣出病茧，我用手指撕裂那些可疑的茧，以便拯救没有被感染的蛹。这次筛选，我遭受了和撕开虫窝时同样的痛苦，特别是指甲边缘更加疼痛难耐。

这次引起瘙痒的，有时是松毛虫在化蛹时扔抛的干皮，有时是由于隐花植物入侵而干瘪成石膏状的毛虫。六个月后，同样不受欢迎的茧又引起了奇痒和红肿。

用放大镜观察，橙黄色的纤毛，那瘙痒的根源，是前半部装着倒钩的小棍子，坚硬，两端都很锋利。这些纤毛丝毫没有荨麻毛的结构，不过是细长的管。管的矽质尖端会自行破碎，把一种刺激性液体倾倒在小伤口上。

一种拉丁学名叫“刺痒痛”的植物，从毒蛇钩牙那里借来武器，它不是通过伤口，而是通过注入的毒汁起作用。松毛虫则使用另一种方法，它的纤毛没有任何与荨麻毛的储水壶类似的器官，想必它是像卡菲尔人和祖鲁人[①]那样将标枪浸上毒汁。

这些纤毛真的钻进人的皮肤了吗？它们像野蛮人的标枪一样，一旦刺进肌肉就拔不出来了吗？它们那有倒刺的倒钩，随着受刺肌肉的颤动，会钻得更深吗？这些说法没有一种可以接受。我徒劳地用放大镜探察疼痛点，没有看到刺入的螫针。橡树上成串爬行的毛虫使雷沃米尔受到痛苦，他搔痒，但没有达到目的；他怀疑，但什么也不能断言。

不，松毛虫的橙黄色纤毛尽管具有锋利的尖端，在放大镜下看，这些尖端就像可怕的长矛倒钩，但是，它并不是适于蜇刺的螫针，蜇开的小伤口会引起瘙痒。

很多毛虫虽然丝毫不伤人，身上却布满浓毛。用显微镜看，这些毛是有毛刺的标枪。这些标枪外观虽然吓人，但并不伤人。我在此举两个手执戈戟而和平的步兵的例子。

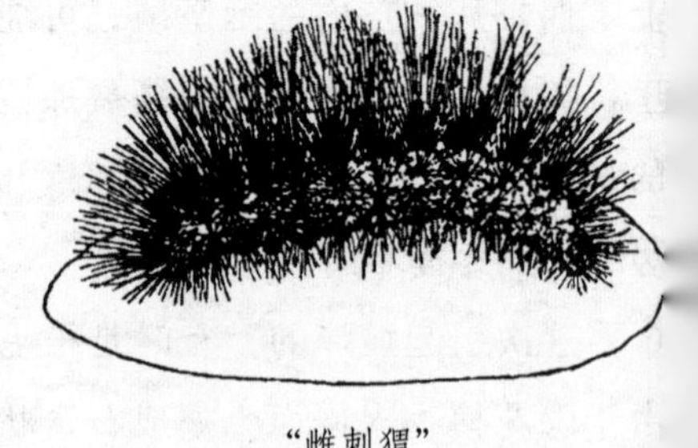

“雌刺猬”

春天，一条因粗硬的纤毛而令人厌恶的毛虫，顽强地穿越小

① 卡菲尔人：非洲东南部沿海一带讲班图语的民族。祖鲁人：讲班图语的非洲民族，现居祖鲁兰地区。——译注

路爬行。它的纤毛像田野里将要收割的庄稼呈波浪形。古代的博物学家在他们天真而虚构的术语中，把这条毛虫称为“雌刺猬”。这只虫子配得上这个称号。发生危险时，它就蜷缩起来，做出刺猬的样子，向敌人显示带刺的盔甲。它的背上密布厚实的黑毛与灰毛，身子两侧和前面则盖满粗硬的橙黄色长毛。这些粗硬的毛黑中带灰或者橙黄，有大量刺。

人们用手指碰触这个可怕的小东西时，犹豫不决。然而，小保尔在我的鼓励下，尽管他只有七岁，皮肤十分细嫩，却大把大把地抓住这令人厌恶的毛虫，毫不畏惧，就像抓住一束蝴蝶花。他在盒子里盛满榆树叶，用来喂养毛虫。他每天摆弄它，因为他知道，这只可怕的虫子将带给它一只美丽的灯蛾。这只灯蛾将穿着猩红色的天鹅绒，翅膀半红半白，撒满了栗色斑点。

灯蛾

孩子和这条长毛虫子如此亲近，会发生什么呢？在孩子的细嫩表皮上，连一点类似痒的感觉都没有。我不是说我自己的皮肤，它已被岁月染成棕褐色了。

在临近的急流埃格河畔的柳树林中，一种多刺灌木触目皆是，秋末冬初，树上挂满了一种酸酸的红色浆果，它那不容易接近、很少绿叶的枝杈，消隐在一袋袋红彤彤的弹子中。这种植物就是沙棘。

4月，一种竖起毛时相当好看的毛虫，靠吃沙棘的嫩叶维生。这种毛虫背上有五束粗硬的毛，硬毛并排竖起，就好像一把刷子。毛束中央深黑，边上呈白色。

这种毛虫在前面摇动两根散开的冠毛，好似羽毛饰。三根毛都极纤细，像黑色的画笔。

“伸爪”

这种浅灰色毛虫的蛾在树皮上蜷缩着身子，纹丝不动，两条长长的前足互相靠拢，伸到身体前面。人们乍一看还以为长长的前足是大触角呢。前足这种姿态，使它获得“挖”这个科学名称，以及另一个更具有表现力的俗名“伸爪”。

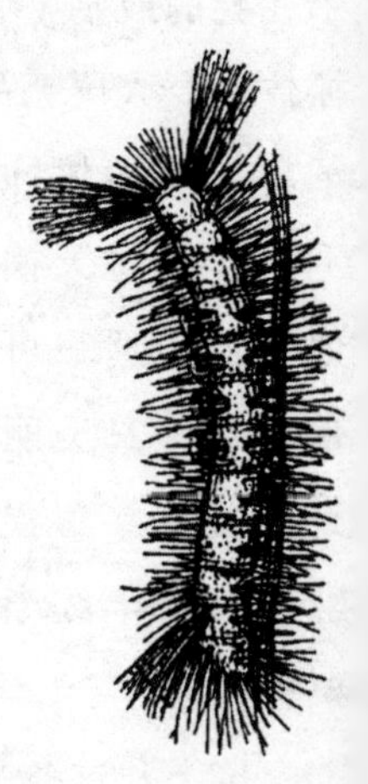
毛虫

在我的合作下，小保尔没有忘记饲养带有刷子和羽饰的温和毛虫。他用他那敏感的手指，抚摸过多少次这只虫子的毛啊！他觉得它比丝绒更柔软，然而，这只虫子的毛用放大镜放大后，却是可怕的带刺长矛，同松毛虫的毛一样吓人。但是，它们的相似之处仅此而已。我摆弄带刷子的毛虫，皮肤上连一点红点都没有，再没有什么比它浓密的毛更不伤人的了。

显然，刺痒并不是由有刺纤毛引起的，而应该到别处寻找原因。如果有刺纤毛足以弄痛手指，那么大部分多毛的毛虫都是危险的，因为这些毛虫都有带刺的毛。可是，实际情况正好相反，干坏事的只是少数毛虫，它们并没有毛被这个特殊结构，与其他毛虫有所不同。

这些有倒刺的毛可能具有这样一种作用，把引起痒痛的微粒固定在我们的皮肤上，让微粒根深蒂固地留下。但是，使人感到针扎似的疼痛，决不可能来自这样细微的鱼镖的简单一刺。

仙人掌上像一层层小垫子般聚集的毛，虽然很细小，但凶狠、

有刺。过分相信这种丝绒的手指，可要当心啊！指头稍微碰到它，就会被它那些鱼镖似的尖刺刺伤。这些鱼镖向我们的耐心挑战，要我们耐心地把它们拔出。除此以外，没有任何痛苦，或者说几乎没有什么痛苦，因为螯针的动作纯粹是物理性的。

假设松毛虫的纤毛能够穿透皮肤，如果这些纤毛只有锐利的尖端和倒刺，它们就能起这样的穿透作用，但是力量很弱。此外，它们还会有什么呢？

这些纤毛想必不同于荨麻的毛，它们的刺激物是在表面，而不是在内部。它们可能被涂抹了一种有毒混合物，通过简单接触来涂抹，使毒物起作用。

我试着用一种溶剂来提取这种毒素。松毛虫的螯针如果只有那没有什么意义的物理作用，它就不会伤人。实验结果表明，溶剂过滤后，除去一切毛被，却充满了荨麻引起痒痛的成分。我又在没有虫毛的条件下进行实验。致痒的成分在隔离和集中后，没有在过滤中失去，反而更加剧烈。这正是我经过思考所预见到的。

我用于实验的溶剂只有水、酒精和乙醚。我更喜欢使用乙醚，虽然另外两种，特别是酒精，曾经使我取得过令人满意的结果。为了简化研究工作，我仅仅使用松毛虫蜕下的皮，而不把整条松毛虫放到溶剂里，因为整条松毛虫会因富含脂肪和营养的浆汁，使提取出来的物质变得复杂。

我既收集松毛虫二龄幼虫蜕皮时在丝宅的圆顶上留下的干皮，也收集松毛虫在化蛹前蜕在茧里的皮，然后两种毛虫皮分别在乙醚里浸泡24小时。浸剂无色，液汁经过细心过滤，让它自行蒸发。我还将松毛虫蜕下的皮在过滤器中用乙醚多次清洗。

现在，我用毛虫皮和浸泡毛虫皮的溶液进行两次实验。第一次实验的结果十分清楚。两种皮像在正常状态时那样毛既长又密，十分干燥。我虽然狠狠地用它们在我的手指缝，这个对瘙痒很敏感的部位拭擦，却没有产生任何效应。

毛被还同未浸泡溶剂前一样，没有任何变化；毛的倒刺和标枪尖头丝毫无损，但没有任何效能，丝毫引不起疼痛。这数以千计的螯针被剥夺了涂在表面的毒性分泌物，就变成了良性无害的丝绒。此时，那叫作雌刺猬的毛虫和有刷子的毛虫，比它还更加伤害人。

第二次实验也有了肯定的结果，溶液的痛苦效应是首屈一指的，连我都不大想再重复实验了。当含乙醚的浸泡液蒸发，浓缩为几滴的时候，我把一片折叠成四折、大拇指长的吸水纸浸湿。我没有提防这种产品，因而在自己可怜的皮肤上大量使用。我劝告以后再进行研究的人，不要像我这样粗心大意。我将这张吸水纸，这种新膏药，贴在我的前臂内侧，外面再盖一片胶布，用绷带固定住，以避免过快干燥。

在开始的十多个小时内，什么也没有发生。接着，出现痒感，继而痒感增加，慢慢地灼烧的感觉强烈得使我大半个夜晚无法入睡。第二天，纸和皮肤接触24小时后，我把皮肤上的这些玩意儿统统移开。毒纸片覆盖的那块皮肤，红肿，胀痛，伤痕非常清晰。

皮肤像被苛性碱浸过那样疼痛，看上去像驴皮一样粗糙，每个小脓疮都像流泪似的流下一滴浆液，浆液凝结成类似阿拉伯树胶的有色物质。溃疡持续了两天多，接着，炎症消除，十分令人恼火的疼痛也同样消失。表皮干燥，散成皮屑，除了还留下红色瘢痕以外，现在一切都已恢复正常。松毛虫提取物的效应多么难以消除啊！实验后三个星期，前臂上贴过毒液的小方块仍然呈紫苍白色。

我用这样的烙铁为自己打上标记，至少会得到一点补偿吗？是

的，得到了一点补偿。我了解到了，贴在伤口上的香膏，这种真理的香膏，是最灵验的香膏，它不久就会把我们从更加严重的不幸中解救出来。

目前，这项痛苦的实验表明，引起刺痒的首要原因不是松毛虫的毛丛。溶液里没有一根毛、一根纤毛、一根螯针，所有这些都被过滤器阻留，我们只有乙醚抽取出来的成品。这个刺激物使我回想起古希腊的双耳金属杯，这个杯子通过简单的接触产生作用。我那一小方块有毒的吸水纸，是一种发疮药，它没有使表皮肿胀成大疱疹，而是使它布满小小脓疱。

有倒刺的纤毛是空气稍稍振动就散播在四周的微粒，它的作用仅限于把浸透引起痒痛感的物质，转移到我们脸上和手上，而锯齿状的倒钩则将致痒物固定，使毒素能够起作用。这些纤毛还可能具有另一种作用，帮助引起剧痛的化学物质细轻微擦伤表皮。如果不是这样，擦伤就不会被察觉。

细嫩的表皮接触了松毛虫不久就肿胀变红，疼痛不已，这个现象产生得虽然并不突然，却很迅速。相反，乙醚提取物要经过相当长的等待后，才使皮肤发红、疼痛。要更快引起溃疡，对它来说还缺什么呢？根据各种表面现象，还缺少毛的介入。

松毛虫直接造成的刺痒，远远没有浓缩为几滴的乙醚提取物引起的刺痒那样严重。在同松毛虫的丝囊，或者同丝囊里的居民打交道时，所遭遇的惨痛不幸中，我从来没有见过表皮盖满分泌浆液的水疱，没有见过表皮一层层地裂成鳞片。现在这是一种真正的伤口，外观十分难看。

情况的恶化很容易解释。我把50来张松毛虫蜕下的皮浸泡在乙醚中，蒸发后浓缩为几滴液汁，我将它吸到一方块吸水纸上。这时那一小方块纸代表50倍的单位毒性，身体的某个部位接触这种小发疮药，就等于接触50条松毛虫。毫无疑问，大量浸泡松毛虫蜕下的皮，就可得到一种具有可怕能量的提取物。没有任何情况显示，某一天医学不会利用这种与斑蝥素迥然不同的强大诱导剂。

或者我们是出于好奇心而志愿牺牲的人，除了满足于了解事物外，没有什么别的要满足。好奇心使我感到奇痒难挨，或者说，我是偶然遭受不幸的人。为了稍稍减轻松毛虫带来的瘙痒，我们该怎么办呢？能够了解灾难的根源，当然很好；如果能够消除这种灾难，会更加令人愉快。

有一天，我长时间搜索一个松毛虫窝，弄得我两只手很疼。我试着用酒精、甘油、油和肥皂水缓解，都不成功，什么都无济于事。这时，我回想起雷沃米尔对付橡树毛虫的刺痒时所用的一种治标剂。这位大师用欧芹擦身，效果不错，但是他没有告诉我们，他是怎样知道这种奇怪的特效药的。他还说，所有树叶或许也同样能够舒解刺痒。

现在，再度探讨这个问题的时机已经成熟。在荒石园的角落种着欧芹，它体形宽大，绿油油的，令人满意。有什么别的植物可以和它相比呢？我选择了马齿苋。它是我那一畦畦菜地的主人，富有黏液，多肉，容易弄碎。我用欧芹在一只手上拭擦，用马齿苋在另一只手上拭擦，拭擦时紧紧地按住，把叶子压碾成糊。这次实验的结果，我有必要提一提。

用欧芹拭擦，不错，瘙痒的灼痛感减弱了些；但仅仅是减弱而已，灼痛感仍然长时间持续，始终令人厌恶。而用马齿苋拭擦，灼痛几乎立刻停止，而且停止得完全彻底，以至我不再去注意患处。我这种江湖医生的马齿苋药，有无可争议的疗效。我把它推荐给受

到松毛虫伤害的人，不做喧嚣叫嚷的广告。护林人同松毛虫窝作战时，能够从这种植物中找到大大缓解痛苦的安慰剂。

我用番茄叶和生菜叶进行实验，效果也不错。我虽然没有对这些植物做更深入的鉴定，但始终以雷沃米尔为榜样，深信一切细嫩和多汁的叶子都有某些药效。

关于这种特效药的作用方式，我承认一无所知，正如我对松毛虫毒素的作用方式一无所知一样。莫里哀[①]的候选医生解释鸦片的催眠性质时说："这里有可以呼吸到的催眠效能。"我也同样说：捣碎了的草消除刺痒，因为草有缓减瘙痒的安定效能。

这句俏皮话富于哲理性。关于我们的药物和世界上的万事万物，我们到底知道些什么呢？

在我居住的村子及其周围地区，民间认为要缓解蜜蜂或胡蜂蜇刺引起的疼痛，只须用三种草拭擦被蜇刺的部位。人们说："拿你随便碰到的三种草，并成一束，用劲擦。"有人保证，这个单方绝对灵验。

最初，我以为这是医疗方面的胡说八道，不过是乡下人想象出来的。经过实验，我承认，某种表面上荒谬无稽的治疗措施，有时倒也有它的正确性。用三种草拭擦，的确能够缓解蜜蜂和胡蜂的蜇刺。

我还要补充一点：用一种草拭擦同样有效，治疗松毛虫刺痒痛，欧芹和马齿苋的效果一样。

一种草已经足够，为什么还要三种草呢？三是命中注定的吉数，具有魔法意味，不会消减膏药的效能。凡是乡村的治疗方法都

---

① 莫里哀（1622—1673）：法国著名剧作家。——译注

涉及一些魔法，以三来表示总会有好处。

也许三种草构成的特效药，要上溯到古老的药物。迪约斯科里德赞扬仙鹤草时说，这种草治疗毒蛇咬伤，疗效很好。准确地确定这种著名的、有三片复叶的小叶植物，不是件容易的事。它是通俗的三叶草吗？是有沥青味的败酱草吗？是泥炭沼的主人睡菜吗？是乡野田间的酢浆草吗？对此谁都不能肯定。当时的植物学不像我们今天的植物学，对植物的描述较为严格细致。植物等同于解毒剂，就是用三这个数来概称复叶的小叶的根本特点。

此外，正如最初替人治疗的人所设想，神秘难解的数对医药的疗效来说必不可少。农民顽固保守，把古代的药物保存了下来。由于一种吉庆的启发，他们把原来的三叶草改为三种不同的草。他们让仙鹤草成为蜜蜂一刺就碎断的三种草。我似乎窥见，这些天真的行为和雷沃米尔所谈的压碎欧芹之间，存有某种亲子关系。

第二十四章 野草莓树毛虫

在我进行研究工作狭小隐蔽的角落，使人痒痛的毛虫种类并不多，我知道的只有松毛虫和野草莓树毛虫两种。后者属于灯蛾属，它演变成的蛾子全身雪白，十分美丽，腹部后几个环节呈橙黄色，异常鲜艳，酷似毒蛾。但是，它的个子比毒蛾小，特别是活动领域与毒蛾的不同。这种毛虫在昆虫分类学上已经归了类吗？我不了解，不过，也用不着去了解。既然不可能弄错，一个拉丁学名又有什么要紧呢？关于野草莓树毛虫，我要吝惜笔墨，不详细叙述。这种毛虫比起松树上成串爬行的毛虫来，它的习性远不那么使人兴味盎然。不过，它所进行的破坏、造成的灾害和产生的毒素，倒是值得特别注意。

在塞里昂的丘陵上，地中海植物分布的最北界限的小山上，阳光朗照，野草莓树漫山遍岭。这种小灌木郁郁葱葱，十分好看；枝叶光鲜油亮，四季常青；果实像草莓一样，色泽鲜红，圆鼓多肉；那一串串挂在枝上的白色小果好似铃兰的小铃铛。约12月，寒冬到来，这时野草莓树的优雅无物能及，它用果实和花朵来装饰令人愉悦的青枝绿叶，这些果实和花朵恰似珊瑚弹子和胀鼓鼓的铃铛。在植物中只有野草莓树，把开花期和成熟过程合而为一。

这时，鸫鸟喜爱的红彤彤的覆盆子变软，有了甜美的味道。老奶奶们采摘这些水果，用来制作优质的果酱。至于野草莓树这种小灌木，砍伐它的季节到了。它尽管风姿绰约、亭亭玉立，却得不到樵夫的尊重。它就像普通粗俗的荆棘一样，被当成烧炉灶的柴捆。

这种漂亮的树还有一种比樵夫更令人害怕的蹂躏者，一种毛虫。它在遭受熊熊烈火灼烧时，也并不比在这种贪婪的毛虫的大颚下面时，显得更加痛苦。

灾害来自一种灯蛾。野草莓灯蛾的胸部有漂亮的触角状羽饰和絮状披角。它浑身雪白、娇小可爱，在野草莓树的叶子上产卵。

树叶上有一种好似披针形的小垫子，长二三厘米，浅白略带橙黄色，像鸭绒被一样厚而柔软，朝向叶梢的一端被树胶固定。淹没在这种柔软、厚实的隐藏处里的卵，具有金属光泽，酷似细小的镍粒。

卵在9月孵化。毛虫孵出后，它最初的食物是出生地的叶簇，接着是毗邻的树叶。毛虫只啃食树叶的一面，通常是趋光那一面。背光面是叶脉形成的网纱，对新孵出的若虫来说如皮革般坚硬，丝毫没有被触动。

消耗食物时，幼虫厉行节约。这个羊群似的虫群不是盲目地随意进食，或者心血来潮地使用它们的牧场；而是从叶柄出发，一步步蚕食到叶梢。它们的头全都排列在进攻的前线，几乎排成一条直线。树叶的一面还没有完全吃光，它们就不会用大颚去咬一口更远处的东西。

这个虫群一边前进，一边在树叶被吃光的部分抛下几根丝线，在只剩下反面的叶脉和表皮的树叶上，编织出一张纤细的网。这张网是遮挡强光的掩蔽所，也是这些幼弱的虫子必不可少的降落伞，因为一阵微风就会把这些虫子卷走。

由于树叶遭破坏的那一面干燥得较快，整张树叶马上弯曲，蜷缩成被一张绵延不断的网覆盖的威尼斯轻舟。这时牧场的草料已被吃光，于是虫群抛弃这块草地，转向别处，在邻近一块狭窄的土地上重新开荒。

毛虫多次像牲畜那样临时进入栅栏。11月，当气候恶劣的季节到来时，它们就在一根枝梢定居下来。一束树叶的趋光面被一片片啃掉后，便更加接近毗邻的树叶。而毗邻的树叶也被如此啃食，这时，整束树叶看上去好似烧焦的柴捆。毛虫用一块漂亮的白色绸缎把这个柴捆加固，就筑成了一间越冬的小屋。在春回大地以前，还十分幼弱的毛虫将待在里面，不再外出。

树叶彼此靠近，只不过是树叶被啃咬的一面干燥的结果，而不是由于毛虫的特别技艺。毛虫用丝线将一片片树叶系住，然后使劲用力，把这座建筑物的各个房间连接起来。不错，缆绳把因干燥而彼此靠拢的树叶牢固地捆起来；但是，这些缆绳并不是像动力机械那样发挥作用。

没有牵引的缆绳，没有推动的绞盘，身体虚弱的虫子无法做这样的努力，一切都是自然而然完成的。有时，一根因空气流动而飘动的线，缠住一片毗邻的树叶，这座偶然架起的天桥于是引诱探险的毛虫，它们奔去抓住这个意外的小桥。另一片树叶也是这样很自然地圈进了小屋。房屋的大部分一边被吃，一边被修建，毛虫一边摆设筵席，一边安顿自己。

这是一座舒适的房屋，门窗的缝隙都被堵塞住了，经得住雨雪袭击。为了不受穿堂风的吹刮，它们在门、窗的接缝处装上防风垫。野草莓树小毛虫铺张浪费，把它们的丝绒细带子放在护窗板上。不管大雾多么潮湿，在这座房子里居住，想必十分舒服。

气候恶劣的季节，我的住地阴雨连绵；可是，小毛虫用树叶搭建的小屋却没有遭受灾难。这是因为有时毛虫具备的一些特长，连人类的灵巧和技能都相形见绌。

在气候最严酷的三四个月里，毛虫在这个用树叶和丝建成的住所里，绝对戒绝饮食。它们足不出户，不吃不喝。3月，当大地从昏沉中苏醒过来时，这些饥肠辘辘的隐居者便着手搬迁。

这时，毛虫分散在毗邻的绿叶上。这是大破坏、大蹂躏的时刻，毛虫不再限于只啃咬树叶的一面，而要整整一片树叶，直到叶柄，才能满足它们贪得无厌的胃。于是，野草莓树慢慢地被毛虫剪得精光，片叶不存。

这些流浪的毛虫不再返回冬季营地，现在，冬季住所已经显得太狭窄。它们成群结队地聚在一起，一些在这里，一些在那里，织造没有固定形状的帐篷。如果周围牧场的草料被耗尽，它们就抛弃旧帐篷另建新屋。光秃秃的树杈，好似被大火烧掉了树叶后，挂着褴褛衣衫的晒场，十分凄凉。

6月，毛虫发育老熟，便离开野草莓树，下到地上，在干枯的树叶中，精打细算，吐丝作茧。茧不是纯丝的，掺有毛虫的毛。一个月后，从茧里羽化出了一只灯蛾。

毛虫的身体老熟时约三厘米长。它的服装绚丽多彩，十分别致，背上的黑色皮肤上有两串橘黄色的斑点，灰色的毛一束束排列，身体两侧是雪白短簇毛，腹部的前两个环节和倒数第三个环节上，各有两个栗色丝绒般的隆起。

但是，毛虫最惹人注意的特点，是拥有一对好似用红色封蜡雕刻的、小巧玲珑的酒杯，杯口始终张开好似火山口。这种朱红色的小酒杯，只在背部中央的第六和第七个环节才有。我不了解这些奇怪的小斗的功能，或许应该把它们看成是信息器官，类似松毛虫背部的切口。

村民对这种毛虫惊恐万状，捆扎木柴的樵夫和拾取荆棘的村

妇，都异口同声地咒骂它。当他们对我谈到毛虫使他们奇痒难熬、剧痛难忍时，他们的表情使我实在无法不耸动两肩，以便舒解我想象中在背部感到的瘙痒。我仿佛感到，野草莓树柴捆在我裸露的皮肤上擦过，柴捆上放着毛虫灼热的破衣物。

在烈日炎炎、酷暑难熬的时刻，砍伐长满孳生毛虫的小灌木，挥起斧头摇动在树影里倾倒毒素的芒齐涅拉树[1]，看来真是个苦差事。至于我，对自己和这种野草莓树的破坏者打交道，却没有什么好抱怨的。我常常摆弄它，把它的毛贴在我的手指，甚至脸上最敏感的部位。为了进行科学研究，我会接连在几个小时内剖开一些虫窝，但是，从来没有感到有什么不舒服。除非情况特殊，例如毛虫临近蜕皮时，像我那样晒得黑黑的皮肤才会受影响。

孩子细嫩的皮肤却没有这种免疫性，小保尔就是证明。他帮助我取了几个虫窝，还用镊子帮助我收集窝里的居民。干完这些活后，他老是搔抓颈脖，颈上的红色浮肿，看上去像一道道虎纹。我这个纯朴天真的助手，为科学实验给他带来的伤痛感到自豪，他也感染了我轻率冒失，或是硬充好汉的作风。不过，在24小时内，浮肿等都自动消散了，没有发生其他严重的情况。

这同樵夫们对我谈到的那些不幸的剧痛遭遇，不大吻合。他们会胡吹夸大吗？这不太可能，因为他们异口同声，众口一词。那么，是不是我的实验中缺少某些东西，比如：明显的有利时机，毛虫的老熟度，加剧毒素毒性的高温等。

产生最强烈的刺痒感，需要集中某些不很明确的环境条件，但是，这种情况却没有出现，也许有朝一日，我会偶然遇到的，甚至

---

[1] 芒齐涅拉树：产于美洲，果实有毒。——校注

还会超出我的期望。如果我像樵夫们那样受到伤害，我将整夜心烦意乱、辗转反侧，就像躺在烧着炭火的床上一样。

我直接同毛虫交往所得知的东西，后来远远出乎我意料地被化学方法证实了。我像处理松毛虫蜕下的皮那样，用乙醚处理野草莓树毛虫。我浸泡的幼虫还很幼小，身体还不到老熟时的一半长，有百来只。两天以后，我过滤浸泡液，任其自然蒸发。我用几滴剩下的液体，浸湿一张一折为四的吸水纸，用胶布和绷带把它贴在我的前臂内侧，分毫不差地重复松毛虫实验。

这种发疮药上午贴上，当天晚上才起作用。瘙痒症逐渐变得煎熬难挨，灼痛感强烈得我无时无刻不想把贴在身上的东西揭掉。然而，我仍然坚持下来，不过，付出的代价是惨重的。我焦躁不安，彻夜难眠。

现在我多么理解樵夫们对我说的话啊！我的皮肤差不多有四平方厘米受到痛苦的折磨。如果我的背、肩、颈、脸、臂膀都被弄得这样疼痛，情况会怎样呢？饱受这种令人憎恶的昆虫之苦的劳动者们，我完全同情你们。

第二天，我揭去手臂上那张可怕的纸。皮肤红肿，布满渗着小滴浆液的小脓疮。痒感、针扎似的灼痛感和浆液滴五天之内没有停止。之后，损伤的表皮干燥，像鳞甲那样一片片掉下。除了红色斑块在一个月内还很明显外，一切都恢复了正常。

我的实验结果表明：野草莓树毛虫在某些情况下，会产生用我的办法取得的作用和影响；从各方面看，它都该当有那令人憎恶的名声。

第二十五章 昆虫的毒素

在毛虫引起痒痛这个问题上，我已经跨出了一步，很小的一步。用乙醚洗涤毛虫皮的结果告诉我们，昆虫的毛皮只起十分次要的作用。昆虫毛皮把刺激性的毒素连同弄碎了的毛粉尘贴在我们身上，使我们感到很不舒服。只要风一吹，粉尘就四周飞扬。但是，毒素的根源并不在毛虫的浓毛中，它来自别的地方，到底来自何处呢？

我将谈一些细节，对新入门的人或许有助益。这个题目很简单、很狭窄，不过，它将显示一个问题怎样引起另一个问题，一项实验怎样证实或者推翻一个假定、一个临时拼凑起来的论据；最后它还将显示逻辑这个严格的爱提问者，怎样做出一般的概括，而这种概括的重要性将大大超过我们最初的预测。

首先，松树上成串爬行的毛虫，有一个制作毒素的特别腺体器官，就像膜翅目昆虫分泌毒液的腺体那样的器官吗？绝对没有。解剖证明，引起痒痛的毛虫和良性毛虫的身体内部结构相似，器官不多也不少。

毒素产生于何处既然不确定，那么它就可能来源于全身，涉及整个身体组织。因此，它可能以高等动物的尿素的方式存在于血液中。这种猜测是严肃的，但是，在实验尚未道出无可辩驳的事实时，它毕竟没有什么价值。

我用针尖刺五六条松树上成串爬行的毛虫，取得了几滴血。我用这些血浸湿一小方块吸水纸，然后用不透水的绷带把这个纸片贴在我的前臂上。我不无焦虑地等待实验的结果，根据实验的结果，我思考过的化合物将会有可靠的根据，或者在无效的幻想中消散。

夜深人静，疼痛把我弄醒。这一次，疼痛对我来说是一种精神上的乐趣，我早已经预见到了。松毛虫的血液的确含有毒性物质，它引起瘙痒、肿胀、灼热感、脓疮以及表皮变化。我现在了解到的情况超出了我的希望，实验结果超过了我同松毛虫单纯接触可能获得的成果。我没有因为皮肤涂上一点毒素感到痛苦，而是盘根究底，寻找引起灼痛的物质根源。当然，我这样做增添了身体的不适。

我为身体遭受的痛苦而感到高兴，因为它把我引上了一条可靠的道路。我继续一边了解情况，一边进行思考推理：血液的毒素不是参与器官运转的活性物质，它是一种废墟、一种生命的废弃物、一种边形成边自我排除的残渣。假如情况如此，我一定会在松毛虫的粪便里再找到它。这种粪便混合着消化的残渣和尿的残渣。

我来陈述一下新实验，它与上次实验具有同样的性质。我把几撮很干的松毛虫粪在乙醚里浸泡一两天后，液体变得脏而绿，像被食物的叶绿素染过一样。这样的粪便在旧毛虫窝里到处都是。前面的实验证明，丧失了有毒涂料的毛是无害的，为了再次确证，我又重复做实验。我第二次这样做，明确了实验方法，在即将进行的各种实验中，我将略去不再重复。

粪便浸泡液经过过滤，自然蒸发，浓缩成几滴。我用这几滴浓缩液，浸湿我的“荨麻疹块”。我将吸水纸一折为四，增加纸的厚度，使它更具吸水性，宽度二三厘米就足够，有时二三厘米甚至还太宽大。我做这样的实验是个新手，毫不怜惜自己的身体。我因此而苦不堪言，以致我心存顾虑，不想把这些告诉渴望在自己身上做实验的读者。

四方形的纸浸泡好后，我将它贴在前臂内侧，这里的皮肤比较娇嫩敏感；再用胶布把这块纸片盖上，胶布不透水，能保证毒素不会消减；最后用一条麻布绷带绑紧。

1897年6月4日，对我来说，是个值得纪念的日子。这天下午，我在身上实验从松毛虫身上提取的含乙醚的物质。整个晚上，我奇痒难熬，感到灼热和阵阵刺痛。第二天，在同这块纸片接触了20个小时后，我取下了纸片。

我在没有成功的把握时，有毒的液体用得太多，大大渗到四方形纸片的四周。受到损伤的皮肤，尤其是“荨麻疹块”覆盖的部位，红肿，表皮变粗，起皱，坏死，有些灼痛发痒。

第三天，肿胀更加厉害，而且传到整整一大块肌肉里。这块肌肉用指头敲击一下，就像肿痛的面颊那样微微颤动。创口呈鲜艳的胭脂红，并扩展到纸片覆盖部位的周围。跟着出现液体外渗现象，大量浆液像小水滴那样渗出。难忍的瘙痒加剧，特别在晚上痒得我为了睡一会儿，不得不求助于硼砂凡士林加碎布。

五天内，实验部位出现讨厌的溃疡，外形比疼痛更令人不安。肿胀的皮肤表皮已腐烂发红，微微颤动，令人怜悯。早晚两次为我更换碎布和凡士林小垫子的人几乎要恶心呕吐，他对我说：“别人还以为狗咬了你的手臂呢，希望你以后放弃那些讨厌的蹩脚药。”

我听任同情我的护士去说三道四，我在思考另外一些实验，其中几个代价也会同样昂贵。神圣的真理，你的威力多么大啊！你为我把我受到的小小折磨转化为一桩乐事，你使我对自己被剥去表皮的胳臂感到高兴。我将会得到什么呢？我将会弄明白，为什么一条微不足道的毛虫会使我搔抓。我别无所求，这对我已经足够。

三个星期过后，皮肤开始康复，但令人感到灼痛的脓疮，在皮肤上留下了花纹。肿胀消减，但红斑仍在，而且始终很红，持续了很长一段时间。一个月后，我还感到痒，感到灼热的刺激，而刺激还不时被床上的热气加剧。最后，又过了半个月，除了红斑外，什么都消失了。红斑一直留在皮肤上，不过变得越来越轻微，过了三个多月才完全消失。

问题弄清楚了，松毛虫的毒素是器官工厂的一种废物，是生命有机体的残余，松毛虫把这些东西连同粪便一起清除。粪便有两种，大部分是消化的残余，另一部分占的比例很小，主要成分是尿。毒素同两者中的哪个有关联呢？在继续谈下去之前，我先谈一点离题的话，它将有助于后续的研究工作。松毛虫从它那引起痒痛的产品里，会得到什么好处吗？

我已经听到回答了。有人认为，这是一种保护和防御的手段，它用有毒的浓密长毛让敌人厌恶。

对这种说法我持保留意见。这时，我想到了受到诱惑的敌人，告密广肩步甲的幼虫。这种昆虫生活在橡树毛虫的窝里，而且吞食窝里的居民，可是，它们丝毫不必担心这些居民滚热的毛。我想到了杜鹃，据说它也是毛虫的大消耗者，它没命地吃毛虫，沙囊里塞满了毛虫的毛。

我不知道松毛虫是否缴纳类似的贡物，但我至少知道一个开发者。它就是在丝城里定居，以死毛虫遗骸为食的皮蠹。这种昆虫葬尸工表明，的确还有一些贪得无厌的家伙。它们都有为同样的辛香食料而特制的胃，这些收割者从不短缺任何活生生的庄稼。

还有一种说法，松毛虫以及它在刺痒方面的竞争对手，制备特别的毒素，是为了自我保护。不过，下此结论还为时过早，我很难相信这些毛虫有这样的特惠。这些虫子在哪方面比别的虫子更加需

要保护呢？它们有什么理由具有特殊的防御性毒素呢？在昆虫世界里，有纤毛的或者裸露的虫子，所扮演的角色没有什么区别。裸露的昆虫没有能够威胁进攻者的浓密长毛，似乎更应该装备起来对付危险，让自己的身体浸透腐蚀物，而不致成为容易捕获、温良无害的牺牲品。使人毛骨悚然的昆虫，用一种可怕的化妆品擦抹自己的浓密毛发，而光滑的昆虫与它那绸缎般的皮下毒素的神秘变化却不相干！这些矛盾使我产生了疑问。

具有一种特殊毒素，难道不是所有的虫子，包括光滑的和有毛的昆虫，它们更主要的共同特性吗？在后者中，有少数受制于尚待确定的特殊条件，通过刺痒痛来显示身体有机残渣的毒素；其余大多数则生活在这些条件之外，它们虽然具有必要的产物，但在进行刺激性的接触时不够熟练灵巧。所有的毛虫具有同样的毒素，这种毒素是生命作用的产物，它有时通过脓疮的形式突显出来，有时则潜伏着不被人所认识。如果我们不使用妙计良策，就发现不了它们的毒素。

这些妙计是什么呢？很简单。我用蚕做实验对象。如果世界上有不侵犯人类的虫子之类的昆虫，那就是蚕。妇女、儿童在蚕场里用手和腕摆弄蚕，对细嫩敏感的手指来说，蚕并不令人厌恶，这种像绸缎般光滑的蠕虫，几乎同它柔软的表皮一样，完全无害。

但是，这种腐蚀性毒素的缺乏现象，仅仅是表面的。我用乙醚处理蚕的干粪，把浸泡的液体浓缩成几滴。我根据以往的方法进行实验，结果清楚得令人惊奇，我的臂膀上出现了一处感到灼痛的溃疡，出现方式和效果同松毛虫粪便的危害一模一样。这处溃疡明确肯定，我的逻辑推理是很有道理的。

不错，使人狠狠搔抓、皮肤肿胀和腐蚀的毒素，这种防御性产品并不仅仅归属几种虫子。由于它不变的特性，就连那些乍看似乎并不具有毒素的虫子，我都能从它们身上辨识出这种毒素。

在我们村子里，蚕的毒素人们并不是不知道。农妇模糊的经验超过了学者准确的观察。养蚕的妇女和姑娘，都抱怨她们吃了蚕的苦头。她们说："苦难的根源就是蚕毒。"症状表现为眼皮红肿，奇痒难挨。最容易感染蚕毒的是前臂，劳动时卷起的袖子无法保护前臂。

英勇的养蚕女们，你们遭受的那些小苦难的根源，我现在知道了。并不是接触蚕使你们痛苦，不必害怕摆弄它，要提防的只是蚕沙，蚕沙里混杂着大堆蚕粪同碎桑叶。这些蚕粪充满了腐蚀我的皮肤、使我感到非常痛苦的物质。在那里，而且只在那里，有你们称为毒物的东西。

知道了毒素产生的根源及其危害性，对我来说是个慰藉。当人们除去蚕沙，换桑叶的时候，应当尽可能少掀起有刺激性的灰尘，避免把手抬到脸上，特别要避免抬到眼睛上。另外，为了保护手臂，放下袖子是谨慎之举。采取了这些预防措施，就不会发生任何令人不快的事。

在蚕的问题上取得的成功，预示着我用任何一种虫子实验，都会取得同样的成功。事实充分证实了我的预见。我实验各种虫子的含粪细粒。这些细粒没有经过挑选，而是碰运气，有什么就收集什么。这些虫子是多氯蛱蝶、甘蓝粉蝶、大戟天蛾、大孔雀蛾、二尾蛾、豹蠹蛾、野草莓尼蛾等的幼虫。我的所有实验，无一例外都引起了不同程度的刺痒。我认为，这些效果的差异与毒素分量的强弱有关，可是，这些量却无法测定。

我据此可以肯定，引起痒痛的排泄物是所有幼虫共有的。由于

某种看法完全改变，大大出人意料，因此，民众的厌恶是有根据的，偏见变成了真理。人们说，所有的毛虫都是有毒的，然而，真实的情况是，在具有同样一种毒素的虫子中，有的没有侵犯性；而有侵犯性的，数目却少得多，但令人畏惧。为什么会有这样的区别呢？

我注意到，会引起痒痛的毛虫过着群居生活，并且为自己织造长期居住的栖所。此外，它们身上毛茸茸的。这类毛虫中，有松树上成串爬行的毛虫、橡树上成串爬行的毛虫和各种不同的灯蛾毛虫。

我特别观察了松毛虫。它的窝，那个织造在树梢上的巨大丝囊，外表洁白，非常漂亮，内部却是个令人厌恶的垃圾场。它的居民整个白天和大部分夜晚都待在那里。它们只是为了啃吃附近的树叶，才在黄昏时分排成宗教仪式行列从窝里出来。它们长时间留在窝内的后果，是住所里堆积了大量粪便。

在这个迷宫似的虫窝里，每条线上都挂着小念珠，每条通道的内壁都装饰着挂毯。那些小房间尽管很狭窄，却都塞满了念珠。从一个脑袋那样大的窝里，我用筛子取出了半升含粪的细粒。松毛虫就在这一堆污物中去去来来，东转西转，乱动乱蹿，半睡半醒。它对清洁极端轻视，后果是显而易见的。当然，松毛虫接触这些干燥的细粒时，并没有弄脏它浓密的毛。它从窝里出来时，衣冠楚楚，光鲜发亮，不会让人怀疑有什么污物。然而，它的毛不断地轻轻触擦粪便，不可避免地会涂上毒素，使毛的倒刺染毒。松毛虫会使人痒痛，是因为它的生活方式使它长期接触自己的污物。

瞧瞧灯蛾毛虫吧，为什么尽管它有粗糙的毛，却良性无害呢？因为它离群索居，到处漂泊。它那浓密的长毛，虽然很适合收集和保存具有刺激性的粒子，却不会使我们患瘙痒症，原因很简单，灯蛾毛虫不在它自己的排泄物上停留。它们的粪便撒布在田野里，微乎其微，而且由于孤单零散，虽然有毒，却不会把自身的毒素传到毫无关系的浓毛上。如果灯蛾毛虫在垃圾场那样的窝里群居，肯定会跻身引起痒痛的毛虫之列，而且独占鳌头。

乍一看，蚕房的小房间似乎具备充分的条件，让蚕的身体染上毒素。人们每次清理蚕沙时，都会清除蚕筛里的粪便。聚集成堆的蚕在这些污物堆上乱蹭乱动，可是它们怎么会没有染上它们自己排泄物的毒素呢？

我看有两个原因。首先，这些蚕赤身裸体，而浓密的毛对收集毒素来说，可能是必不可少的。其次，它们不是停留在脏物中，而是高居于脏物之上，一层桑叶将它们与脏物隔开了，而且桑叶每天都多次更换。蚕筛里的居民尽管聚集成堆，习性却与成串爬行的松毛虫毫无相似之处。因此，尽管它们的粪便含有毒素，仍然保持良性无害。

这些初步的研究把我们引向了一些非常值得注意的推论。所有的毛虫都排泄一种引起痒痛的物质，这种物质在所有毛虫身上是相同的。但是，毒素要发挥作用，在我们身上引起瘙痒症，毛虫必须在粪便壅塞的丝囊里长期停留。它们的粪便提供毒素，毛皮收集毒素，再把毒素传给我们。

现在我又从另一个角度研究这个问题。毛虫排泄物里的毒素是消化后的残渣吗？它难道不更主要是器官运作时产生的残余物，是那种被统称为尿的残余物吗？

如果不求助于昆虫变态的结果，要隔离并收集这些产品，是不大可行的。飞蛾离开蛹的时候，都排出一种浓稠的尿酸糊，以及种种还不太为人了解的液汁。这些排泄物类似一幢大厦重新设计建造后的余泥，是改变了面貌的昆虫完全变态后的残渣。这些残渣主要是尿，其中没有被消化的食物。

要得到这些残渣，我去找谁呢？好运让人能够做好事。我在荒石园里的那株老榆树上，收集到了百来条稀奇古怪的毛虫。它们身上有七行琥珀色的刺，类似有四五根树枝的荆棘。它蜕变出的成虫属于多氯蛱蝶。

多氯蛱蝶

我用榆树叶将虫子喂养在金属钟形罩下，它们将在5月末化蛹。蛹呈微白色，有褐色小点，下部有六个漂亮的银白色点。这是一种粗俗的首饰，类似镜子。蛹在尾部用丝小垫固定，悬吊在圆盖顶端。一有振动蛹便摆动起来，并且用反射器投射出强烈闪光。我的孩子对这个栩栩如生的灯彩惊奇赞叹。当我准许他们到我的虫子作坊来观看这些灯彩时，对他们来说，这就是节庆。

还有另一件令人惊讶的事正等待着孩子们呢，但这次是悲惨的。15天后，蛱蝶羽化出来了。我已经把一大张白纸放在钟形罩下，迎接到来的客人。我把孩子们叫来，他们在纸上看见了什么呢？

是大血斑点。就在他们眼前，从那上面，从穹形的顶上，一只蛱蝶让一滴红水掉了下来。哗啦！今天不再是欢乐，而是焦虑，差不多是恐惧。

我把他们打发走，同时对他们说："记住你们刚才看到的东西。如果以后有人对你们谈什么血雨，别太害怕。一只美丽的蝴蝶，就是它制造了有时在农村引起恐怖的带血斑点。这种蝴蝶一出生就把毛虫身体的残余扔掉，这些残余是一种红色稀糊。毛虫的身体在华美的形式下重组，获得新生。这就是全部秘密。”

天真的访客离开后，我继续研究钟形罩下的血雨。每只多氯蛱蝶都仍然悬钩在蛹壳上，排出一大滴红液掉在纸上。红液静止后，沉淀出一种由尿酸盐形成的玫瑰色粉末，漂浮在上的液体呈深胭脂红色。

一切都干透了的时候，我从有污迹的纸上剪下几个颜色最浓的斑点，浸泡在乙醚里。斑点同开始时一样在纸上保持红色，液体呈淡柠檬黄色。液体蒸发到减缩为几滴后，我得到了用来浸那块吸水纸的原料。

如果不想重复叙述，我能说什么呢？这次制备的灼烧剂的效果，同我利用松毛虫的粪便时一模一样：同样的痒，同样的发烧，同样的肌肉肿胀发炎、微微颤抖，同样的浆汁性渗出，同样的表皮擦伤，同样的顽固红斑。红斑持续了三四个月，而这时溃疡已经消失很久了。

伤口并不很痛，但非常讨人厌，尤其是非常难看，我发誓不再上当受骗。从此以后，我不等到肌肤受腐蚀，一旦感到瘙痒足以做出结论时，就把贴在手臂上的膏药揭去。

在这些艰苦实验的过程中，一些朋友责怪我不用动物，例如用豚鼠，这个受生理学家虐待的动物充当助手。我不理会他们的责备。动物是淡泊忍耐的，它对自己的痛苦一声不吭。即便它因受到酷刑被触到痛处，我却无法准确地表达它的叫声，并把叫声同某种感受联系起来。

虫子不会说：“灼热，发痒，发烧。”它只会简单地说：“痛。”我希望仔细了解瘙痒的感觉，所以最好是使用自己的皮肤，自己才是唯一能够深信不疑的证人。

我冒着使人发笑的危险，不怕再做一次坦白交代。随着我逐渐对事情看得更加清楚，我对在上帝之城[①]里虐待和毁灭虫子这件事心存顾虑。哪怕是最低等的动物，它的生命也应该受到尊重。我们能够夺走它，但不能产生它。让这些无辜的动物安宁吧！在我们的研究工作中，没有什么同它们有利害关系，它们绝对是中立的。我们躁动不安的好奇心，与它们又有什么关系呢？对它们而言，对事物的无知是神圣的，心安理得的。如果我们希望了解情况，就应该尽可能亲自出马，全力以赴。获得一种思想，非常值得牺牲一点皮肉。

榆树的蛱蝶由于它的血雨，可能留下某些疑点。这种奇怪的红色产物，外表如此特殊，也含有一种特殊的毒素吗？因此，我寻找蚕蛾、松树蛾和大孔雀蛾，收集刚刚羽化的蛾排出的尿。

我收集到的排泄物呈微白色，已被别的颜色弄脏，没有一点血的颜色。然而，实验结果并未改变，毒素能清晰地表现出来。因此，松毛虫的毒素在所有毛虫身上、在离开蛹的蛾身上同样存在。这种毒素是身体的残余，一种尿的产物。

我们的好奇心是难以满足的，一个问题得到解答，这个答案又立刻引发新的问题：为什么只有鳞翅目昆虫有这种天赋呢？在材料的性质方面，在它们身上完成的器质性变化，不应该迥异于其他昆虫身上的变化。其他昆虫也制备引起痒痛的残屑。这个问题，我必须马上用我掌握的资料加以证实。

花金龟给了我第一个答案。我在一堆快变为泥肥的树叶里，收集到半打花金龟蛹。我把蛹放在一个盒子里，盒底铺了一张白纸。

---

① 罗马帝国基督教思想家奥古斯丁声称世俗政权只是“世人之城”，最后将覆灭，并逐步由“上帝之城”完全取代，教会则是“上帝之城”在地上的体现。——译注

当这些蛹羽化时，完整的尿糊将会立刻落在这张纸上。

季节有利，等待不长，我成功了。蛹排出的物质呈白色，大部分在变态中的昆虫，残余物一般都是这种颜色。这种物质微乎其微，仍然在我的前臂引起了瘙痒症和表皮坏死。坏死的表皮成鳞片脱落，之所以没有出现溃疡，是因为我及时终止了实验。热辣辣的瘙痒感使我充分了解到了过分长期接触的后果。

现在我再谈谈膜翅目昆虫。很遗憾，过去在钟形罩下进行实验的对象，采蜜的蜂也好，捕食性昆虫也好，现在我都没有找到它们的粪便。我只有一只绿色叶蜂，它的幼虫成群结队地生活在赤杨树叶上。我把叶蜂幼虫养在钟形罩下，收集到大量的黑色细粪便，足够填满一颗顶针。这已经足够了，它引起的刺痒很明显。

我用不完全变态的昆虫继续进行研究，得到了一堆直翅目昆虫的粪便。我考察葡萄树上的距螽和灰蝗虫的粪便，它们都会在某种程度上引起痒痛。到这个时候，我才最后一次对我进行实验时的浪费感到遗憾。

正如我被刺上红方块的臂膀所呼吁，到此为止吧！我的臂膀拒绝增添新的伤痕，例子已经多种多样，足以做出结论：成串爬行的毛虫的毒素，同样存在于其他昆虫身上，甚至还存在于所有昆虫身上。这毒素是昆虫身体的尿的产物。

昆虫的排泄物，特别是昆虫身体变态末期排出的排泄物，包含尿酸盐，甚至完全是尿酸盐。引起痒痛的物质是尿酸盐必然产生的组合物吗？那么鸟类或者爬虫类的排泄物中也应该含有这种成分。这又是一个值得用实验来进行检验的疑点。

目前，我不可能去询问爬行动物，不过，询问鸟儿倒很容易，我只须有它的答复就够了。一个偶然的机会，我得到了一只食虫的燕子和一只食谷粒的金翅雀。它们的尿在仔细清除了消化的残留物后，没有丝毫引起痒痛的效力。因此，我可以肯定，引起瘙痒症的毒素并非存在于尿酸中，它在昆虫纲中依存于尿酸，而在其他动物中，并不必然存在于尿酸中。

隔离引起痒痛的物质，取得能够对这种物质的性质和特性进行精确研究的量，是我需要做的最后一步工作。我觉得，似乎医学可以从这种物质中获得某些启示。它的效能即使不能超过斑蝥素，至少能够同它媲美。这种研究合我的心意，我心甘情愿回到亲爱的化学，但必须有试剂、仪器、实验室、昂贵的成套设备；而后者是我无法想象的。我正患一种可怕的病，一种贫穷的病，我为此而痛苦不堪，而贫穷正是研究人员司空见惯的遭遇。